HIPPIATRIQUE.

MÉDECINE

THÉORIQUE ET PRATIQUE VÉTÉRINAIRE

Réduite à sa plus simple expression

ou

VÉRITABLE MANIÈRE

de ...

... DES ANIMAUX DOMESTIQUES

à l'usage

des ...naires, des Cultivateurs et des Amateurs, etc.

PAR THIÉBAUD

TROYES

IMPRIMERIE, LITHOGRAPHIE ET AUTOGRAPHIE ... PATER

ART HIPPIATRIQUE.

MÉDECINE

THÉORIQUE ET PRATIQUE VÉTÉRINAIRE

Réduite à sa plus simple expression.

ART HIPPIATRIQUE.

MÉDECINE

THÉORIQUE ET PRATIQUE VÉTÉRINAIRE

Réduite à sa plus simple expression,

OU

VÉRITABLE MANIÈRE

De bien connaître et de bien traiter

LES

MALADIES DES ANIMAUX DOMESTIQUES,

à l'usage

Des Vétérinaires, des Cultivateurs et des Amateurs, etc.,

PAR COUESME,

Exerçant la Médecine vétérinaire à Saint-Mards-en-Othe.

TROYES,

IMPRIMERIE, LIBRAIRIE, LITHOGRAPHIE ET AUTOGRAPHIE

E. CAFFÉ,

27, Rue du Temple, 27.

—

1857.

PRÉFACE.

Mon travail vétérinaire me suscitera, je n'en doute pas un seul instant, un plus ou moins grand nombre d'antagonistes. Je m'y attends, et avec d'autant plus d'aplomb que je crois être dans le vrai. C'est armé de cette force, aussi juste qu'invincible, qu'on me permette cette expression, que je suis prêt à répondre à ceux qui croiraient que je me suis détourné de la voie médicale adoptée jusqu'à ce jour.

Mon système n'est point nouveau, je ne le donne point comme tel, je suis loin de vouloir m'approprier un système médical qui existe depuis tant de siècles. Beaucoup d'auteurs, après avoir fouillé les ouvrages traitant de médecine vétérinaire, Assyriens, Egyptiens, Lybiens-Cyrénaïques et Grecs, etc., etc., après avoir lu, et souvent mal compris, les prêtres de la santé, le docteur de Cos (Hippocrate), Thessale et Dracon, ses fils, et Polybe, son gendre, et Drexippe, son principal disciple; Asclépiade, Arétœus de Cappadoue, le célèbre Claude Galien, les disciples de l'école de Cordoue, Rhajès, Avicenne, Averrhoès, Albucasis, etc., etc., ne craignent pas de dire bien haut, en faisant connaître un de ces vieux systèmes retouché par eux ou par d'autres, « que c'est le fruit de leurs recherches chimiques, que c'est leur découverte! » et veulent se poser, quand même, comme des novateurs!

Si de toutes les méthodes médicales j'en ai préféré une, c'est qu'après les avoir mises toutes en pratique, je lui ai reconnu quelque avantage qui pouvait, mieux que les autres, s'accorder avec les lois de la nature et le bon sens des hommes loyaux. Je ne suis point systématique, qu'on le sache bien; si, parmi les systèmes, j'en ai préféré un, c'est parce que ma conscience m'y a pour ainsi dire forcé. Je ne suis point du nombre de ces humoristes systématiques qui ne voudraient pas, quand même, se départir de leurs principes; non, qu'on ne le croie pas; j'avoue être aujourd'hui un peu plus partisan des évacuants que ne le sont, sans doute, quelques membres du corps vétérinaire. Eh! bien, demain je découvrirais une méthode plus simple, plus compréhensible surtout, que je n'hésiterais pas le moins du monde à abandonner celle que j'enseigne. Le médecin véritable et consciencieux, ne doit, dans sa vie médicale, ne chercher que deux choses : Prévenir les maladies et les guérir alors qu'elles sont arrivées.

Quel que soit le principe médical, quelle que soit la personne, quels que soient les antagonistes qu'il ait, quels que pourraient être ces hypercritiques, le médecin, l'homme de bonne foi doit sans scrupule l'accepter, s'il a la certitude qu'il est meilleur que celui qu'il a suivi jusqu'alors.

Vous, Messieurs les vétérinaires, qui exercez votre art dans les campagnes, ne refusez jamais d'entendre les conseils de ces bons cultivateurs; ils peuvent souvent vous mettre sur la trace d'une amélioration dont vous étiez très-éloignés. Je sais qu'un grand nombre de vétérinaires ont eu à se repentir de ne pas avoir écouté les sages conseils qui leur ont été donnés par certains cultivateurs.

Une chose que je n'ai jamais pu définir de la part des agriculteurs, c'est de les voir mettre leur confiance en d'ignares et d'abjects empiriques ; en des gens qui n'ont jamais plus étudié la médecine que je n'ai étudié la menuiserie ; en des gens, en définitive, qui souvent sont plus ignorants que les animaux qu'ils se mêlent de traiter. Car, avouez franchement avec moi, lecteurs, qu'il faut avoir le cerveau bien mal organisé pour croire, à tout jamais, que ce qu'on a rêvé la nuit, en dormant, est et sera.

Je pourrais affirmer, sans crainte, que sur cent individus qui exercent empiriquement. il y en a bien quatre-vingt-dix-neuf qui se sont dit : il faut que je me fasse vétérinaire ; il en arrivera ce qui pourra ! Je sais saigner, se disent les charlatans, je sais passer un séton, castrer un cheval ; j'ai ici un bon *Maréchal-expert*, un *Bon Bouvier* (1) ; avec du toupet et de la hardiesse, je puis être dans six mois un des bons *vétérinaires* des environs.

Après qu'un empirique s'est raisonné ainsi, et après avoir causé avec quelques ignorants, qu'il a ordinairement pour amis ; après leur avoir donné quelques pièces de cinq francs pour qu'ils aient à aller, çà et là,

---

(1) Ces deux ouvrages forment ordinairement toute la bibliothèque de la majeure partie des empiriques.

prôner les capacités qu'il se suppose, le voilà parti, en effronté, de maison en maison, s'annoncer comme vétérinaire. Quelques jours après, cinq ou six cultivateurs viennent le chercher pour visiter des chevaux et des vaches qu'ils supposent être malades : ce n'est point précisément la maladie de leurs animaux qui les fait demander le *vétérinaire*, c'est seulement pour voir le nouvel *artiste*, pour savoir comment il consulte un cheval. Je crois, lecteurs, ne pas avoir besoin de vous dire avec quel enthousiasme, avec quelle précipitation le chanceux ignorant se dépêche d'aller où on l'appelle ; déjà plusieurs de ses *clients* s'ennuient, on a déjà regardé plusieurs fois si l'*artiste* vient ; mais l'empirique a supposé, avec raison, qu'il lui fallait, pour débuter, un cheval capable de faire beaucoup de chemin en peu de temps, quitte à le vendre plus tard s'il le faut ; alors, en le forçant un peu, il ne peut par cela même faire attendre long-temps ses premiers clients. Comment croyez-vous, lecteurs, que l'effronté charlatan va arriver auprès des prétendus malades ! Ne supposez pas que c'est avec cet air réfléchi, pensif et timide qui caractérise si bien le savant, le véritable médecin ! Bien certainement non, son ignorance seule suffit pour que vous deviez penser le contraire!... En arrivant chez le cultivateur le plus pressé, son premier soin est de causer d'affaires communes ou de politique; d'accepter sans difficulté quelque verre de vin ou de cidre, et s'informer ensuite de la maladie de l'animal pour lequel il a été mandé. Quand on a satisfait à sa demande, on va à l'écurie; là, l'empirique reste sur le seuil et donne sur l'ensemble des chevaux un de ces coups-d'œils sauvages capables d'en imposer à un valet de cour; après quoi il s'écrie : Sortez le cheval malade, que je le visite sérieusement! Un empirique a déjà vu plusieurs fois faire l'examen des animaux par des vétérinaires, et il a bien fait attention à la manière dont ils s'y prenaient; alors il fait dans ce cas à peu près la même chose, sans connaître la plus petite conséquence d'une de ses actions; il se prononce affirmativement, comme du reste font les ignorants, il ordonne de mettre le cheval à la diète, de lui donner des lavements en décoction de son, il fournit quelques flacons d'eau, changée de couleur par l'effet de quelques ingrédiens dont se servent les charlatans, puis quelques paquets de poudre de réglisse; le lendemain il vient le saigner et souvent encore au soir, et deux jours après, l'animal étant affaibli par le jeûne, les émissions san-

guines et les lavements, il ne peut manquer d'avoir
les flancs retroussés et d'être chancelant et abattu.
C'est à ce moment-là que l'empirique dit au propriétaire, avec cet aplomb et même cette effronterie
qui le caractérise : « Votre cheval, Monsieur, est très-
» dangereusement malade, vous lui donnerez tous
» ces petits paquets de poudre avec du miel, et si
» demain matin il n'y a pas de mieux, je crois qu'il
» faudra vous résigner à faire un sacrifice à la
» mort. » Plusieurs personnes, tant du pays que
des environs, ayant entendu parler de la position
dangereuse de l'animal en traitement, viennent le
voir, et toutes s'accordent à dire que si le charlatan
le sauve, on en saura des nouvelles. Il le sauvera
tout de même, répond une autre personne, *car on le
dit très-savant, ce nouvel artiste-là.* Un tas de commè-
res qui se trouvent là, disent aussi que si M. X....
sauve les six chevaux malades, sa fortune est faite,
aucun autre vétérinaire n'aura plus besoin dans le
pays, attendu que personne n'a pu guérir jusqu'à
présent les chevaux atteints de cette maladie, et il
paraît que pour qu'ils guérissent, il faut qu'ils ail-
lent un peu mieux le lendemain matin, sans cela il
n'en répond pas, *quoique pourtant ils pourraient guérir
encore tout de même.* Enfin, le lendemain matin ar-

rive, l'empirique est chez le client, où il doit aller le premier, à 4 heures du matin, il examine le cheval, il met son oreille ici, il la met là, il le tâte par ici, il le tâte par là, de manière à faire croire aux spectateurs qu'il est un de ces êtres consommés dans la science vétérinaire, et qu'il va résulter de l'attention minutieuse qu'il met à examiner l'animal, un jugement affirmatif, incontestable ou de mieux, ou de mort. En effet, ceux qui l'entourent *paraissent* être dans une grande anxiété, ils ouvrent la bouche jusqu'aux oreilles, pour mieux entendre, pour mieux comprendre ce que va dire le *Médecin des chevaux ;* car, le jugement qu'il va porter sur l'affection de celui-ci, il le portera sur celle des autres, puisqu'ils sont dans une position identique. Après avoir examiné le pauvre malade, qui ne l'est que d'avoir été mis à la diète et saigné, quoique se portant bien et ayant bon appétit, l'empirique se frappe le front de sa main gauche, et dit d'une voix toute particulière aux empiriques : Monsieur, je suis d'autant plus satisfait de la précision avec laquelle vous avez exécuté mes ordres, que je me crois obligé de vous dire à tous, Messieurs qui m'environnez, que jusqu'alors il a toujours été impossible de guérir deux chevaux sur mille atteints de cette maladie. Le moyen que j'ai employé est tout nouveau, moi seul le connais, j'ose m'en flatter; oui, Messieurs, c'est le fruit de mon expérience. Ainsi, Monsieur, votre cheval guérira de cette maladie, je vous le jure, et dans huit jours sans doute il pourra travailler.

Vous pouvez juger, lecteurs, de l'effet que peuvent produire ces paroles, plus ou moins bien dites, sur l'esprit d'une quantité de cultivateurs généralement dans l'ignorance de la science vétérinaire. L'empirique n'est pas arrivé chez ses autres clients, que déjà ils savent que leurs chevaux guériront; l'impatience avec laquelle ils l'attendent est insupportable, l'écurie, la cour, la maison des propriétaires des malades contiennent beaucoup de visiteurs curieux, et certes! ce ne sont ordinairement pas les moins bavards des environs, ce sont le plus souvent de ces langues de vipères capables d'arrêter le savoir et la véritable science, pour faire marcher l'ignorance à pas de géant.

Le *savant vétérinaire* arrive enfin au grand trot; tous les assistants se mettent sur les rangs comme pour recevoir un très-haut dignitaire; le loup-renard ne sachant quelle contenance tenir en présence de ses victimes, en reste tout coi, orgueilleux,

les saluant néanmoins d'un signe de tête et le sou-
rire ironique sur les lèvres. Et toujours avec la
même effronterie, il fait et dit ce qu'il a fait et dit
ailleurs. Comment voudrait-on que les chevaux
fussent malades, ils n'avaient que faim ; ils n'étaient
qu'affaiblis par les anti-phlogistiques, et hier on
leur a donné deux ou trois kilos de poudre
de réglisse ou de guimauve, avec autant de miel
et deux ou trois cordiaux (remèdes favoris de
l'empirisme); sous l'influence de ces médicaments,
qui eussent été incendiaires dans certaines circonstances, l'estomac a repris du ton, la nature s'est
un peu relevée, alors l'animal s'est trouvé par cela
même un peu rapproché de son état normal. En
somme, les cinq ou six animaux qu'il avait rendus
malades par les mêmes causes, doivent conséquemment aussi se trouver, par les effets des mêmes
médicaments, aussi rapprochés les uns que les autres de leur guérison. *Quelques livres de bon foin,
quelques onces de thériaque délayée dans du bon vin,*
suffisent, le plus souvent, pour redonner en quelques jours auxdits animaux, la vigueur et la santé
qu'ils avaient lorsqu'on les rendit malades. Trois
jours ne se sont pas écoulés depuis la visite où l'empirique s'est prononcé en faveur de la guérison de

ses prétendus malades, que déjà *la cure extraordinaire* des six chevaux est répétée par des milliers de bouches, à trois ou quatre lieues à la ronde ; il possède promptement la confiance des cultivateurs, déjà l'on s'apprête à remercier les élèves des écoles vétérinaires, pour mettre sa confiance dans le nouveau venu.

Un cheval qui n'est pas malade est bien facile à guérir, n'est-ce pas. Eh ! puis, comment les empiriques feraient-ils pour pouvoir exercer l'art vétérinaire avec connaissance, n'ayant jamais eu de livres à leur portée. Comment feraient-ils, enfin, avec les ouvrages favoris de l'empirisme des Garsaut, des Soleisel, des Laguérinière, des Beauregard, des Delespiney et autres grimoires semblables, pour connaître et guérir la plus petite affection ? Ah ! bah ! me répondra un charlatan, je me suis procuré des *livres* faits par des vétérinaires.

Ce sont des livres intitulés *Maréchal-expert* et *Bouvier*, l'un est pour les chevaux, et l'autre pour l'espèce bovine. Ces sortes d'ouvrages se vendent très-bon marché et sont spécialement faits pour le colportage, malheur aux propriétaires de bestiaux qui ajoutent foi à ces dangereux ouvrages.

Sans doute, *des Maréchaux-experts* et *des Bouviers,*

qu'un intérêt cupide a déterminé certains vétérinaires à se faire auteurs, et à livrer leurs mesquins et dangereux ouvrages à la publicité, par l'intermédiaire du colportage.

Mais moi, me dira un autre empirique, j'ai une collection d'ouvrages sortant de la plume de nos meilleurs professeurs vétérinaires.

Ah! c'est bien encore là un grand malheur, car la presque totalité des personnes qui exercent illégalement la médecine vétérinaire, ont cru comprendre quelque chose à ces beaux ouvrages, alors qu'elles y perdaient entièrement leur latin.

Eh! comment auriez-vous donc fait, hommes présomptueux et redoutables, pour y comprendre la moindre des choses, à ces ouvrages que vous vous flattez d'avoir, alors même que les élèves de ces mêmes professeurs les comprennent difficilement.

J'ose croire qu'à dater de la publication de mon ouvrage théorique et pratique de médecine vétérinaire, le nombre des personnes qui exercent illégalement, diminuera beaucoup.

J'entends déjà quelques esprits bornés demander : — Eh! pourquoi cela? — Pourquoi? Eh! bien, parce qu'en lisant mon ouvrage, on sera pour ainsi dire forcé, à moins de mauvaise volonté, de raisonner la médecine vétérinaire aussi bien que les praticiens, et la pratiquer de la même manière qu'ils peuvent le faire.

La publication de mon ouvrage a pour but d'élever les cultivateurs à la hauteur de la médecine vétérinaire, au lieu de faire descendre celle-ci au niveau de l'ignorance qui règne malheureusement encore chez un trop grand nombre de cultivateurs.

C'est en lisant que l'on s'instruit, bien certainement, ce n'est même qu'en lisant beaucoup que l'on devient savant. Eh! bien, que Messieurs les cultivateurs veuillent donc lire un peu. Qu'ils ne viennent pas dire qu'ils n'ont pas le temps; je sais ce qu'un cultivateur, quelle que soit sa position, peut avoir de temps à dépenser; qu'ils lisent tous les jours un peu. et dans un an ils se trouveront tout étonnés de se voir aussi avancés, proportionnellement aux connaissances qu'ils avaient l'année précédente, et ils regretteront beaucoup de n'avoir pas été éclairés plus tôt; car c'est alors seulement qu'ils reconnaîtront positivement l'utilité de mon ouvrage.

La lecture entière de mon travail est d'autant plus nécessaire, qu'il est impossible de bien mettre ma méthode médicale en pratique sans l'avoir lue

2

et bien comprise, ce qui est très-facile, quelle que
soit la dose d'intelligence que l'on possède.

Je crois ne pouvoir passer sous silence les manœuvres qui tendent bien souvent à faire délivrer
le brevet de capacité de *maréchal-expert* à des personnes n'ayant aucune des capacités ni des connaissances requises pour exercer convenablement
cette profession.

La protection de quelques amis, et le plus souvent
l'intrigue, sont les moyens mis en œuvre pour arracher au jury un certificat que l'on ne pourrait
obtenir à la suite d'un examen sérieux. Il serait
bien à désirer, dans l'intérêt de la science, que les
personnes chargées d'une mission aussi importante
en comprissent toute l'étendue et la gravité, pour
ne pas jeter sur le chemin des élèves des écoles
d'Alfort, de Lyon et de Toulouse, parmi les disciples
des Bourgelat, des Chabert, des Gohier, des Dupuis,
etc., etc., des hommes dont l'ignorance est malheureusement trop grande.

Il ne suffit pas qu'un maréchal-expert sache saigner, passer un séton, poser un vésicatoire, donner
un lavement, et ait chez lui un formulaire pharma-
ceutique, avec quelques vieux bouquins décrivant
les principaux symptômes de certaines maladies, il

faut encore qu'il puisse, sinon suivre une maladie, mais au moins apporter les premiers soins, de manière à empêcher le mal de faire de prompts et grands ravages, en attendant le vétérinaire. Oui, s'il en eut été ainsi, le corps des maréchaux-experts n'eut pas été inutile, ou pour le moins n'eut pas été nuisible. Si les maréchaux-experts eussent bien compris leur mission ; si chacun d'eux eut raisonné sainement, il se serait dit : je viens de recevoir un certificat constatant mes capacités, quoique je n'en aie point. Eh bien ! il faut que je me montre digne de la confiance que l'on met en moi ; c'est ici le cas d'être aussi juste que franc, aussi modeste que générereux, aussi simple que consciencieux, et aussi sincère que peu vaniteux. Mon devoir est de faire tout mon possible pour mieux ferrer que mes confrères qui n'ont pas, comme moi, reçu de brevet de capacité ; quoique certains soient plus capables que je ne le suis, je dois tâcher d'être plus adroit qu'un autre autour d'un cheval malade ; je dois savoir, ou je dois apprendre à soigner méthodiquement, afin que je puisse, sans danger, le faire quand j'en serai chargé par le médecin-vétérinaire ; je dois savoir de même poser un séton, poser un vésicatoire, administrer un breuvage, quel qu'il soit. De plus, je dois engager, autant que faire se peut, les propriétaires de bestiaux à réclamer les soins de l'homme de l'art dès qu'ils ont un animal de malade. Si petite enfin que soit une affection maladive, je dois, pour remplir convenablement mon devoir, réclamer la visite du vétérinaire, et, si la maladie n'est pas assez sérieuse pour nécessiter une seconde visite, exécuter aussi ponctuellement qu'il me sera possible, les ordres qu'il me donnera.

Si, je le répète de nouveau, les maréchaux-experts avaient compris aussi bien leur mission, ils se seraient fait respecter de tous les cultivateurs et de tous les propriétaires de bestiaux, et n'auraient pu recevoir que des louanges des vétérinaires.

Malheureusement il n'en est point ainsi, et ces individus ont presque toujours trompé la bonne foi et la conscience des jurés et des vétérinaires chargés de leur délivrer cette marque de confiance. Ils essaient le plus souvent de faire concurrence aux élèves des écoles vétérinaires, et ils emploient tous les moyens les plus odieux pour les dénigrer dans l'esprit public. Ces personnes, qui ont ordinairement quelques moyens pécuniaires, font tout leur possible pour ne point compter avec leurs clients pendant les trois premières années de leur exercice.

C'est là un moyen aussi sûr qu'infaillible d'avoir des clients : d'abord une certaine quantité de cultivateurs aiment assez à ne pas être tourmentés par leur vétérinaire ni par leur médecin ; ceux chez lesquels la négligence est reconnue, n'en sont pas moins contents non plus ; ceux qui aiment à bien payer, ne pouvant avoir leur compte, sont pour ainsi dire obligés, quand même, de retourner auprès de leur maréchal-expert ou empirique ; plusieurs choses, selon eux, les obligent à cela : d'abord ils ne voudraient pas que l'on sût, dans la société, qu'ils sont redevables à leur vétérinaire, surtout l'ayant quitté ; ensuite, parce qu'ils ont peur qu'on leur prenne trop cher, ne sachant souvent où ils en sont avec lui ; enfin parce que certains de leurs amis, de leurs parents, de leurs voisins, s'en servent.

Voyez, lecteur, dans quelle position se trouverait un cultivateur qui ne se servirait pas du maréchal-expert à la mode : à la suite d'un repas qu'il donne chaque année, le nouveau maréchal a toujours soin de compter avec ses clients après le repas ; et voici de la manière dont il s'y prend et dont le compte s'établit :

M. X... doit, pour voyages, visites, sétons, saignées, opérations, etc., et médicaments fournis, la somme de *tant*.

Le débiteur, bien choyé, bien fêté pendant le repas, paie, sans s'inquiéter du reste, les sommes demandées par le charlatan, et pour prouver qu'il est on ne peut plus content de ce que M. son hôte ne lui demande pas davantage, il donne, le cœur tout joyeux, un petit cadeau d'argent à chacun des enfants de la maison, ou à défaut d'enfants, une somme plus ronde à la maîtresse du logis. Un autre, croyant faire mieux, promet du beurre, des fromages, des œufs, etc...

Lesdits convives, rentrés chez eux, racontent, avec autant d'emphase qu'il leur est possible, tout l'agrément qu'ils ont eu.

S'il y a une réunion de cultivateurs, soit en famille ou autrement, le prétendu artiste tâche toujours de s'y faufiler, en ayant soin de s'y faire inviter par ses amis.

Il me serait facile, chers lecteurs, de vous dépeindre toutes les manœuvres mises en jeu pour arriver à gagner les bonnes grâces, ou plutôt à tromper la bonne foi des bons cultivateurs, venus à cette réunion ; mais e ne veux pas fatiguer plus long-temps votre attention. Aussi bien toutes ces intrigues me répugnent et doivent soulever l'indignation de tous les cœurs honnêtes. J'ai hâte d'aborder mon sujet. Les limites que je m'étais posées pour cette préface sont de beaucoup dépassées.

Ce que j'ai cherché à faire voir avant tout, dans cette préface, c'est que les habitants de nos campagnes sont malheureusement trop souvent victimes de l'ignorance et de la cupidité d'hommes sans aucune espèce d'instruction, dont toutes les actions n'ont qu'un but unique : *Tromper, toujours tromper* l'homme laborieux qui, courbé pendant toute l'année sous les travaux les plus pénibles, n'a souvent pas le temps nécessaire pour se mettre en garde contre les ruses et les pièges que ne cessent de leur tendre ces ignorants, acharnés à en faire leurs victimes.

Que de fois n'avez-vous pas vu l'homme studieux, laborieux, le véritable savant, l'homme consciencieux et uniquement occupé du bonheur de ses semblables, être obligé de subir des privations de toute nature, lorsqu'à côté de lui un homme n'ayant aucune capacité, mais assez hardi et assez effronté pour braver l'opinion publique et en imposer à la foule, avait trouvé le moyen d'éclabousser le véritable talent, avec ses chevaux et ses équipages.

Ce sont ces personnages éhontés dont il faut se méfier, ce sont ceux-là qu'il faut signaler au mépris de nos populations agricoles, et que nous devons tous flétrir comme ils le méritent.

Si vous n'y prenez garde, chers lecteurs, ils auront bientôt envahi vos maisons et vos chaumières. Votre ruine, qu'ils conspirent, s'accomplira sous vos yeux et sans que vous vous en aperceviez. Ils ne laisseront pas pierre sur pierre dans l'édifice agricole que vous aurez élevé avec tant de peine, et quand un jour vous vous réveillerez de la torpeur et de l'engourdissement dans lequel ils vous avaient ensevelis à dessein, *il sera trop tard !*

Rappelez-vous ces derniers mots, et qu'ils vous fassent enfin ouvrir les yeux. La lutte entre le charlatanisme et vous est ouverte, tâchez d'en sortir victorieux.

Je serai heureux si, pour ma part, j'ai pu vous être utile dans cette circonstance. En tout temps, toutes mes actions ont toujours tendu vers ce but.

L'ouvrage que je vous offre, et auquel je travaille depuis long-temps, vous procurera, je l'espère, les connaissances nécessaires pour faire vous-même, dans maintes circonstances, ce que vous confiez le plus souvent à des mains inhabiles et sans plus d'expérience que vous n'en avez de la science vétérinaire. Ces connaissances seront suffisantes pour attendre que le véritable artiste puisse secourir à temps vos animaux malades.

Puissiez-vous un jour, après la lecture que vous en aurez faite, me faire savoir que j'avais raison de vous tenir un tel langage, et me dire : *Il était encore temps !*

C'est la seule et la plus douce récompense que mon cœur puisse désirer.

COUESME.

ART HIPPIATRIQUE.

MÉDECINE
THÉORIQUE ET PRATIQUE VÉTÉRINAIRE

Réduite à sa plus simple expression.

PREMIÈRE PARTIE.

DU CHEVAL.

CHAPITRE PREMIER.

Origine et qualités du Cheval.

Le cheval est un animal herbivore que les naturalistes rangent parmi les mammifères ongulés et à sabot, dont le pied est terminé par un seul doigt. Il est originaire de la Haute-Asie, selon le dire des écrivains qui se sont le plus occupés de son histoire.

Ce noble et précieux animal, proclamé à juste titre par l'immortel Buffon, *la plus belle conquête de l'homme*, s'est propagé successivement dans toutes les contrées du globe, et à l'exception des régions

très-froides et humides, il a prospéré assez facilement partout. Toutefois, certaines contrées sont
plus essentiellement en rapport avec sa nature :
telles sont l'Arabie et les vastes déserts qui avoisinent la mer Caspienne. Quoiqu'il en soit, il est
très-rare aujourd'hui de le rencontrer à l'état primitif. Certaines contrées de l'Amérique méridionale
paraîtraient encore, dit-on, en posséder ; nous en
doutons, et nous avons pour cela plusieurs raisons
que nous croyons justes. Tous les chevaux que nous
rencontrons à l'état sauvage ont une taille médiocre
et sont dépourvus de formes gracieuses ; mais aussi
ils sont d'une vélocité incroyable et d'une vigueur
surpassant l'imagination des personnes qui n'ont
jamais étudié profondément la nature de cet animal.

Soit que les formes du cheval, dans sa nature primitive, aient déplu aux hommes, soit qu'ils aient
voulu l'augmenter en volume, croyant le rendre
plus propre aux services pour lesquels ils l'assujet-
tissent journellement, à la campagne surtout, on
voit encore que par l'effet de leur ignorance en hippiatrique ils ont, en voulant le façonner, détruit
presque entièrement sa nature normale, et par cet
effet bizarre et ridicule, l'Europe est presque dépourvue de chevaux de race primitive, la race rus-
tique et serviable.

L'œil de l'homme peut être satisfait des belles

formes du cheval, mais son cœur doit regretter ses qualités absentes, beaucoup plus essentielles.

Les chevaux, dans leur état sauvage, vivent en famille ; chaque troupe est conduite par un chef qui est ordinairement l'étalon le plus vigoureux de la bande ; il les mène là où il croit pouvoir y trouver de quoi vivre, et ils n'abandonnent jamais leur cantonnement que quand ils ne peuvent plus trouver leur nourriture. Et, chose remarquable, et même surprenante, ils mourraient plutôt tous de faim, si l'étalon conducteur persistait à rester au même endroit. S'il arrive que l'un d'eux soit malade, il se retire à une rive du canton ; les autres ne passent que loin de lui. S'il meurt, c'est toujours à une grande distance du cantonnement, car il a soin de s'éloigner quand il se sent atteint mortellement. Lorsqu'il est mort, ses camarades l'entourent, le regardent et font pendant quelques jours des hennissements de douleur et d'inquiétude. Si c'est l'étalon conducteur qui meurt, un autre prend sa place immédiatement. On a quelquefois vu une troupe tout entière mourir d'ennui pour ne plus avoir à sa tête son étalon conducteur !..

Une troupe de chevaux bien organisée ne craint aucun ennemi, tant dangereux soit-il. S'il s'en présente un, ils se jettent sur lui et le tuent sous leurs coups ; mais s'ils voient le danger imminent et

qu'ils ne peuvent s'y soustraire par la fuite, les petits sont aussitôt placés au centre de la troupe ; les
mâles se serrent en cercle, de manière à ne présenter que la croupe, et ils se défendent à grands
coups de ruades ; ils ont alors bientôt mis en fuite
leur ennemi, lion ou tigre, quel qu'il soit.

La jalousie, en amour notamment, ne se contente
pas de déchirer et de ronger le cœur des humains
seulement, elle descend encore dans le cœur de la
brute ; car la saison des amours des chevaux ne
manque jamais de mettre la discorde dans la troupe.
Les mâles se battent à outrance pour la possession
des femelles, et le vaincu s'enfuit triste, souvent
blessé et le ventre vide, jusqu'à ce qu'il trouve à
son tour l'occasion de venger sa défaite. La discorde
d'une troupe est d'autant plus grande que la quantité des femelles est moindre ; chaque bête a son
instinct, dit-on quelquefois, cela est fort vrai, car
il arrive souvent que les ennemis des chevaux pro-
fitent de leur discorde pour satisfaire leur vorace
avidité.

Le cheval est naturellement domestique, et, étant
pris à l'état sauvage très-jeune, il se soumet facilement à l'état de domesticité ; on n'a pas besoin de
le croiser pour modifier son caractère, car il est
naturellement ami de l'homme, et n'a, pour ainsi
dire, jamais que les vices façonnés par la main des

hommes. Mais, quoiqu'il en soit, ce noble animal ne perd presque aucune de ses qualités; soumis à la domesticité et instruit, il sait allier avec une incomparable aisance l'obéissance et la fidélité à sa fierté naturelle. La gloire, ce flambeau pétillant, qui souvent ennivre le cœur de l'homme, n'a pas moins d'influence sur celui du belliqueux quadrupède qui nous occupe. Ses souvenirs sont aussi très-fidèles. On remarque qu'en le faisant traverser une ou deux fois une épaisse forêt, par exemple, par des sentiers, par des faux-fuyants obscurs et tortueux, il est capable, s'il lui prend envie de se sauver, ou pour toute autre cause que ce soit, de revenir tout droit à son écurie s'il y est bien traité, sans se tromper, sans s'égarer du chemin, ce que l'homme intelligent et attentif aurait beaucoup de peine à faire, à moins que de longues années de fréquentation des lieux ne lui en aient donné l'habitude routinière.

Le souvenir du cheval pour les bons et les mauvais traitemens, est une chose qui surprend beaucoup l'observateur attentif et réfléchi : par exemple, pour tel individu qui lui aura prodigué tous les soins qu'exige sa nature, il aura un étonnant attachement et le servira avec zèle et dévouement; il comprendra, au moindre signe, ce qu'il voudra exiger de lui, et l'exécutera aussitôt si cela lui est

possible ; pour tel autre qui l'aura fortement maltraité sans sujet, ou assez long-temps après sa faute,
en supposant qu'il en ait commis une, il sera har-
gneux, rétif, sourd à sa parole ; il le regardera d'un
œil animé par la colère, et s'il paraît un instant
assez doux et traitable, ce sera le moment de ses
réflexions vindicatives, s'il est permis de parler
ainsi ; ce sera, en un mot, le moment qu'il choisira
pour se venger mortellement en lui envoyant
une vigoureuse ruade, ou en le mordant avec assez
de force pour l'estropier à tout jamais, s'il ne fait
plus encore.

Peu de quadrupèdes sont aussi bien favorisés que
le cheval par la nature : son élégance, sa vigueur,
sa force musculaire, sa résistance à la fatigue, sa
légèreté, qui le rend si propre à la course, le rendent éminemment propre aux travaux qui exigent
de la persévérance, de la célérité. Il peut, à cause
de ses formes et de sa construction, résister long-
temps aux travaux pour lesquels l'homme se l'est
approprié. Cet obéissant animal n'exige en retour
des incalculables services qu'il rend, que quelques
soins et de bons traitements. La démarche du cheval est noble et fière ; ses mouvements sont souples,
faciles et prompts ! La force de ses reins est très-
grande. Ses articulations jouent leur rôle admirablement ! Ses jarrets sont tout à la fois : forts, moël-

leux, nerveux et élastiques ! Ses avantages physiques, enfin, sont ravissants ! Les chevaux de certaines races, la race arabe, par exemple, sont d'une
vélocité presque incroyable ; ils exécutent des
courses d'une longueur surprenante, sans presque
ni boire ni manger. Toutes les personnes qui s'occupent de l'art vétérinaire, savent que les chevaux
arabes peuvent faire, sans se trop fatiguer, de
100 à 120 kilomètres (25 à 30 lieues) par jour,
sans presque se reposer et sans autre nourriture,
très-souvent, que quelques poignées de dattes ou
de graine plus ou moins bonne.

Comme les autres animaux, le cheval a des sensations, des passions, des besoins. Les sensations
sont perçues par les sens et exprimées par des
signes extérieurs. Le sens de l'ouïe est un des plus
perfectionnés chez le cheval ; il porte ordinairement ses oreilles en avant quand il marche, et si
petit bruit qui se fasse autour de lui, et qui échappe
presque toujours à l'ouïe de l'homme, il l'entend
et se retourne, ou fait un mouvement identique
aussitôt avec vivacité. Après le sens de l'ouïe, celui
de la vue est sans contredit le meilleur chez lui, et
à cet égard, la nuit comme le jour, il est supérieur
à l'homme. Le sens de l'odorat n'est pas moins remarquable chez le cheval ; l'habitude qu'il a de
flairer tout ce qu'on lui présente lui fait savoir si

l'aliment qu'on lui donne lui convient. Ce qui prouve encore chez lui la finesse distinguée du sens et de l'odorat, c'est la distance à laquelle il sent les femelles en chaleur.

Quant aux sens du goût et du toucher, ils sont beaucoup inférieurs aux autres et bien loin d'être comparés à ceux de l'homme. Toutefois, le cheval est encore très-susceptible pour la nourriture, et très-sensible aussi aux impressions extérieures. La voix du cheval se nomme *hennissement*, et il est en son pouvoir de la modifier de plusieurs manières ; chaque modification exprime une passion différente. On remarque particulièrement les hennissements du désir, de l'allégresse, de l'amour, de la colère, de la crainte, de l'inquiétude, de la douleur. Ces diverses inflexions de voix sont plus ou moins accompagnées de démonstrations extérieures qui les rendent plus expressives.

Les chevaux entiers ont la voix plus forte que les chevaux hongres ou les juments. Certains auteurs prétendent que les chevaux qui hennissent souvent de désir et d'allégresse, sont meilleurs que ceux qui ne disent rien ou presque rien ; quant à nous, nous pouvons assurer que ceux qui ne hennissent que très-rarement, sont aussi bons que les autres ; les auteurs qui croient avoir remarqué le contraire se trompent généralement; il n'est peut-être pas en Europe un seul cultivateur qui ne puisse contester ce qu'avancent les auteurs dont nous parlons; bien souvent des chevaux hennissent d'allégresse et ne valent rien; tandis que d'autres qui ne disent rien ou peu de chose, sont bons, et *vice versâ*.

Beaucoup de personnes veulent écrire sur l'agriculture, mais ne peuvent le faire sans donner quelques descriptions du cheval et du traitement de ses maladies. Ces personnes, qui le plus souvent sont étrangères à l'art de prévenir et de guérir, n'ont apprécié le cheval qu'imparfaitement et à l'aide de mauvaises doctrines médicales.

Il est bien regrettable pour l'agriculture en général, que l'appât d'un bénéfice plus ou moins certain soit le plus souvent le seul motif qui détermine les auteurs dont nous parlons, à publier des ouvrages qui peuvent porter la perturbation dans l'esprit de nos habitans des campagnes, privés malheureusement trop souvent de l'instruction nécessaire pour choisir avec discernement parmi les nombreux ouvrages que la spéculation leur offre tous les jours.

L'intérêt qui s'attache au cheval est trop grand pour l'agriculture, l'industrie, le commerce, et même la guerre, pour en faire l'objet d'un amusement littéraire et frivole, et moins encore la base d'un intérêt mercantile.

Le célèbre Boileau-Despréaux, dans son *Art poétique*, chant quatrième, dit :

> Et qu'un sordide gain
> Ne soit jamais l'objet d'un illustre écrivain.

En effet, comment oser griffonner du papier pour le seul et unique motif d'en tirer bénéfice.

Boileau dit encore à ce sujet :

> Je sais qu'un noble esprit peut sans honte et sans crime
> Tirer de son travail un tribut légitime.
> Mais je ne puis souffrir ces auteurs renommés
> Qui dégoûtés de gloire, et d'argent affamés,
> Mettent leur Apollon aux gages d'un libraire,
> Et font d'un art divin un métier mercenaire.

Ce qui nous peine le plus, c'est de voir la majeure partie des agriculteurs accepter, sans contrainte aucune, des ouvrages qui ne peuvent leur être d'aucune utilité, et qui au contraire sont de nature à leur faire adopter les principes les plus détestables, en les jetant sur un chemin qui leur fait faire fausse route. En effet, quoi de plus pernicieux pour un agriculteur, que toutes ces théories qui le poussent à des essais infructueux, à des tentatives qui ont pour but de jeter le désordre dans son intérieur, et d'amener très-souvent sa ruine.

Le vif intérêt que nous portons aux cultivateurs, avec lesquels nous vivons constamment, les rapports journaliers que nous avons avec cette classe si intéressante de la société, si éconòme et si sobre, si douce au milieu de ses travaux champêtres, nous ont fait oublier pour un instant notre sujet: nous y revenons.

Nous gémissons souvent en pensant aux mauvais traitements dont le cheval est victime, par suite de l'erreur et de l'ignorance. Bien souvent il périt au moment où sa force, son courage, sa volonté et son énergie sont pour se développer, au moment, enfin, où il pourrait faire voir ce qu'il est réellement.

Pourquoi l'homme se l'approprierait-il pour le livrer si souvent à des mains aussi barbares ?

Quel est cependant l'animal qui rend à l'homme et à la société plus de services que le cheval ? C'est lui qui partage, avec le bœuf, la tâche de tracer nos sillons; c'est lui qui transporte sur tous les points du globe les produits de l'industrie; c'est lui qui rapproche les distances les plus éloignées ; c'est lui qui fait mouvoir la plus grande partie des machines créées par le génie de l'homme, afin de multiplier ses forces; c'est lui qui porte avec cette élégance et cette fierté qui lui sont naturelles, le courageux et intrépide guerrier ; de lui bien souvent dépend le destin des combats ; c'est encore lui qui promène gravement les grands de la terre ; ses mouvements doux et cadencés sont la cause que le convalescent retrouve la santé ou pour le moins une salutaire distraction......

Pour un animal, le cheval a une belle mission. Voyez avec quelle attention et quelle impatience le cheval d'escadron semble attendre le commandement ; regardez avec quelle promptitude, quelle régularité et quelle adresse il suit tous les mouvements de la manœuvre ! Attendez un instant, vous le verrez bientôt s'animer au son de la trompette, joindre ses hennissements au bruit de la mêlée, blanchir son mors d'écume et comme s'énorgueillir du rôle qu'il doit remplir, obéissant à regret à la main vigoureuse qui contient son ardeur impatiente ; aussitôt que le signal du départ est donné, il s'élance avec la rapidité de l'éclair, avec ce courage que lui seul possède, à travers les rangs ennemis ! C'en est fait ! En ce moment le bruit de la fusillade, celui du canon et l'odeur de la poudre semblent lui dire qu'il faut vaincre ou mourir ! Les rangs ennemis, par l'impétuosité de son choc, sont à l'instant même renversés ; il est énivré de carnage et de gloire ; ses membres musculaires lui servent

d'armes défensives, et par les effets de ses mouvements désordonnés, son cœur palpite, ses flancs se
retroussent, son corps se couvre de sueur, ses forces
ne peuvent manquer de s'abattre... Eh bien ! un
coup d'éperon de son maître semble lui dire : encore
un coup !... et tout aussitôt, son ardeur, sa vigueur, son courage, ses forces, tout est retrouvé,
comme par un effet surnaturel ; son impétuosité est
plus grande que jamais ; il veut partager avec son
maître les douceurs de la victoire !... Mais si la
chance des combats a trahi son attente et ses efforts,
pour lui rien n'existe plus, il n'existe lui-même
qu'à demi ! nous le voyons revenir à pas lents, la
tête basse, la crinière pendante, les yeux ternes, les
jambes chancelantes ; le sens de l'ouïe semble
anéanti chez lui ; le son de la trompette même ne
lui cause plus d'émotion ; il va tristement auprès
des siens, ou il cherche sur le champ de bataille,
parmi les morts, celui dont il fut le compagnon fidèle et courageux, dont il partagea les travaux et
les périls !

Si nous ne craignions de dépasser par trop les
bornes que nous nous sommes prescrites, nous
pourrions tracer ici le tableau de toutes les qualités

morales et physiques qui élèvent si éminemment ce quadrupède, et nous n'aurions pas besoin pour cela de recueillir une foule d'anecdotes plus ou moins fabuleuses et bizarres dont tant de livres fourmillent. Les fastes de notre gloire militaire nous fourniraient des exemples frappants et véritables. Sans chercher aussi loin, les prodiges opérés sous nos yeux par les écuyers du cirque de Franconi, ne nous fournissent-ils pas des faits non moins curieux et instructifs ; mais ce volume suffirait à peine.

C'est dans la Thrace et dans la Médie que l'art de de dompter le cheval paraît avoir pris naissance ; mais rien ne nous le justifie d'ailleurs, d'une manière incontestable ; car tout à cet égard est douteux et même équivoque. Nous savons très-bien, par exemple, que depuis un temps immémorial il est la propriété des Grecs, qui s'en servirent dans leurs guerres et dans leurs jeux ; nous savons aussi que les Gaulois sont les premiers qui aient reconnu au cheval cette intelligence et cette fierté distinguée qu'il conserve toujours, plus ou moins, de son état primitif. C'est ce qui fut la cause que les Gaulois s'adonnèrent à son éducation, dont les fruits, bons ou mauvais, se reproduisent presque universellement ; or donc, si aujourd'hui les cultivateurs et les grands de la terre ont quelque reconnaissance à avoir pour leur noble, fière et agréable monture, c'est, à n'en point douter, à nos pères, aux Gaulois.

Si nous ouvrons l'histoire ancienne, nous verrons que, contradictoirement à ce qui se passe de nos jours, nos grands du monde ne dédaignaient pas de mettre leur coursier sous leur tente même, de lui présenter la nourriture, de tresser et d'oindre les crins, de leurs mains sacrées et royales. Nous verrons enfin que le précieux animal qui nous occupe était loin d'être remis à l'insouciance et à la négligence des valets; nous verrons, enfin, comment ces grands hommes du temps prenaient soin de leur royale monture....

Le cheval est très-négligé de nos jours; toutefois, dans les campagnes, quelques cultivateurs en ont cependant beaucoup de soin.

CHAPITRE II.

—

Conformation extérieure du cheval. — Description de ses parties externes. — Du soin et de l'éducation des poulains. — Des beautés et des défectuosités des parties externes du cheval. — De l'écurie. — Comment elle doit être bâtie et tenue. — Du travail et du repos des chevaux. — Pansement des chevaux. — Nourriture du cheval. — Du pansement des chevaux en voyage. — De la manière dont doivent être pansés les chevaux rentrant de voyage, de charroyer ou de tous autres travaux. — Observations générales sur la manière de dresser les chevaux. — Observations sur la manière de mener les chevaux. — Manière de courir les postes et les chasses. — Du mors Lycos convenant à toute espèce de chevaux et dans toutes circonstances.

CONFORMATION EXTÉRIEURE DU CHEVAL.

Pour faciliter l'étude de la conformation extérieure du cheval, on le divise ordinairement en avant-main, en corps et en arrière-main. Cette division est admise par les écuyers et ne concerne en quelque sorte que le cheval de selle. Nous le diviserons ici en tête, corps et extrémités. (Voyez planche 1re).

LA TÊTE.

La tête comprend la nuque (11), le toupet (10), les oreilles, le front (9), les salières (8), les yeux, les larmiers, le chanfrein (7), les naseaux (2), le nez (1), la bouche, le menton (3), la barbe (4), les joues, la ganache (6), et l'auge (5).

LE CORPS.

Le corps comprend la crinière (12), l'encolure (13), le poitrail (17), les ars antérieurs (19), le garrot (14), le dos (30), les reins (31), les côtes (33), le passage des sangles, le ventre (34), les flancs (35), les ars postérieurs, la croupe (32), la queue, les hanches (36), les fesses (37), et enfin les organes de la génération soit du mâle, soit de la femelle (38, 39).

EXTRÉMITÉS.

Les extrémités se divisent en antérieures et en postérieures ; chacune des antérieures comprend l'épaule (16), le bras (20), le coude (18), l'avant-bras, la châtaigne (21), les genoux (22), le canon (23), le boulet (25), le pâturon (27), la couronne (28), le sabot (29).

La *châtaigne* est une place dégarnie de poil et recouverte d'une sorte de corne tendre, qui se remarque au-dessus du genou, en-dedans, et aux jambes de derrière, au-dessous des jarrets, aussi en-dedans.

Le *boulet* est la jointure du canon avec le pâturon ; derrière le boulet est une protubérance d'une sorte de corne tendre, connue sous le nom d'*ergot*; la touffe de poil qui l'entoure s'appelle le *fanon*.

Le *pâturon* est le court espace qui se trouve entre le boulet et la couronne. La couronne est une rangée de poil qui borde le haut du pied à la naissance du sabot.

EXTRÉMITÉS POSTÉRIEURES.

Chaque extrémité postérieure comprend la cuisse (41), le grasset ou rotule (40), la jambe, le jarret

(42) ; et comme dans les extrémités antérieures, le canon (23), le boulet (25), le pâturon (27), la couronne (28), et le sabot (29).

DES BEAUTÉS ET DES DÉFECTUOSITÉS DES PARTIES EXTERNES DU CHEVAL.

La bonne conformation des diverses parties du cheval influe beaucoup sur la nature des services que l'on peut attendre de cet utile animal, en plus de la beauté de ses formes, qui font l'agrément de l'amateur.

Ordinairement, on estime une tête sèche et dont les veines se laissent apercevoir à travers la peau. Une tête volumineuse dépare un cheval, tout en le rendant pesant à la main ; une tête longue, qu'on nomme tête de vieille, n'est pas meilleure ; une tête trop charnue annonce une prédisposition aux maux d'yeux, quelquefois même à la perte de la vue. La tête enfin, doit être bien attachée, parfaitement distincte de l'encolure, et non comme plaquée contre cette partie. Quand il en est ainsi, le cheval se bride ordinairement bien. On dit qu'un cheval *porte au vent* lorsqu'il tend le nez et qu'il *s'encapuchonne,* ou *s'arme*, lorsqu'il rapproche trop le menton du poitrail.

Ces défauts sont assez graves, attendu qu'ils empêchent l'action du mors sur les barres. Les oreilles doivent être bien plantées, petites, droites et peu chargées de poils. Les pointes des oreilles portées en avant, dénotent de la fierté ; une pointe en avant et l'autre en arrière, annonce quelque projet de défense ; toutes deux couchées en arrière, dénotent de la colère et de la méchanceté. On nomme *oreillards* les chevaux qui ont les oreilles volumineuses et presque pendantes ; cela dépare un cheval de luxe, mais ne lui donne ni qualités, ni vices, et on nomme *oreilles de cochon* celles qui ont un mouvement de haut en bas et de bas en haut, sans que l'animal marche.

Les maquignons ont ordinairement soin de façonner les oreilles trop longues, mais cela n'a nul inconvénient quand l'opération est bien faite. On nomme un cheval *moineau* ou *craps*, lorsque cette opération n'a pas laissé aux oreilles la longueur qu'elles auraient dû avoir naturellement. Les maquignons ont quelquefois la ruse de rapprocher les oreilles quand elles s'écartent trop ; pour cela ils font une incision à la peau qui les sépare de la nuque, et en recousant rapprochent la peau aussi près qu'il leur paraît nécessaire ; c'est pourquoi il est bon d'examiner soigneusement cette partie quand on soupçonne quelques manœuvres frauduleuses.

Le toupet sert souvent aux maquignons à recouvrir une fistule ou une autre plaie plus ou moins grave ; il est toujours bon de s'en assurer avant d'acheter.

La nuque des chevaux communs, notamment, est sujette à une tumeur connue sous le nom de *taupe*, on doit faire attention à cette maladie. Les yeux doivent être grands (quand ils sont petits, on les nomme *yeux de cochon*), égaux, vifs, clairs et animés ; pour les observer avec aisance et soin, il faut placer soi-même le cheval au grand jour, de manière à ce que les rayons lumineux ne fassent point de reflet sur la vitre : si cette partie n'était pas claire, transparente, et la prunelle nette et sans aucune nébulosité, l'animal pourrait être considéré comme malade, ou ayant une mauvaise vue. Beaucoup de personnes ne connaissent pas d'autres expédients que de passer la main près des yeux d'un cheval ou de leur présenter une paille, pour s'assurer de leur bonté ; le maquignon, en pareil cas, ne manque pas de saisir le moment favorable pour piquer légèrement le cheval, ce qui lui fait faire un mouvement de tête d'après lequel bien des chevaux aveugles, ou à peu près, sont journellement achetés pour bons.

Le meilleur moyen de ne pas être trompé, c'est de placer le cheval de manière qu'il présente les yeux au grand jour et la croupe à l'obscurité. Si ses yeux sont bons, la prunelle, d'abord resserrée par l'éclat de la lumière, s'élargira à mesure que l'on reculera lentement l'animal vers l'obscurité, et se rétrécira au fur et à mesure qu'on le ramènera vers le grand jour. Les yeux dont l'iris (1) est blanc en totalité ou en partie, sont appelés *vairons*; il n'est pas plus vrai qu'un cheval vairon est aveugle ou borgne, qu'il est vrai que sa vue est meilleure.

C'est une erreur de croire que les salières creuses soient toujours un signe de vieillesse du cheval ; mais comme cette conformation choque la vue, les maquignons y insufflent de l'air pour les gonfler ; mais il est très-facile de reconnaître cette ruse, par la crépitation qui se fait entendre quand on presse lesdites parties.

---

(1) L'iris est cette partie colorée de l'œil qui environne la prunelle.

La *ganache* doit être sèche, sans être trop écartée, bien creuse, ne présenter ni glandes volumineuses, ni aucun gonflement ; leur présence dans l'âge auquel le cheval est sujet à jeter sa gourme, ferait présumer qu'elle n'a pas encore eu lieu ; plus tard, ce serait un signe probable de morve, si la partie était adhérente. Pour ne pas confondre avec une glande l'os qui sert à attacher la langue, lorsqu'on n'a pas l'habitude de tâter la ganache d'un cheval, il faut prendre la langue d'une main, la faire mouvoir et s'assurer avec l'autre main si la glande qu'on sentait suit les mouvements de la langue ; si elle ne les suit pas, c'est que c'est réellement une glande.

L'ouverture de la bouche est très-essentielle à examiner dans un cheval de selle, car une bouche trop fendue expose le cavalier à de graves accidents, parce que le mors, au lieu de porter exactement sur les barres, se rapproche trop des dents machelières ; si elle est trop petite, le mors ne peut appuyer sur l'endroit indiqué qu'en tirant les lèvres en haut, ce qui leur fait faire une grimace désagréable et les meurtrit.

Un cheval qui goûte bien le mors et dont la bouche se couvre d'écume, est envié des amateurs. Il ne faut jamais acheter un cheval sans l'avoir fait débrider, afin de visiter sa bouche avec plus de facilité et plus de sûreté.

Les *naseaux* doivent être vermeils et convenablement humectés ; il ne s'y doit produire aucun écoulement surnaturel ; les naseaux doivent aussi être larges et bien ouverts : car, en sus qu'ils contribuent à la beauté du cheval, ils rendent en même temps la respiration plus libre.

La *langue* doit être assez petite pour être logée en entier dans le canal sans le déborder, sans quoi elle gênerait l'action du mors ; si elle est trop longue, elle est sujette à sortir, ce qui produit un effet très-désagréable : elle est alors qualifiée de *langue pendante* ; on la nomme *serpentine*, lorsqu'elle sort et rentre fréquemment dans la bouche. En faisant l'examen de cette partie, il faut faire attention si elle n'aurait pas été raccourcie accidentellement, ou entamée dans une plus ou moins grande partie de son épaisseur.

Les *barres* méritent toute l'attention d'un écuyer, car c'est de leur bonne ou mauvaise conformation que dépend, en grande partie, l'obéissance du cheval ; quand elles sont trop charnues, elles rendent presque nulle l'action du mors ; quand elles sont trop sèches, elles rendent le cheval, au contraire, sujet à battre à la main.

Une belle *encolure* est l'une des premières perfections d'un cheval de main ; trop allongée ou trop ramassée, elle nuit à la beauté de l'animal, et donne lieu, dans l'un comme dans l'autre cas, à plusieurs inconvénients plus ou moins graves.

Un *garrot* sec, saillant, prouve que les épaules sont bien libres et les garantit des frottements de la selle ; s'il était trop charnu et trop rond, il exposerait le cheval à des blessures quelquefois difficiles à guérir.

Les *épaules* sont sujettes à trois grands défauts qui nuisent singulièrement à la beauté d'un cheval : à être chargées en chair, serrées ou chevillées. Le cheval chargé d'épaules est lourd, sujet à broncher, peu propre à la selle ; celui dont les épaules sont rapprochées, n'a pas la liberté voulue dans ses mouvements, il se coupe, se croise fréquemment, il est plus exposé que tous les autres à tomber : les épaules chevillées restent presque immobiles quand le cheval marche ; tous les mouvements paraissent alors partir du bras, au lieu de venir des épaules, comme cela doit être. Les chevaux, enfin, dont les épaules ne sont pas libres, ne rendent, en général, qu'un mauvais service, surtout pour la selle, et sont promptement ruinés des jambes ; il en est même des claudications qui viennent des épaules ; on les nomme *épaules à froid* lorsqu'elles font boiter le cheval avant l'exercice, et *épaules à chaud* lorsqu'elles produisent le même effet après le travail.

Un beau *poitrail* doit être large, sans excès pourtant, bien à son aise entre les deux épaules, de sorte que les deux jambes de devant ne soient pas trop rapprochées par en haut : on dit alors que le cheval *est bien ouvert du devant.* Un poitrail trop avancé est un grand défaut pour un cheval de selle. Les membres antérieurs et postérieurs, c'est-à-dire les jambes, doivent être d'une hauteur proportionnée à celle de l'animal, car, il est toujours vrai qu'un cheval trop haut sur ses jambes a moins de forces qu'un autre ; s'il est trop bas, il fatigue beaucoup des épaules, et se trouve souvent blessé au garrot par la selle ; ce défaut est assez fréquent chez les juments. Un cheval qui marche bien, doit poser son pied à plat ; ceux qui posent le talon le premier sont souvent des chevaux fourbus ; dans tous les cas, il est toujours bon de s'en méfier ; si, au contraire, il marchait de la pince ou tendait à y marcher, il serait sujet à broncher, et par cette raison, dangereux à monter.

Quant aux jambes, rien ne doit être indifférent, quand il s'agit de choisir un cheval, quel que soit du reste le service auquel on le destine : il faut donc, après avoir jeté un coup-d'œil général sur l'ensemble de cette partie, entrer dans un examen approfondi de tous ces détails. Il faut, par exemple, que le *coude* ne soit pas trop serré, ce qui ferait porter les jambes trop en dehors; ni trop ouvert, ce qui les porterait en dedans; il faut que le bras soit large et musculeux, pour annoncer de la force et de la vigueur; il faut que le genou soit plat, maigre, très-souple; que le canon soit large, uni, un peu aplati; il faut aussi que le *nerf* ou *tendon* soit fort, sec, bien détaché du canon; il faut enfin que le *boulet* soit gros, sec, nerveux, etc., etc.

Lorsqu'un cheval a le bras faible, grêle et plat, c'est qu'assurément il a peu de force; quand au contraire il est long, il peut être employé à de grandes fatigues, mais il a peu de grâce pour un cheval de luxe.

On appelle cheval *couronné*, celui qui a les genoux en partie pelés ou garnis de poils blancs, et c'est incontestablement un signe d'usure de jambes qui le rend sujet à tomber sur ses genoux (1).

Un cheval dont les jambes tremblent après quelques instants de marche, ou qui plie sous lui quand

---

(1) Un cheval ayant de très-bonnes jambes, peut tomber, et alors se couronner. Plusieurs circonstances peuvent causer la chute du cheval, le mieux constitué.

on le monte, ne doit pas être acheté avec confiance.

Quant à moi, je ne l'achèterais pas du tout.

On doit, avec soin, passer la main le long des jambes du cheval que l'on examine, afin de s'assurer que le *canon* ne présente aucune des grosseurs connues sous les noms de *suros, fusées, osselets*; que le *tendon* n'offre ni engorgement, ni aucune défectuosité ; que le *boulet* n'est pas *couronné*, c'est-à-dire entouré d'une espèce de cercle saillant, car cela dénoterait encore un cheval usé des jambes. Les vieux chevaux ont les jambes raides ; mais quand un jeune cheval est dans les mêmes conditions, c'est un grand défaut ; aussi, les maquignons ne manquent pas, en pareil cas, d'échauffer un peu l'animal avant de le présenter à l'acheteur, pour lui délier les jambes ; mais pour s'assurer de la vérité, il suffit de le laisser reposer quelques instants.

Il faut aussi bien faire attention que l'ensemble du pied soit proportionné à la taille du cheval, car, tout cultivateur tant soit peu expérimenté, sait fort bien que les grands pieds sont sujets à se déferrer, et les petits, à être encastelés ou à être fort endoloris. La corne du sabot doit être de préférence noire ou brune, unie, luisante, ne présenter ni inégalités, ni fentes, ni gerçures. La ruse des maquignons s'entend assez bien à cacher ces sortes de défauts, si l'on n'y prend pas bien garde. Le sabot doit être aussi arrondi en avant, un peu plus large du bas que du haut.

La *sole* doit être forte ; la corne qui la compose, ainsi que celle de la fourchette, liante, sans être pourtant ni trop molle, ni trop sèche.

On nomme *pied comble*, celui dont la sole forme une convexité ; *pied plat*, celui dont les quartiers sont trop écartés et la sole trop au niveau du bord inférieur de la muraille. On nomme *pied encastelé*, celui dont les quartiers sont trop rapprochés. Les chevaux qui se trouvent dans le premier cas, ne peuvent marcher sur le pavé sans éprouver, par suite de la compression de la sole, une douleur plus ou moins vive. Les pieds plats ont en général les quartiers et les talons faibles, et sont sujets à boiter. Le même effet résulte de la compression de l'os du petit pied dans ceux qui sont encastelés ; ce vice de conformation donne encore lieu aux bleimes et aux seimes.

La conformation du corps contribue beaucoup aussi à la bonté comme à la beauté d'un cheval. Il faut commencer d'abord par promener plusieurs fois la main le long de l'épine du dos, depuis le garrot jusqu'à la croupe, en le tâtant alternative-ment, pour voir s'il n'y a pas quelque partie faible ou douloureuse. Un léger sillon accompagnant l'épine dorsale dans toute sa longueur, est regardé comme un signe de vigueur.

Le *dos* doit être en général large, uni, courbé en arc du garrot à la croupe. On dit qu'un cheval est ensellé, lorsque cette courbure est trop profonde, disposition qui offre plus d'un inconvénient, notamment celui d'ôter beaucoup de la force et de rendre le cheval difficile à seller. On nomme *dos de mulet*, celui qui est voûté en contre-haut; cette conformation annonce la force, en même temps que des réactions dures. Enfin, la partie des reins, en particulier, est sujette à diverses maladies et défectuosités que les maquignons tâchent, autant qu'il leur est possible, de cacher adroitement.

Le *ventre* doit être arrondi, ni trop plein, ni trop flasque. Cependant un gros ventre, loin d'être un défaut dans un cheval de fatigue, annonce qu'il se nourrit bien et qu'il est fort, mais souvent un peu paresseux. Les chevaux qui ont un ventre de lévrier ont ordinairement beaucoup de feu, mais ils mangent peu : ce sont de jolis chevaux de main. Les chevaux qui ont le ventre plus gros que leur taille ne le comporte, ou un ventre de vache, sont plus disposés que les autres à devenir poussifs.

Les *flancs* ne doivent être ni trop pleins, ni trop affaissés. Lorsqu'on les voit agités d'un mouvement plus fort et moins régulier qu'à l'ordinaire, le cheval étant en repos, on peut craindre que l'animal soit poussif ou affecté de maladie de poitrine.

Une *croupe* large et pleine est un signe de vigueur en même temps qu'une beauté. La croupe étroite et pointue se nomme *croupe de mulet*; elle nuit beaucoup à la beauté des hanches, on la nomme *avalée* lorsqu'elle descend brusquement.

Les *cuisses* et les *fesses* doivent être bien ouvertes du dedans, charnues et musculeuses. On dit qu'un cheval est *mal gigotté* quand il a les fesses trop serrées.

La *queue* doit être placée à la naissance des fesses. On prétend qu'une queue trop basse annonce de la faiblesse. Le tronçon en doit être rond, fort et bien garni de crins. Toutes les fois qu'on examine un cheval, il faut regarder s'il n'a pas quelque plaie sous la queue, et porter cet examen jusqu'à la marge de l'anus, cette partie étant sujette à plusieurs maladies locales.

Les *jarrets* sont exposés à plusieurs défauts essentiels, tel qu'à être trop rapprochés l'un contre l'autre, ce qui cause presque toujours de la faiblesse dans cette partie; ou à être tournés trop en dehors, ce qui ôte à l'animal beaucoup d'assurance dans les hanches. De bons jarrets doivent être grands, larges, secs et nerveux. Les jarrets grêles et minces sont presque toujours faibles; les jarrets gras sont très-exposés aux engorgements, aux courbes, aux vessignos et à plusieurs autres maladies locales. Comme plusieurs de ces affections disparaissent momentanément par l'exercice, les maquignons ne manquent pas de faire trotter le cheval qui en est atteint avant de le présenter à l'acheteur ; il suffit de lui rafraîchir un peu les jambes ou de le laisser reposer quelques instants, pour savoir à quoi s'en tenir. Il est cependant quelques-unes de ces défectuosités qui ne paraissent qu'après quelques jours de repos. Les autres parties des jambes de derrière doivent avoir les mêmes qualités que celles de devant. Après la visite des diverses parties du cheval, que l'on termine ordinairement par l'examen des bourses et du fourreau chez les mâles, et chez les femelles, du vagin, parties de l'animal qui peuvent être le siége de divers engorgements, de chancres et de beaucoup d'autres maladies, il convient de jeter un coup-d'œil sur l'ensemble de l'animal, pour en reconnaître les proportions et les aplombs.

DE L'ÉCURIE.

—

Comment elle doit être bâtie et tenue, etc.

On conçoit facilement que la bonne position et la bonne construction d'une écurie sont choses très-importantes, en raison de l'influence que cela peut avoir sur la santé des chevaux. Il est tout-à-fait incontestable que l'humidité, le froid, le voisinage d'eaux croupissantes ou de quelque autre foyer d'infection, le défaut d'air, et, enfin, une foule d'autres circonstances de même nature, ne peuvent manquer d'avoir les plus funestes résultats. L'écurie doit donc être, autant que possible, exposée à l'est, bâtie sur un sol sec et élevé, et construite de manière à ce que l'air y circule librement; elle doit être proportionnée au nombre de chevaux qui doivent l'occuper. Enfin, ses dimensions doivent être telles, que chaque cheval ait un emplacement d'un mètre soixante-dix centimètres de largeur et deux mètres soixante-dix centimètres de longueur, afin que l'on puisse circuler autour sans craindre les coups de pied; la hauteur doit avoir trois mètres soixante-quinze centimètres au moins. Le solivage offrant trop d'inconvénients, les écuries solidement plafonnées sont préférables à tout autre genre de construction.

Un sol battu fortement est moins susceptible d'être détrempé par les urines. Il est nécessaire que les places des chevaux soient séparées par des bancs et par des poteaux, afin qu'ils ne puissent se blesser réciproquement, ou mieux encore par des cloisons ou stalles.

Une bonne écurie doit être pavée en pente douce, autant pour faciliter l'écoulement des urines vers la rigole pratiquée au milieu, qu'afin que le cheval ayant le devant un peu plus élevé que la croupe, il pèse moins sur ses épaules. Les mangeoires en pierre sont préférables à celles en bois. Le bord des mangeoires doit être élevé d'environ un mètre quatorze ou quinze centimètres au-dessus du sol ; elles doivent avoir trente à trente-cinq centimètres de profondeur et un peu plus de largeur, le dessous doit rester libre. On doit placer sous les mangeoires, de distance en distance, des supports ou raineaux et faire en sorte qu'ils se trouvent à l'endroit des cloisons ou poteaux, car si un support se trouvait au milieu d'une place, le cheval pourrait se blesser les genoux ; c'est ce dont on doit se méfier. L'élévation des rateliers doit être subordonnée à la taille des

chevaux; tous les palefreniers et tous les cultivateurs
ont en cela assez d'expérience pour que je puisse
me dispenser d'entrer dans de plus longs détails.

Dans les écuries simples, il doit exister, du côté
opposé aux mangeoires, une ou plusieurs portes,
selon la grandeur de l'écurie, et plusieurs fenêtres.
Au-dessus de chaque place de cheval, du côté de la
mangeoire, il doit y avoir une fenêtre. Des portes
coupées, et toutes les fenêtres garnies d'un châssis
en treillis et d'un contrevent, qui puisse s'ouvrir à
volonté, sont également nécessaires.

Pour éviter une trop grande blancheur, susceptible de fatiguer la vue des chevaux, on prendra la
précaution de mélanger un peu d'ocre au crépis
des murs.

Du Travail et du Repos.

Un exercice proportionné aux forces, à la qualité et à la quantité de la nourriture est utile à tous
les êtres animés; une inaction absolue leur est aussi
nuisible qu'un travail exagéré. Quant à assigner,
même par aperçu, la somme de travail que l'on peut
exiger d'un cheval, cela est tout-à-fait impossible,
attendu que tout dépend essentiellement de la nature de l'animal, du genre de service auquel il est
employé, et de sa force.

Le cheval, quoique doué d'une force musculaire considérable, se fatigue généralement plus promptement que la plupart des autres bêtes de somme ; il est donc nécessaire de ne pas le faire travailler trop long-temps sans interruption.

Le cheval dort ou couché ou debout, mais peu, et se réveille très-facilement ; c'est pourquoi il faut éviter de faire du bruit pendant son sommeil.

Pansement des Chevaux.

Le bon pansement est au moins aussi nécessaire à la santé du cheval que la bonne nourriture. L'étrille et la brosse, en débouchant les pores, facilitent la transpiration et dissipent les humeurs, qui, en général, sont assez abondantes chez le cheval, et qui forment sur le cuir une crasse qui empêche la transpiration et cause quelquefois de vives démengeaisons, lesquelles peuvent dégénérer en maladie cutanée. En se levant, le palefrenier doit nettoyer la mangeoire, puis donner l'avoine, relever la litière, enlever la paille malpropre, et balayer l'écurie. En ville comme en campagne, je sais que l'on a assez l'habitude de relever la litière sous la mangeoire ; cependant c'est une mauvaise méthode, car pour peu que la paille soit mouillée d'urine et salie de crottin, elle s'échauffe, fermente et fait respirer au cheval une odeur qui attaque, ou peut facilement attaquer les poumons; de plus, il s'en exhale aussi une fumée imperceptible, mais très-active, qui attaque les yeux avec plus ou moins de force. Il vaut beaucoup mieux sortir cette litière dehors et la remettre sous le cheval en temps utile.

Le pansage du cheval doit se faire le matin et le soir, et même à midi, si on a le temps, ne le ferait-on pas à fond que le cheval se trouve toujours bien d'être un peu nettoyé.

Le palefrenier doit, pour panser ses chevaux, les sortir de l'écurie et leur mettre un mastigadour enduit de quelque peu de miel et de vinaigre; l'action que leur donne l'étrille le leur fait mâcher et contribue à leur refroidir la bouche tout en leur donnant appétit. Ensuite il prend l'étrille de la main droite et la promène légèrement sur tout le corps du cheval, depuis la naissance de la queue, en suivant successivement la croupe, la hanche, les côtes, les épaules et l'encolure, jusqu'aux oreilles. Et changeant de main, il procèdera de la même manière de l'autre côté; il fait, enfin, agir l'étrille jusqu'à ce qu'elle n'amène plus de crasse; alors il la quitte pour répéter la même opération avec un bouchon de paille légèrement humecté, qu'il promène à poil et à contre-poil sur toutes les parties du corps, notamment sur celles où l'étrille n'a pu passer ; il lisse ensuite l'étrille avec l'époussette, et frotte avec soin le dedans et le dehors des oreilles, le dessous de la ganache, entre les jambes, les cuisses, etc.

Quelques personnes se contentent, mais à tort, de l'époussette, sans se servir du bouchon.

Enfin, quand l'opération de l'époussette est terminée, on prend la brosse d'une main et l'étrille de l'autre, et l'on brosse à poil et à contre-poil (en ayant soin de frotter de temps en temps la brosse sur l'étrille et de coucher le poil dans son sens en terminant), en commençant par les pieds de derrière et en frottant successivement la couronne, le pâturon, le boulet, le canon, le jarret, et passant de là aux autres parties du corps et terminant par la tête. Cette opération sert à enlever la crasse que l'étrille a laissée.

Il est aussi très-utile de frotter avec soin les jambes de haut en bas et de bas en haut, le long des nerfs ou tendons et aux jointures. Cette opération, que le palefrenier fait avec la brosse ou avec le bouchon, concourt, non-seulement à tenir les jambes propres, mais encore à faciliter la circulation des humeurs et à prévenir les engorgements.

Après ces divers pansements, qui doivent se faire avec subtilité et attention, le palefrenier prendra un seau d'eau fraîche et une éponge très-propre qu'il y trempera à plusieurs reprises pour laver et bassiner le tour des yeux, l'ouverture des naseaux, le fourreau de la verge, le fondement, et enfin, les jambes, que l'on aura soin de sécher avec l'éponge dépourvue d'eau.

Le lavage des jambes peut encore se faire avec une brosse.

Ensuite, le palefrenier prendra le peigne d'une main, l'éponge de l'autre, et démêlera avec précaution les crins de la queue et ceux de la crinière en commençant par le bas et en remontant au fur et à mesure vers la racine, après quoi il les peignera dans le sens contraire, c'est-à-dire, de la racine en bas, en tenant l'éponge élevée et en faisant couler de l'eau dans les crins à chaque coup de peigne ; il finira enfin par tremper la queue dans un seau d'eau bien claire pour la laver, si elle est sale ; quand elle est trop malpropre on peut la frotter avec du savon noir.

Il y a des chevaux si chatouilleux, qu'ils ne peuvent endurer ni la brosse, ni l'étrille ; alors le palefrenier se contentera de les frotter en tous sens, ayant la main humide.

Ce pansement s'appelle *pansement à la main*. Les

poulains fins sont pansés de cette manière jusqu'à
l'âge de quinze ou dix-huit mois.

Nourriture du Cheval.

L'ordinaire de chaque cheval de trait, ou de labour, doit être de trois bottes (de dix à onze livres),
20 livres de paille, 20 litres d'avoine, pour le jour et
pour la nuit, quand ils sont forts, et de **2** bottes
seulement, 15 litres d'avoine, 15 livres de paille
quand ils sont d'une taille ordinaire. Lorsqu'ils ne
ne travaillent pas, on doit leur diminuer le fourrage et l'avoine, et nous ne pouvons prescrire dans
quelle proportion la diminution doit avoir lieu,
attendu que les uns ont plus ou moins grand appétit, et que tel cheval ne souffrirait nullement de
la diminution, quand tel autre, à diminution égale,
pourrait dépérir promptement.

Le gros son, principalement, étant une nourriture très-indigeste, on doit en donner le moins
possible ; si on le fait pour économiser du fourrage,
il vaut beaucoup mieux hacher de la paille et
la mélanger avec de l'avoine. On pourrait, même
avec avantage, après le mélange opéré, humecter
le tout un peu ; administré comme rafraîchisse-

ment, une ou deux heures après qu'ils ont bu, on peut mettre deux litres d'orge cassée et une poignée de sel dans un seau d'eau pour chaque cheval, leur donner quelques lavements et un peu de repos ; car beaucoup d'indigestions, ainsi que les coliques, sont engendrées par les effets du son donné sec ou trop mouillé, et dans des circonstances où il ne peut manquer de gêner. Je le répète encore, le gros son, qui n'est autre chose que la partie corticale du grain, substance absolument inerte et sans vertus, n'est propre qu'à causer des indigestions, des vents, etc.

Pour un cheval de selle, de bonne taille, ou de cabriolet, 15 livres de foin, 12 livres de paille, 21 litres d'avoine suffisent.

Pour un double bidet, 10 livres de foin, 10 livres de paille, 15 litres d'avoine.

Pour un attelage de carrosse, deux chevaux, 45 livres de foin, 45 livres de paille, 60 litres d'avoine, alors qu'ils travaillent.

Quand les chevaux cessent de travailler, on leur retranche une portion de leur nourriture, mais graduellement ; même lorsqu'on les remet au travail, après les avoir laissé reposer long temps, il faut les y habituer petit à petit et augmenter leur ordinaire dans la même proportion. Quand on s'aperçoit qu'un cheval sue à l'écurie sans causes apparentes, c'est un indice qu'il est trop nourri; il faut, en ce cas, diminuer sa ration; s'il mangeait sa litière, il faudrait employer tous les moyens possibles pour l'en empêcher, parce que cette paille échauffée dispose à la pousse, dit-on, bien que j'en doute beaucoup; mais elle ne peut assurément faire de bien; c'est un motif suffisant pour prendre toutes les précautions nécessaires pour l'éviter.

Le foin doit être de bonne qualité, sans gros joncs ni glaïeuls; il faut aussi faire attention qu'il ne soit pas rouillé ni qu'il ait été mouillé ni échauffé; enfin, qu'il ait son goût naturel et pas d'autre.

Le mauvais foin, le foin rouillé, notamment, peut disposer grandement à la pousse; mais l'avoine sale, non époussetée y dispose, sinon plus, au moins autant. Il faut donc la tenir bien propre et enlever surtout les crottes de souris, la fiente et les plumes de volailles; à cet effet, on se sert de la vannette, qui est une espèce de grand panier rond, très-bas des rebords et à deux anses; ce meuble d'écurie est fort commode. La luzerne, le trèfle, le sainfoin bien secs et ayant jeté leur feu, sont considérés comme étant une très-bonne nourriture qui convient beaucoup aux chevaux poussifs; le sainfoin est même préférable au foin pour les chevaux de manège. Les lentilles, les pois gris, les vesces dessé-chées, c'es-à-dire fanées en grain, sont une nourriture fort succulente que l'on doit donner avec beaucoup de ménagement et de prudence. Le foin, dit regain, est une nourriture bien médiocre pour les chevaux, il ne faut même dans aucun cas leur en donner. En fait de paille, celle de froment est la seule qui convienne aux chevaux sous tous les rapports; si cependant elle manque, on peut leur donner de la paille de seigle ou d'orge, mais elles sont loin de produire les effets de la paille de froment. La paille d'avoine ne peut que leur être nuisible, à moins pourtant que des circonstances maladives l'exigent, car il est des cas où il faut donner de cette paille aux chevaux. Le fruit du caroubier, les carottes, les pommes de terre grillées au four, peuvent être employées avec quelque succès pour la nourriture des chevaux. On pourrait même aussi leur donner des betteraves, mais cette racine relâche et rafraîchit beaucoup; on doit la supprimer pour la nourriture des chevaux employés à des travaux rudes et pénibles.

On doit abreuver les chevaux trois fois par jour, le matin, à midi et le soir. L'abreuvement à la rivière ou à la mare est préférable à tout autre; toutefois, quand on y est obligé, il faut, l'hiver, leur donner l'eau sortant du puits, et mettre une poignée de son dans chaque seau d'eau; l'été, il faut que l'eau soit au moins tirée une heure avant de les faire boire. Si quelques circonstances exigent qu'on leur donne l'eau sortant du puits, il faut y mettre une jointée de son dedans et la battre jusqu'à ce qu'elle mousse ; par ce moyen, on évitera toujours les accidents qui arrivent journellement aux animaux qui ont bu de l'eau crue et froide.

Quand l'avoine et le foin sont chers, et que l'on est embarrassé pour s'en procurer, on peut, sans que les chevaux en souffrent beaucoup, leur donner pendant un certain temps et avec ménagement ce qui suit trois fois par jour :

Prenez deux jointées de paillotte, deux jointées de paille de froment, ou de seigle, ou d'orge hachée, un litre d'avoine, un demi-litre de froment, deux livres de foin, et à défaut de foin, pareille quantité de trèfle ou de sainfoin haché, deux litres de pommes de terre coupées par petits morceaux, trois litres de bon son ; mêlez le tout ensemble dans un baquet, et jetez sur le mélange trois litres d'eau bouillante ; couvrez le baquet pendant une demi-heure ; remuez ensuite le tout et laissez refroidir suffisamment pour que le cheval puisse manger avec facilité.

Avec un peu de grain et de fourrage en sus de cette nourriture, un cheval peut travailler tout aussi fort qu'un autre mieux nourri. Il ne faudrait cependant pas faire de cette nourriture exceptionnelle une règle générale, et la donner ainsi pendant plusieurs années, attendu que l'animal ramasserait beaucoup de boyaux et pourrait devenir lâche, mou, et parce qu'il pourrait aussi lui survenir d'autres inconvénients plus graves, tels que la pousse, le farcin, etc. Si, avec cette nourriture, les chevaux travaillaient sans relâche, il faudrait de temps en temps, deux ou trois fois par semaine, par exemple, donner à chaque cheval un litre de vin miellé par jour, en deux fois, par moitié le matin et le soir. On pourrait aussi lui donner ensuite une demi-livre de pain.

Si on voyait les chevaux trop échauffés, il faudrait de toute nécessité leur donner quelques jours de repos, quelques lavements et des boissons rafraîchissantes, et moitié de la quantité de leur nourriture habituelle et journalière.

Si la lassitude et l'*échauffement* existaient ensemble, ils ne pourraient manquer de produire quelques-unes des maladies dont la description et les symptômes sont indiqués au chapitre IX; mais ce que nous recommandons spécialement aux personnes chargées de conduire et de faire travailler les animaux, c'est de ne pas les fatiguer au point de les rendre malades; non-seulement ce n'est pas l'intérêt des propriétaires, mais c'est encore une impardonnable barbarie.

Du régime des Chevaux en voyage; de la manière dont ils doivent être pansés en rentrant de voyage, de charrue ou de tous autres travaux.

Quand on se prépare à faire un long voyage, il faut, quelques jours avant de partir, surtout s'il y a long-temps que le cheval a travaillé, lui faire exécuter tous les jours une petite course de deux ou trois heures au plus. Au moment du départ, il faut aussi s'assurer du bon état de la ferrure, des housses, de la selle, du mors, qui doit être le plus léger possible, afin de ménager la bouche de l'animal ; de la bride et du reste des harnais ; ensuite, voyager à petites journées, en allant tous les jours en augmentant, jusqu'au maximum des forces du cheval ; dans tous les cas, il faut bien observer de ne jamais sortir précipitamment de l'écurie, et aller aussi vite que le cheval a d'ardeur, car on l'exposerait assurément à ne plus pouvoir marcher à la fin de la première journée ; il faut, au contraire, faire le premier kilomètre au pas, le deuxième au petit trot et aller un peu plus vite au troisième et au quatrième ; enfin, aller de plus en plus vite, jusqu'à ce que l'on ait fait prendre au cheval le trot que ses forces lui permettent d'atteindre sans trop le fatiguer. On doit aussi, avant d'arriver à l'hôtellerie, ralentir le pas du cheval, de manière à lui faire parcourir les quatre derniers kilomètres toujours en diminuant de vitesse. Par ce moyen, on évitera toujours les accidents qui arrivent si communément après les longues courses.

En arrivant à l'hôtellerie, on doit mettre au plus vite le cheval à l'écurie, et surtout dans une écurie à température modérée. Toutefois, il y aurait moins d'inconvénients à ce qu'elle fut un peu plus chaude l'hiver, que trop froide. On doit ensuite préparer une bonne litière et engager l'animal à uriner. Après l'avoir débridé, on l'attache au ratelier et on lui frotte la tête avec un gros linge bien sec, on lui lave la bouche avec du vinaigre mélangé d'eau, on lui met un chevêtre ou un bridon, on desserre ensuite les sangles, on passe de la paille fraîche sous la selle, on ôte la croupière, on lui lave le tour des yeux, l'ouverture des naseaux, le fondement, le fourreau de la verge, l'entre-deux des cuisses, les jambes, etc.; on lui cure avec soin les quatre pieds, on met ou on fait mettre des clous, s'il en manque. Cette opération terminée, on prend une bonne jointée de gros son et à peu près autant de farine, que l'on a soin de bien mêler ensemble; on peut même ajouter à ce mélange, qui produit toujours de bons effets, une petite poignée de sel; on met le tout dans un seau vide, on en prend un autre que l'on a eu soin d'emplir d'eau bien claire et on la verse de haut dans le seau où se trouve le son; quand il y en a à peu près deux ou trois litres de versés, on détrempe le tout avec la main et on recommence à verser de l'eau jusqu'à ce que le seau soit à moitié plein; on remue de nouveau avec la main, on détache le cheval du ratelier, on l'attache à l'auge, on le desselle, on le frotte avec un bouchon de paille aux endroits qui semblent réclamer cette précaution; ensuite on lui présente à boire l'eau de son mélangée. Il faut avoir soin de remuer le seau de temps en temps, afin que le cheval avale le son en même temps que l'eau. Ce mélange lui rafraîchit la bouche et la gorge, il le met en état de manger avec beaucoup plus de facilité et l'empêche de se dégoûter du fourrage ou de l'avoine, dégoût qui arrive fort souvent aux chevaux qui font de longs voyages, quand on ne prend pas toutes ces précautions. Vingt-cinq minutes suffisent ordinairement à une personne habituée à soigner des chevaux, pour exécuter tout ce que je viens d'indiquer, et un voyageur qui ne s'y conformerait pas strictement, soit en le faisant lui-même, soit en recommandant de le faire devant lui, exposerait la vie de son cheval. Par ces soins bien entendus, on regagne bien le temps que l'on perd.

Quand le cheval a bu un demi seau d'eau de son, on lui donne à peu près la moitié de sa ration d'avoine; on lui jette ensuite la quantité voulue de foin, et on l'abreuve un peu après. Au bout d'un quart-d'heure on lui donne le reste d'avoine, et quelques minutes avant de partir, le demi seau d'eau de son, de la même manière qu'il est dit ci-dessus.

Lorsqu'on trouve en route une belle eau, on peut abreuver son cheval et le faire baigner jusqu'au-dessus des jarrets, afin de le rafraîchir et de le délasser, mais il faut, pour cela, avoir encore au moins 15 ou 20 kilomètres à faire. En sortant de l'eau, on doit le faire marcher un peu plus vite qu'à l'ordinaire, afin qu'il ne se refroidisse pas. En le faisant baigner, on doit éviter de lui laisser mouiller le ventre, car on l'exposerait inévitablement à avoir de fortes coliques, qui presque toujours deviennent mortelles.

Quand un cheval se couche, en arrivant de route, aussitôt qu'il est débridé, ou qu'il cherche à se coucher, ou encore qu'il lève les jambes les unes après les autres, ne sachant sur laquelle se reposer, sans pour cela refuser de manger, c'est un signe évident qu'il souffre des pieds; on peut encore reconnaître cette souffrance à la chaleur et à la sensibilité qu'il éprouve au toucher; il faut, en ce cas, déferrer le cheval, et si on voit en dedans du fer un endroit plus luisant qu'il ne doit être, c'est un signe probable que cette partie du fer porte sur la sole ; il faut alors le parer en cet endroit et faire fondre un peu de cire jaune sur une pelle à feu rougie et laisser couler la cire sur la partie de la sole, ensuite rattacher le fer et couler dans le pied du suif fondu avec de la poix noire et maintenir le tout avec des étoupes, etc.

Chaque fois que l'on débride un cheval, il faut laver le mors et les embouchures avec soin, afin qu'ils ne prennent pas de mauvaise odeur ; il faut aussi, autant que faire se peut, faire sécher les panneaux de la selle, s'ils sont mouillés par l'effet de la sueur, et les battre avec une gaule avant de les remettre, afin de les adoucir ; — examiner aussi si les porte-mors sont en bon état ; — si quelques parties enfin des harnais blessent le cheval.

Si quelquefois la gourmette ou la selle blessait ou causait des écorchures, il faudrait doubler la première avec un morceau de cuir ou de feutre et faire cambrer la seconde dans l'endroit où elle porterait

Lorsqu'un cheval se trouve échauffé par la course et que l'on est obligé de s'arrêter, il faut le promener pendant quelques instants et ensuite éviter de le tenir dans un endroit humide et sur un terrain en pente où les pieds de devant seraient plus bas que ceux de derrière.

Il ne faut jamais se remettre en route sans avoir l'assurance que le cheval a été pansé à fond, qu'il a mangé l'avoine, qu'il ne manque rien à sa ferrure ni à ses harnais ; ne le faire sortir de l'écurie qu'au moment de partir, et éviter de le laisser exposé à l'intempérie quand il ne marche pas.

Quand les chevaux de charroi ou de labour rentrent à l'écurie, on doit, s'ils sont en sueur, prendre les mêmes précautions que pour ceux qui arrivent de voyage. Avant de leur donner la nourriture, il est nécessaire de les couvrir avec une couverture en laine sous laquelle on met de la paille fraîche et que l'on serre modérément avec un surfaix ; un peu après on les éponge, comme il est dit à l'article *pansement* ; on leur nettoie les pieds, et s'ils ont la corne mauvaise, on la leur graisse avec du suif ; on leur donne l'eau de son décrite plus haut ; on fait sécher, au soleil ou au feu, leurs harnais ; on nettoie les mors, et on regarde si quelque chose ne les a pas blessés, afin d'y remédier immédiatement.

Quand ils sont trop fatigués, il faut les laisser reposer, les soumettre au régime de la paille de froment et de l'eau blanche, aux frictionnements des jambes et des reins avec l'eau sédative n° 2, deux ou trois

fera mouvoir à plusieurs reprises la batterie et partir la détente sous ses yeux; on brûlera ensuite quelques amorces en se plaçant à quelques pas devant lui et en lui tournant le dos; on lui fera sentir l'odeur de la fumée; enfin, on tirera quelques coups en commençant par de petites charges non bourrées et en lui faisant toujours sentir le pistolet après avoir tiré. Quand il sera bien dressé à ces divers exercices, on les répètera étant monté sur son dos.

Pour l'habituer à enfoncer la foule, on peut, au moyen d'une douzaine de mannequins revêtus d'uniformes et armés, simuler un obstacle qu'on lui fera franchir au moment où deux ou trois personnes placées de manière à ce que le cheval ne puisse les voir, mettront le feu à une petite quantité de poudre disposée au milieu des mannequins.

On doit ensuite faire revenir le cheval sur ses pas, en le faisant marcher lentement sur les corps qu'il a abattus en passant la première fois, et aussi pour lui donner le temps de sentir le goût de la poudre. Cet exercice doit se répéter tous les jours, jusqu'à ce que le cheval n'hésite plus à s'élancer sur la foule. On peut obtenir ce résultat en peu de temps.

Je crois utile de faire observer que les chevaux naturellement timides et ceux qui ont la vue faible,

s'habituent aux exercices de guerre bien plus difficilement que les autres, et ne font jamais de bons
chevaux de guerre.

L'art de dresser les chevaux de main comprend
le manège de guerre et celui de parade. Les chevaux
de troupe doivent être d'une docilité à toute épreuve,
et particulièrement exercés à tourner à toutes
mains, à la leçon de l'épaule en-dedans et de la
croupe au mur, à marcher de côté, à changer de
pied à volonté; aux voltes, pirouettes et demi-pi-
rouettes; aux passades, etc; ils doivent en outre
avoir de la vivacité, de la hardiesse, du nerf, les
hanches bonnes, tous les mouvements souples et
faciles, la bouche fidèle et légère, le galop franc et
prompt.

Un cavalier doit savoir que sa vie dépend à chaque instant de la manière dont il soigne et gouverne
son cheval.

Le cheval de chasse doit être aussi aguerri au
bruit des armes à feu que le cheval de guerre; il
faut, de plus, qu'il soit accoutumé à s'arrêter tout
court au plus petit avertissement qu'on lui donne,
afin que l'on puisse coucher en joue le gibier aussitôt qu'on l'aperçoit, et à rester immobile aussi
long-temps qu'il est nécessaire. Les principales
qualités d'un cheval de chasse doivent consister
dans une extrême habileté dans la course, et dans

une grande souplesse des mouvements ; pour y parvenir, on doit, quand le cheval est naturellement disposé pour la course, le faire trotter pendant long-temps au bridon, lui apprendre à tourner facilement à toutes mains, à exécuter promptement tous les changements que l'on désire lui faire exécuter et à allonger son trot.

Aussitôt que le cheval a pu profiter de la leçon du trot et jusqu'à ce qu'il obéisse promptement aux moindres aides de la main et des jambes, il faut lui mettre un mors convenable à la bouche et lui donner la leçon de l'épaule en-dedans, non-seulement pour lui assouplir les côtes, lui faire connaître les jambes, lui faire la bouche, mais plus essentiellement encore afin de lui apprendre à avancer la jambe du dedans et celle de derrière sous le ventre, ce qui est indispensable pour un cheval de chasse ; cet exercice le fait galoper plus uniment et de meilleure grâce. Il faut le tenir un peu moins raccourci, pendant cette leçon, qu'un cheval de manége.

Après ces deux leçons et celle des arrêts, demi-arrêts et de recul, il faut le faire galoper en lui rendant la main fréquemment, pour lui rendre les épaules plus légères, la bouche sûre et douce, et aussi pour le confirmer dans le galop de chasse, qui doit n'être ni trop relevé, ni trop bas ; enfin, il faut terminer ces diverses leçons par lui apprendre à franchir les fossés, haies et palissades, sans quoi l'on serait exposé à être arrêté à chaque pas dans le cours d'une chasse.

Les chevaux que l'on destine au carrosse doivent être de belle taille, bien faits, relevés du devant, traversés, et assez étoffés pour ne pas être efflanqués par le travail, d'une grande souplesse et d'une obéissance parfaite : ils doivent joindre à ces qualités un jarret et un pied excellents, car un cheval qui aurait le moindre défaut dans les extrémités, surtout un cheval de carrosse, se trouverait bientôt ruiné, principalement sur un mauvais pavé.

Pour dresser les chevaux il faut les faire trotter à la longe, et leur donner ensuite la leçon de l'épaule en dedans, leur apprendre à passer les jambes, la croupe au mur, afin qu'ils tournent avec aisance, ce qui ne peut se faire sans qu'ils passent les jambes l'une par-dessus l'autre, enfin, rien ne leur donne une démarche plus belle et plus fière, que de leur apprendre à piaffer dans les piliers, leçon qui a en outre l'avantage de les rendre obéissants au moindre mouvement du fouet.

Les chevaux de carrosse n'ont pas besoin d'être aussi instruits que les chevaux de manége, mais ils doivent recevoir les mêmes leçons, car ils ont bien meilleure grâce et sont moins sujets à s'emporter que les autres.

Quel que soit, du reste, le genre de leçon que l'on donne à un cheval, on ne doit pas oublier qu'il faut ménager ses forces et sa patience, si l'on veut en venir à bout ; il est nécessaire de lui faire comprendre ce que l'on veut obtenir de lui et le laisser reprendre haleine aussitôt qu'il semble fatigué ; il faut lui faire reprendre la même leçon jusqu'à ce qu'il y soit bien façonné, et obtenir ce que l'on exige de lui, plutôt par l'attrait des caresses et des récompenses, que par la crainte des châtiments.

Observations sur la manière de mener les Chevaux.

Bien conduire un cheval est une chose extrêmement importante et l'un des meilleurs moyens de conserver les chevaux long-temps en bon état, et de plus, de prévenir une foule d'accidents graves qui peuvent se présenter à chaque instant.

Il y a trois manières de bien mener : en cocher, en postillon et en charretier.

On doit, avant tout, ne pas confier un cheval à un homme brutal ou disposé à l'ivrognerie. L'i-

vresse, on le sait, rabaisse l'homme bien au-dessous des animaux dont le gouvernement lui est
confié; elle détériore sa raison, paralyse son jugement et le rend inepte dans l'exercice de ses fonctions physiques et morales, quand la saine raison
lui est si nécessaire. L'ivresse, enfin, peut amener
des malheurs incalculables. On doit donc prendre
toutes sortes de précautions pour éviter de confier
les animaux, et surtout les chevaux, aux malheu-
reux atteints de cette dégradante passion. La brutalité d'un conducteur peut aussi compromettre la
santé et même la vie des chevaux, et amener
une foule d'autres accidents plus graves encore.
Bien loin d'avoir ces vices, il faut au contraire qu'un
conducteur ait une patience, une douceur et une
sobriété à toute épreuve, un jugement, un coup-
d'œil juste, une bonne vue, une main sûre et légère,
de l'intelligence, du discernement, une grande activité et une certaine force musculaire.

Quand il arrive qu'un cheval ne veut pas avancer,
le conducteur ou le charretier doit, au lieu de
l'accabler de coups, en rechercher la cause, afin
de l'empêcher.

Les carrosses sont attelés de deux, quatre, six ou
huit chevaux. Les deux premiers se nomment *chevaux de timon*; les deux suivants, *chevaux de volée*.

les deux autres, *chevaux de devant,* et les deux derniers, *chevaux de sixième.*

Le cocher doit tenir dans sa main les guides de tous les chevaux ; mais il ne doit conduire seul que les chevaux de haute volée. Quand il y en a un plus grand nombre, les autres sont conduits par un postillon monté sur le cheval de gauche, et il doit conduire l'autre avec la longe de main, qu'il attache à sa selle, ou bien il la tient dans sa main gauche, et le fouet dans la droite.

Un cocher ne doit pas attendre le moment d'atteler pour s'assurer si toutes les parties de sa voiture, et tous ses harnais sont en bon état, si les chevaux sont bien pansés, s'il ne manque rien à leurs fers, etc., et, avant de prendre son fouet, s'il ne manque rien à leur attelage.

Il doit être assis sur son siège, d'aplomb, avec aisance, le corps droit sans raideur, avoir tous les mouvements libres, tenir les coudes rapprochés de son corps, ne pas s'agiter sur son siége, ni se pencher sans nécessité de côté ou d'autre, ni tendre les bras en avant ; il faut, enfin, qu'il soit attentif à ce qu'il fait, sans s'occuper d'autre chose que de ses chevaux et de sa voiture. On ne peut être bon cocher si on ne peut prévoir exactement où les roues de la voiture passeront sans avoir besoin d'y regarder.

Un défaut très-commun à beaucoup de cochers, c'est celui d'avoir la main mauvaise, c'est-à-dire de ne point savoir convenablement ménager l'action du mors; d'autres croyant l'avoir plus légère, laissent flotter tout-à-fait les guides, en sorte que s'il est nécessaire de retenir promptement un cheval pour l'empêcher de s'abattre, ou pour tourner, ou pour reculer, ils sont obligés de ressaisir trop précipitamment les guides, ce qui ne laisse pas que de donner de fortes secousses, qui souvent réitérées finissent par endurcir la bouche, au point de la rendre insensible ; le même inconvénient arrive quand on tient habituellement les guides trop tendues, et alors il est inutile de chercher à augmenter la force du mors. Cette manière de conduire amène souvent de graves accidents, attendu que le cheval peut, à chaque instant, prendre le mors aux dents, sans qu'il soit possible au cocher de l'arrêter.

Un cocher doit savoir rendre et retenir alternativement la bride à ses chevaux par un mouvement moëlleux de la main, afin de rafraîchir les barres et entretenir leur sensibilité ; cela doit se faire de temps en temps et non tout-à-coup, car on impatienterait les chevaux ardents, et l'on ferait arrêter court ceux qui seraient naturellement nonchalants ou fainéants.

Si nous avons de mauvais cochers, nous en avons

aussi de bons, mais en moins grande quantité; il y en a dont la main est si délicate et si moëlleuse, que, sans quitter les guides, ils ne font sentir le mors que d'une manière presque imperceptible et rendent ou retiennent la bride quand il le faut, sans que l'on voie remuer leurs mains. Ce n'est que ce moëlleux de la main qui fait reculer sans difficulté. Un cocher qui possède toutes ces connaissances, fera tout exécuter avec aisance à ses chevaux, tandis qu'un autre dont la main sera mauvaise, fatiguera beaucoup les chevaux sans pouvoir les dompter.

Un conducteur doit se servir du fouet, tantôt comme aide, tantôt comme châtiment, mais toujours à propos; par exemple, pour soutenir un cheval qui se laisse aller dans un tournant, le remettre sur les hanches quand il s'abandonne trop sur ses épaules; pour le faire tirer lorsqu'il s'abandonne à lui-même, lorsqu'il se néglige, etc.; il ne faut donner le coup de fouet qu'au moment même de la faute, afin que le cheval sache pourquoi on le châtie et l'appliquer le plus vigoureusement possible, et n'user surtout de ce moyen que quand la nécessité l'exige, autrement le cheval s'y habituerait.

Lorsque l'on conduit en ville, il faut redoubler d'attention, d'énergie, d'activité et de courage, et prendre toutes les précautions nécessaires, afin d'éviter les accidents ; il faut ralentir le pas aux approches d'un tournant, et tourner du plus loin possible, pour éviter la rencontre brusque et accidentelle d'une autre voiture. Il n'est pas rare de voir verser ou tout au moins le cheval de dedans s'abattre quand on veut tourner trop vite et trop court ; c'est surtout lorsque l'on se trouve subitement engagé dans quelque embarras qui force à reculer, qu'il est essentiel d'être maître de la bouche de ses chevaux, sans quoi, au lieu de reculer promptement et droit, on risquerait de se mettre en travers et d'être soi-même blessé, ou d'occasionner d'autres accidents.

En voyage, il faut conduire alternativement au trot et au pas, pour ménager les chevaux, principalement quand ils doivent faire une longue route ; n'eussent-ils que dix lieues à faire, il est toujours bon de prendre ces précautions qui, en tous points, dénotent l'amour-propre du vrai conducteur ou cocher ; il faut les soutenir dans les mauvais chemins, dans la crainte qu'ils ne s'abattent ; il faut mettre le timon sur l'ornière, afin que les chevaux marchent sur le bon chemin ; mais sur une belle route on doit les laisser marcher à leur fantaisie (quand rien n'exige le contraire).

Les ruisseaux pavés doivent être parcourus de

biais, car si on les prenait en travers, on éprouverait une secousse qui pourrait casser l'essieu, ou quelque ressort, et pourrait incommoder fortement les personnes enfermées dans la voiture.

Les montées fatiguent, mais les descentes sont plus dangereuses; c'est pourquoi il faut ralentir le pas aux approches d'une montagne, afin que les chevaux aient plus d'haleine pour la monter. Dans bien des cas, il est indispensable de les laisser reposer un peu au sommet de la montagne, quand ils sont fortement essoufflés.

Quand il s'agit de descendre une pente rapide, il faut soutenir les chevaux d'une main ferme et ne pas négliger de serrer la mécanique ou d'enrayer une roue de derrière, afin de diminuer l'impulsion donnée à la voiture, et surtout éviter, autant que faire se peut, les gros cailloux et les ornières; en pareil cas, le moindre choc peut suffire pour faire verser la voiture; il serait même urgent de dételer une partie des chevaux quand il y en a beaucoup.

Dans les forts attelages, c'est-à-dire ceux de six ou huit chevaux et même plus, le postillon doit suivre attentivement l'impulsion du cocher, afin de ne pas faire aller ses chevaux dans un sens contraire à ceux du timon; il doit aussi ne pas fatiguer son porteur et se préparer à tourner d'aussi loin qu'il lui plaira ; enfin, il ne devra pas faire trop tirer, pour ne pas forcer le cocher à tourner de court.

Quand on met la voiture en marche, c'est le postillon qui doit partir le premier, mais, quand il s'agit de reculer, il ne doit pas le faire trop précipitamment, dans la crainte que les traits touchent à terre et que les chevaux s'y embarrassent, chose qui pourrait susciter quelques accidents ; les chevaux du timon doivent retenir la voiture dans les descentes, et ceux de devant tirer dans les montées.

Un postillon qui conduit une chaise à deux chevaux ne doit avoir d'autre attention que celle de bien diriger la roue droite ; la gauche se trouvant précisément derrière la croupe de son cheval, passera partout où il aura passé ; il pourra donc tourner court à gauche ; mais à droite, il faudra retenir son cheval de brancard, et lui soutenir la tête en levant la longe de main aussi haut qu'il sera nécessaire ; il fera tirer son porteur en montant, pour soulager le cheval de brancard ; mais excepté cela, le plus grand tirage devra se faire par le cheval de brancard.

Un postillon tant soit peu adroit, doit toujours savoir éviter les pierres et les ornières.

La majeure partie des postillons croient mener convenablement lorsqu'ils font aller leur porteur au petit galop, quand l'autre cheval ne fait que trotter ; c'est un mauvais système, et qui peut amener la ruine d'un cheval ; on doit renoncer à ce galop toutes les fois que l'on a une longue route à faire. Une grande quantité de bidets de poste vont au petit galop et finissent bientôt par aller l'aubin, qui est une allure très-défectueuse et fatigante. C'est du reste souvent l'allure de la plupart des chevaux ruinés ou pour le moins très-fatigués.

Un charretier doit distribuer une charge de manière que le poids soit en équilibre sur l'essieu ; il doit ménager ses chevaux en bon chemin, afin de les trouver plus frais quand il faudra donner un vigoureux coup de collier ; il doit aussi veiller à ce qu'ils tirent tous ensemble ; il doit éviter de monter sur ses chevaux ou sur sa voiture, et observer enfin toutes les précautions ci-dessus indiquées, à l'égard des ruisseaux, des montées et des descentes.

Aux charrettes, les chevaux sont souvent attelés les uns à la file des autres, et les plus forts dans les timons. Le charretier doit se tenir auprès du timonier, à gauche. Un cordeau qui est attaché à la boucle du mors du timonier et qui passe dans la boucle du collier des autres pour venir s'attacher aussi à la boucle du mors du cheval de devant, doit lui servir pour conduire ses chevaux où bon lui semble ; le timonier est mis pour reculer, tourner, retenir la charrette au besoin, mais fort peu pour tirer. Un timonier trop ardent ne vaut rien, ce sont les chevaux de devant qui doivent tirer le plus souvent et le plus fort. Les claquements de fouet, principalement aux endroits difficiles, peuvent éveiller l'attention et le courage des chevaux, mais il ne faut le leur faire sentir que le moins possible. Les chevaux envers lesquels on n'abuse pas du fouet, rassemblent toutes leurs forces et tous leurs efforts au moindre claquement, tandis que les autres ne semblent pas y faire attention ; ils restent même souvent insensibles aux coups, ou se défendent avec opiniâtreté. Dans aucun cas, on ne doit frapper un cheval à la tête, ni lui donner des coups de pied sous le ventre, ni se servir d'un bâton pour le corriger, car, outre qu'une semblable brutalité ne tend qu'à abrutir entièrement le naturel des chevaux, elle peut encore leur occasionner des maladies mortelles. Quand il s'agit de monter une pente rapide, il faut d'avance ménager les chevaux, puis, à l'approche de la montagne, les faire partir au grand pas ou au trot, en les aidant du fouet jusqu'à ce qu'ils soient bien lancés ; mais si leurs forces se refusaient à tous ces efforts, il serait préférable de leur donner des auxiliaires, surtout de ne pas les battre, comme le font, en ces circonstances, beaucoup de mauvais charretiers. Si le timonier venait à s'abattre, il faudrait de suite un contre-poids au derrière de la voiture, en tâchant de soulever les brancards, et, relevant le cheval de la main gauche, faire jouer le fouet de la main droite.

Tous les cochers, postillons ou charretiers, doivent, lorsqu'ils entreprennent un voyage, se précautionner de tout ce qui peut être nécessaire pour remédier aux accidents imprévus, tel que : fers de rechange, clous à ferrer et clous de roues quand les roues sont à bandes, cordes, marteau, tenaille, onguent de pied, pioche, pince, etc.

Chaque fois que l'on met des chevaux à l'écurie, le premier soin doit être de les panser à fond ; le second, de mettre tous ses équipages en bon état. Beaucoup de conducteurs, ne sachant pas étudier le caractère de leurs chevaux, croient souvent reconnaître des dispositions vicieuses, quand ils n'obéissent pas aussitôt que leur brusque promptitude l'exige ; alors, les pauvres animaux sont toujours maltraités, négligés, et sont bientôt perdus si on ne se hâte de les confier à des mains plus habiles.

D'autres, sans raison, sans discernement, sans intelligence, font continuellement agir le fouet, sans raison et sans motifs, principalement quand ils sont de mauvaise humeur, ce qui leur arrive très-souvent : les chevaux ainsi tourmentés se jettent en

avant comme pour éviter les coups et appuient fortement sur leurs barres, ce qui les leur gâte en peu
de temps. Les chevaux ainsi maltraités sont sujets à
devenir ombrageux et souvent à tomber sérieusement malades.

Manière de courir la Poste et les Chasses.

Une personne qui monte ordinairement à cheval,
doit se munir d'un suspensoir, d'une ceinture pour
soutenir les reins, d'une forte paire de bottes pour
se garantir contre une chute, dans le cas où on
aurait le malheur de tomber sous son cheval, d'une
culotte de peau sans doublure, d'habits très-légers et
avoir soin de relever sa chemise autour des reins
pour éviter les écorchures et les contusions; il faut
aussi éviter de se charger l'estomac, attendu que
les secousses causées par le trot du cheval, *les bidets
de poste surtout*, sont très-nuisibles à la digestion. Il
faut aussi éviter de changer de selle, en avoir, s'il
est possible, une à soi, car rien n'est plus contraire
à un cavalier que ce changement. On doit tenir les
étriers un peu plus courts qu'à l'ordinaire, serrer
modérément la bride et suivre les mouvements du

cheval pour ne pas être roué. Il n'est pas nécessaire de suivre les préceptes des académiciens quand on court la poste. On doit rarement faire usage de l'éperon ; le fouet doit servir beaucoup plus souvent, on doit faire tout son possible pour ménager sa monture, car celui qui voudrait forcer son cheval dès le commencement de la course ou qui ne cesserait de le battre, arriverait certainement plus tard que celui qui aurait employé tous les ménagements possibles.

On doit aller au rendez-vous de chasse au pas, suivre de préférence les sentiers, les chemins, et couper au court chaque fois que l'occasion se présente ; si l'on voyait que le cheval se *dépayse* et paraisse mener la chasse trop loin, il vaudrait mieux revenir sur ses pas, renonçant au plaisir de le voir forcer plutôt que de s'exposer à crever son bidet.

S'il arrivait que l'on se vît forcé de se mettre à la nage, il faudrait fortement serrer les jarrets et rendre la main. Les montagnes doivent se monter au pas ou au petit trot, et par une précaution souvent utile, on doit mettre pied à terre quand elles sont rapides ; on doit les descendre le plus doucement possible ; toutefois, si l'on ne pouvait se dispenser de les descendre au galop, il faudrait bien soutenir l'animal de la main et des jarrets, dans la crainte qu'il ne fasse une chute, dangereuse pour lui et pour le cavalier.

Quand on doit passer devant quelque objet susceptible de faire peur au cheval, on doit, au lieu de le forcer brutalement, l'y préparer petit à petit, revenir plusieurs fois contre l'objet, le lui laisser flairer et passer ensuite sans le brusquer.

S'il s'agissait enfin de franchir un torrent, un ravin, un ruisseau, etc., il faudrait agir comme il vient d'être dit et le sauter ensuite le plus lestement possible, en abandonnant les guides pendant quelques instants, pour ne pas lui couper le vent, ce qui arrive trop souvent.

Du Mors Lycos.

Ce mors, inventé par M. Caïman-Duverger, est le plus convenable de tous, sous tous les rapports, et, c'est le seul dont on devrait faire usage. Il convient bien au cheval de carrosse et au cheval de selle principalement, toujours disposés à porter le nez au vent ou à s'encapuchonner, tout en étant très-utile au cheval de charroi, comme à celui de charrue. Les chevaux qui s'encapuchonnent appuient tellement les barres du mors contre leur poitrail, qu'ils annihilent tous les efforts du plus fort conducteur, et par cela même l'exposent à de graves dangers. Ceux qui portent le nez au vent serrent assez fortement les lèvres, pour empêcher les canons de presser les barres, et par ce fait le cavalier perd indubitablement sa puissance et est exposé aux mêmes dangers que le premier.

Aux chevaux qui s'encapuchonnent, il faut un mors lycos releveur ; à ceux qui portent le nez au vent, il leur faut un lycos abaisseur. Enfin, par la puissance du mors lycos, on peut faire disparaître les défauts dont nous parlons.

J'ai dit que le lycos convient très-bien aux chevaux de charrue et de labour ; dans plus d'une circonstance il leur est même indispensable. On voit souvent des chevaux se sauver sans que le charretier puisse les retenir. Beaucoup d'autres, attelés à la herse, à la charrue ou à la charrette, cassent et brisent tout en courant et en exposant la vie de ceux qui les entourent.

Au moyen du mors lycos on peut dompter les chevaux les plus fougueux ; le moindre serrement des guides suffit pour s'en rendre maître.

Le mors lycos présente encore l'avantage sur tous les autres, d'être moins cher et d'offrir une plus longue durée. Il est plus doux que le bridon et beaucoup plus puissant que la bride la mieux constituée. De plus, un cheval ayant un mors lycos

peut boire, manger, dormir, sans que ses barres s'é-
chauffent et sans perdre leur sensibilité. Les canons
ne touchent les barres que sous l'effort des rênes ,
mais alors ni la langue ni les lèvres ne peuvent
s'interposer.

Du soin et de l'éducation des Poulains.

Les poulains commencent ordinairement à manger à deux mois, et l'on doit leur fournir des aliments appropriés à leur âge ; on ne doit les sevrer
qu'au bout de sept ou huit mois environ, selon les
circonstances.

Un long allaitement ne leur est pas toujours
avantageux ; car, s'il leur fait prendre du corps, il
les rend mous et paresseux. Il est seulement nécessaire quand les poulains sont faibles et valétudinaires.

Généralement, quand on retire les poulains d'auprès de leur mère, ils paraissent tristes, inquiets,
mais cela ne dure pas long-temps ; quelques jours
suffisent pour qu'ils reprennent leur vivacité naturelle, et à cette époque, on doit leur donner pour
nourriture de l'orge et de l'avoine écrasés, ou l'une ou

l'autre séparément ; du foin bien tendre de bonne qualité, de l'eau blanche faite avec du gruau, et les conduire enfin au pâturage aussitôt que le temps le permet. Il faut éviter avec soin les pâturages frais et ceux où l'herbe serait trop tendre, car elle leur lâche le ventre, leur donne souvent quelques coliques et les empêche de profiter. L'habitude de leur donner du son tous les jours en rentrant de pâturer, est également mauvaise ; une poignée d'avoine et la poudre B leur est préférable.

Les poulains sont beaucoup mieux portants quand on les mène pâturer tous les jours, pendant le beau temps, que quand on les laisse continuellement à l'écurie ; le continuel séjour à l'écurie est tout-à-fait contre nature.

Plusieurs auteurs prétendent que la verdure des champs engendre des vers dans le corps des chevaux et qu'il faut leur donner du son deux fois par jour, le matin avant de partir et le soir en rentrant.

En supposant que le vert puisse produire les effets signalés, il est plus sage de leur donner en partie égale l'avoine, l'orge et le seigle écrasés, et de les purger deux fois en deux ou trois jours, tous les trois mois environ ; par ce moyen, tout en expulsant les vers s'il y en a, on débarrasse les chevaux des humeurs et des fluides de mauvaise qualité.

Les poulains que l'on retire d'auprès de leur mère pour les sevrer, doivent être mis dans une écurie saine, très-propre, ni trop froide ni trop chaude, afin qu'ils ne soient pas trop sensibles au froid. Les mangeoires et les rateliers seront assez bas pour que les poulains puissent y atteindre sans difficulté aucune. Leur litière sera renouvelée le plus souvent possible, le soir et le matin au moins. Huit ou quinze jours après le premier jour de sevrage, on peut les mener dans la prairie, s'il fait beau temps et que la prairie soit convenable, c'est-à-dire si le terrain n'est pas humide, marécageux, ni entrecoupé de fossés, de ravins, ou de toutes autres inégalités.

On doit purger deux fois de suite les chevaux (ou les poulains) qui rentrent de prairie et une huitaine de jours après, on leur fait une demi-saignée au col, et on leur donne ensuite modérément à manger pendant quelques semaines. Il faut être réservé à l'égard du grain, dont l'abondance en ce cas ne pourrait manquer de les énivrer plus ou moins; mais ils ne pourraient manquer de se trouver *échauffés*, c'est ce qu'il faut éviter. On en connaît du reste assez bien les suites fâcheuses. Ce qui précède ne s'applique qu'aux chevaux (ou poulains) que l'on retire du vert, pour ne plus les y remettre de l'année.

Les poulains parvenus à l'âge de sept à huit mois doivent avoir la queue tondue ; cette opération doit se renouveler trois fois, de trois mois en trois mois au moins, afin qu'elle devienne plus fournie de crins. Dès l'âge de quinze ou dix-huit mois, les poulains sentant déjà l'aiguillon de l'amour, il est nécessaire de les séparer des pouliches, pour éviter qu'ils s'énervent.

Les poulains parvenus à l'âge d'un an doivent être étrillés avec une étrille un peu usée, brossés, bouchonnés et peignés tous les jours. Jusqu'à cet âge, la brosse et le peigne tous les deux ou trois jours, peuvent suffire ; à dix-huit mois, il faut les panser à fond (Voyez pansage des chevaux).

Il est aussi nécessaire, à cet âge, de faire hongrer les poulains doublés de corps, de croupe et très-forts d'encolure ; ceux qui ont des dispositions contraires ne doivent pas l'être avant trente ou trente-six mois au moins (Voyez castration).

Rarement les poulains soumis à notre méthode médicale jettent la gourme et plus rarement encore leurs jambes s'engorgent. Toutefois, si l'une ou l'autre maladie arrivait, il faudrait les traiter comme tels (Voyez ces deux maladies différentes).

Pour l'amélioration des races, il serait désirable que les poulains ne fussent montés qu'à l'âge de six ans, tandis qu'ils le sont généralement à trente-six ou à quarante mois. Les mêmes observations s'appliquent au travail. A l'âge de six ans on les aurait plus forts et bien moins sujets aux maladies.

Il faut aussi tenir compte des races, des climats, de la manière dont ils ont été nourris depuis leur naissance, et du genre de service auquel on les destine, car tel cheval fin ne pourra être monté avant l'âge de six ans au moins, sans qu'il en résulte des inconvénients pour son propriétaire, tandis que tel autre cheval commun pourra, sans danger, labourer et charroyer dès l'âge de quatre ans et souvent moins.

Il convient de dresser les poulains de bonne heure pour obvier à une foule d'inconvénients ; à cet effet, il faut leur lever de temps en temps les pieds, frapper sur la muraille avec un marteau ou toute autre chose semblable ; ne jamais plaisanter avec eux, les corriger à propos s'ils manquent, sans pour cela être trop brusque ni trop méchant envers eux ; il faut les habituer au filet et à suivre, sans difficulté, quand on les tire par les rênes, ou seulement par la longe, et à arrêter au premier mot. Il faut aussi leur donner un nom, afin qu'ils sachent que c'est à eux que l'on parle lorsqu'ils sont mêlés à d'autres chevaux.

C'est à l'âge de deux ans environ que l'on doit les faire trotter tous les jours à la longe, autour du pilier, jusqu'à ce qu'ils soient bien accoutumés à cette première leçon ; on leur met sur le dos un sac de son pour les habituer à endurer la selle ; on leur pose ensuite, pendant quelques heures, une selle dont les sangles ne fassent qu'effleurer le ventre d'abord, on les serre ensuite au fur et à mesure qu'ils s'y font tranquillement. Quand ils sont bien habitués à la supporter, on leur met un harnais léger avec une croupière un peu longue pour qu'elle ne leur serre pas trop la queue et ne les fasse pas ruer.

Quand on croit les poulains assez obéissants et assez tranquilles pour ne plus s'effaroucher, ni se cabrer, ni se jeter de côté, on peut commencer à les monter, et ensuite leur faire faire quelques pas, et plus tard quelques kilomètres.

Si l'on destinait un poulain pour le trait, on prendrait une petite charrette, on choisirait un beau temps, un beau chemin, de petits harnais, un mors lycos, et on le mettrait en timon en le tenant bien par la bride sans toutefois serrer ; on le ferait avancer à petits pas pendant une demi-heure à peu près ; le lendemain on recommencerait en le laissant attelé un peu plus long-temps, et on continuerait ainsi jusqu'à ce qu'il y soit bien habitué, et sans que l'on ait besoin d'être à côté de lui pour le tenir, après quoi on le mettrait en cheville, c'est-à-dire entre le timonier et un autre, et ensuite devant, en lui faisant bien comprendre le côté *dia* et le côté *hue*, etc.

Ces diverses leçons doivent être données aux poulains, petit à petit, le plus lentement possible, de manière à ne pas les fatiguer ni les impatienter ; il faut aussi, mais à propos, leur parler, les flatter, les châtier sur le moment de la faute ; ce moment passé, on ne doit ni les battre, ni les jurer ; quand on les châtie au moment de la faute, il faut le faire modérément, tout en corrigeant leurs défauts et leurs mauvaises habitudes.

Il ne faut jamais exiger des poulains un travail au-dessus de leurs forces et de leur intelligence ; les chevaux maltraités perdent leur jeunesse, deviennent toujours rétifs, ramingues et difficiles à gouverner, tandis que ceux qui ont été traités avec tous les ménagements possibles sont doux, dociles, et ne donnent aucune peine à dresser.

Beaucoup de chevaux qui n'ont point été apprivoisés étant jeunes restent assez souvent farouches au point de se sauver au moindre bruit et de ne se laisser approcher que rarement et difficilement. Pour apprivoiser et dresser ces sortes de chevaux, il faut avoir une grande patience, employer beaucoup de ménagements et leur administrer un ou deux purgatifs et autant de petites saignées ; six jours au moins après les derniers effets de la dernière purgation on les fera jeûner ; c'est un grand moyen de réussite. Quand au reste, l'intelligence, le discernement de l'homme doit dans ce cas aviser et agir en conséquence ; il ne faut, dans aucun cas, purger le lendemain d'une saignée, ni saigner le lendemain d'une purgation, sauf les cas prévus et rapportés dans l'ouvrage.

CHAPITRE III.

—

De la Saignée. — De l'Abstinence absolue et prolongée. — Des Lavements. — Du Séton, des Vésicatoires, etc. — Des Purgatifs.

De la Saignée.

De tous les moyens thérapeutiques de la méthode scolastique, il n'en est pas de plus meurtriers que les émissions sanguines, car elles ont toujours été et sont encore trop généralement employées ; on peut dire avec raison qu'elles ont plus détruit d'animaux que toutes les maladies sporadiques, enzootiques et épizootiques, etc. Il n'y a pas de fléau qui ait frappé aussi terriblement l'agriculture que les grandes saignées réitérées.

Qui donc peut avoir appris aux praticiens des temps les plus reculés, qu'il fallait saigner les malades ?

Quelques auteurs, d'après Pline, parlent du cheval marin, qui se déchire dans les roseaux pour se tirer du sang. Tout le monde éprouve des démangeaisons plus ou moins vives et insupportables à la peau et croit trouver un soulagement en se grattant jusqu'à excoriation et effusion de sang. L'hippopotame (cheval marin) à un âge déjà avancé, et dans certaines saisons, est aussi affecté de démangeaisons extraordinaires, à la partie de l'arrière-main principalement. Alors que la démangeaison est arrivée à son plus haut degré ou que la patience de l'animal est à bout, il s'agite dans l'eau et jette des cris épouvantables qui n'ont jamais manqué d'attirer l'attention des explorateurs. Enfin, quand cet animal amphibie ne peut obtenir de soulagement, il se jette avec fureur sur les roseaux aigus du Nil, qu'il habite ordinairement ; il se roule avec tant de force, il se gratte si rudement, qu'il se déchire les vaisseaux saillants, tels que les veines saphènes principalement, le sang sort abondamment, et l'hippopotame, affaibli par la perte de son sang, tombe et reste anéanti ; il se relève peu après, flaire de côté et d'autre, et lorsqu'il aperçoit son sang il quitte les roseaux et se roule dans le sable. L'effusion du sang s'arrête en quelques minutes, l'animal se relève, se promène lentement et tristement pendant quelques heures sur les bords de l'eau ; s'il a perdu une grande quantité de sang, il se trouve bientôt fatigué, il s'arrête et se prive de nourriture. Alors seulement il essaie de marcher ; s'il tombe, c'est pour ne plus se relever ; s'il peut gagner le fleuve, il boit abondamment et meurt bientôt après.

On a rarement vu un hippopotame survivre quinze jours à une pareille saignée. Il est impossible de croire que le cheval marin ait l'intention de s'ouvrir un vaisseau lorsqu'il se roule sur les roseaux ; il est beaucoup plus rationnel de penser que la démangeaison qu'il éprouve est la seule cause de cet exercice et qu'il croit la faire disparaître comme quand nous nous servons de nos ongles pour nous gratter l'épiderme.

Les observateurs qui ont cru, en saignant, faire ce que la nature demande pour la curation des maladies, se sont grandement trompés, puisque l'action qu'ils ont vue faire par le cheval marin n'est pour lui ni palliative ni curative, mais bien souvent mortelle, selon la plus ou moins grande quantité de sang qu'il perd.

Examinons succinctement quels sont les effets que peuvent produire les émissions sanguines et voyons si l'on doit quelquefois pratiquer des saignées.

Tout le monde sait que le sang est le fluide nourricier où la vie puise ses principes nutritifs ; donc, en tirant du sang, on en diminue la quantité. M. Renard, directeur de l'école vétérinaire de Lyon, professeur de pathologie interne et générale, à la même école, dit dans son *Traité de Pathologie et de Thérapeutique générale vétérinaire*, 2e volume, page 313, ce qui suit, à l'égard des effets de saignées répétées en traitant de l'état du sang :

« A mesure que l'on saigne, la fibrine diminuant,
» le sang devient plus fluide et moins coagulable,
» il s'échappe à travers les pores de ses conduits et
» il forme ainsi d'une manière passive et mécanique
» des épanchements dans le tissu cellulaire, dans les
» céreuses, et surtout dans le poumon. En effet, dit-
» il, l'œdème du poumon n'est pas rare à la suite
» des pneumonies dans lesquelles on a abondam-
» ment saigné: et il s'explique facilement par cette
» iambition mécanique d'un sang devenu fluide. Tels

» sont, dit-il encore, sur le sang, des saignées ré-
» pétées, etc. » C'est d'après les expériences de
M. Magendie, que M. Renard a reconnu cette vérité.

Ainsi, un des plus grands maîtres des écoles vétérinaires reconnaît les mauvais effets des saignées
copieuses et réitérées, et cependant presque tous
les élèves des écoles vétérinaires, les élèves même
du célèbre professeur dont nous parlons, font toujours trop fréquemment usage des saignées!.. Pour
quelle raison ?

En thèse générale, on doit rarement saigner et
tout faire pour s'en dispenser, attendu que les évacuants font promptement leurs effets, précieux
avantage qui n'existe pas pour la médecine vétérinaire, à cause de la longueur du tube intestinal,
qui est trop grand chez tous les quadrupèdes herbivores, puisque, chez l'espèce bovine, il est de
vingt à trente fois plus long que le corps ; il est
facile de comprendre que le purgatif ne peut produire d'effets sensibles que vingt-quatre heures
environ après qu'il a été administré. C'est pourquoi on est souvent obligé de faire usage de la saignée sur l'espèce chevaline et sur l'espèce bovine
notamment.

On ne doit pas perdre de vue que la saignée ne
doit être pratiquée que pour diminuer la trop haute

quantité de fluides de mauvaise nature qui accompagnent le sang ; alors, en tirant du sang, principe de la vie, on tire aussi une petite partie de mauvais fluides, principe de la maladie ; les vaisseaux étant un peu désemplis, le mal fait moins de progrès et donne au vétérinaire et à la purgation le temps de travailler.

La saignée, quand elle est ordonnée, doit être faite au début de la maladie, autrement, elle serait plus nuisible qu'utile, en supposant qu'elle ne soit pas mortelle, ce qui arrive trop souvent quand on la pratique au moment où la nature a besoin de conserver toutes ses forces.

De l'abstinence absolue et prolongée.

L'abstinence absolue dans un dérangement grave des fonctions digestives, peut être prescrite, mais alors que la digestion se fait bien, l'abstinence absolue étant un grand moyen débilitant, ne peut plus être appliquée, ce serait même faire languir, rendre la plus légère maladie incurable, car, à défaut d'aliments dans l'estomac, les veines lactées filtrent en place de chycle des humeurs plus ou moins corrompues qui vont remplir les vaisseaux et surcharger le sang.

L'abstinence absolue et prolongée est nuisible quand la digestion se fait bien, parce que dans une maladie l'économie a besoin de rassembler toutes ses forces pour lutter contre le mal, son grand ennemi.

Il n'est question ici que de l'abstinence absolue et prolongée quand la digestion se fait bien ; quant aux soins de régime, à la diminution d'aliments, cela est toujours nécessaire en médecine vétérinaire dans les moindres dérangements de la santé, attendu qu'il arrive souvent qu'une diète absolue d'un jour et une augmentation de boisson, suivie ensuite de deux ou trois jours de demi-diète, ramène la santé à son état normal quand elle est légèrement dérangée ; ce régime peut aussi empêcher à une maladie de mauvais caractère de faire de rapides progrès. En résumé, selon les désirs de la nature, l'abstinence absolue et prolongée est un moyen aussi dangereux qu'une raisonnable diminution d'aliments est bienfaisante ; car, généralement, les cultivateurs donnent trop de fourrage à leurs animaux, aux chevaux notamment.

Du Lavement.

Le lavement n'est pas, à proprement parler, un purgatif, mais bien un plus ou moins grand laxatif ou vermifuge, selon sa composition.

De tous les moyens thérapeutiques que la médecine scolastique emploie, le lavement est à juste titre le plus efficace, le plus naturel et bien certainement le moins inoffensif.

Le lavement dispose bien aussi un animal à la prise d'une purgation ; il l'active elle-même dans ses effets, qui doivent être très-prompts. Le lavement est d'une grande utilité en médecine vétérinaire ; c'est un bon moyen de débarrasser les gros intestins et entretenir la liberté du ventre. Le repos, la diète et les lavemements peuvent souvent triompher de beaucoup de petites maladies que jamais la médecine scolastique n'a guéries, bien qu'elle entraîne à de grandes dépenses dont le cultivateur est toujours victime ; quoiqu'il en soit, les lavements ne doivent être donnés que lorsqu'il y a des causes d'utilité réelle et des indications précises, car autrement on ne laisserait pas de fonctions à faire à la nature à l'égard des déjections journalières, ce qui produirait de mauvais effets qu'il faut éviter. Le lavement est bien moins curatif que palliatif ; mais toujours il soulage.

Les lavements émollients peuvent être employés avec efficacité et succès après une médecine ayant pour effet d'humecter, d'adoucir et de chasser les matières brûlantes ou acrimonieuses qui restent encore à évacuer, et aussi pour soulager les entrailles et apaiser la chaleur que les humeurs et la bile ont laissée en passant.

***

Du Séton et du Vésicatoire.

Il arrive souvent que les cultivateurs font des sétons à leurs animaux, dans le but d'expulser les humeurs de l'estomac ; s'ils connaissaient les effets des sétons, ils n'agiraient pas ainsi, car les exutoires, tels que sétons, moxas, vésicatoires, topiques, etc., ne peuvent attirer à eux que la sérosité qui circule dans les vaisseaux avec le sang.

Une portion de sérosité peut se rassembler ou se déposer sur une partie quelconque de l'animal, et occasionner de la souffrance ; alors l'exutoire pratiqué à une certaine distance de la partie, peut, par ses effets attractifs, l'en débarrasser d'une plus ou moins grande quantité, mais cela ne détruit pas la cause du mal, mais seulement un effet très-minime, attendu que les molécules du pus sont trop grosses pour traverser les capillaires ; on doit comprendre que les exutoires ne sont pas toujours inutiles, ils peuvent être de bons auxiliaires à la purgation, puisqu'ils ne peuvent évacuer la totalité des mauvais fluides par leur force attractive, et encore bien moins expulser les matières contenues dans les cavités d'où la sérosité prend sa source.

La différence de l'exutoire à la saignée est très-grande ; celle-ci peut être souvent mortelle, quand celui-là, même employé inutilement, ne peut être suivi d'autres inconvénients que ceux de faire souffrir mal à propos l'animal et donner un ouvrage malpropre au palefrenier ; cependant, il pourrait arriver, dans quelques cas rares, une déclaration de gangrène.

Des Purgatifs.

En médecine, on donne le nom de *purgatif* à toutes les substances médicinales dont les effets sont de provoquer des évacuations alvines, et à tous les médicaments enfin qui donnent la diarrhée ; on ne peut cependant admettre que tous ces médicaments soient des purgatifs, attendu que toutes les substances qui n'ont pour effet que d'expulser les excréments, ne remplissent pas le but que l'on doit chercher à atteindre. Les substances réellement purgatives sont celles qui ont la puissance d'exciter suffisamment la muqueuse intestinale, d'attirer et d'augmenter les sécrétions de cette muqueuse et un afflux considérable de liquides dans le canal digestif aux dépens de toute la masse humorale, et l'expulsion complète de tous ces fluides. Toutes ces substances qui ne déterminent que des évacuations alvines, ne peuvent les produire qu'en agissant par indigestion ; en médecine dogmatique, on est convenu d'appeler ces purgatifs *laxatifs* ; ils peuvent être nuisibles, en ce sens qu'agissant fort peu sur la cause réelle de la maladie, c'est lui donner le temps de faire tous les progrès possibles et la rendre par cela même inattaquable, quand une purgation active et sûre aurait triomphé en peu de jours.

Certains détracteurs de ce système prétendent que ce purgatif est un excitant incisif... Assurément, et l'on doit regarder comme bons, tous les purgatifs qui agissent ainsi.

Notre méthode ne pourra manquer d'être mise

en pratique par un grand nombre de sages cultivateurs, et les précieux effets qu'ils en obtiendront
aussitôt reconnus, aideront puissamment à sa pro-
pagation.

La surabondance des humeurs des fluides, ne
constitue pas toujours la maladie, souvent aussi
c'est leur mauvaise nature. En supposant à un corps
une quantité voulue d'humeurs et de fluides pour
la conservation de son être ; cet être, disons-nous,
ne devrait pas souffrir ; mais si ces humeurs et ces
fluides, nécessaires à la vie, ont reçu un germe de
corruption, alors il souffrira, et nous serons obligés,
pour le guérir, d'expulser de son corps les humeurs et les fluides de mauvaise qualité qu'il n'avait
qu'en quantité voulue pour la conservation de son
être, si elles n'eussent pas été corrompues.

Les causes qui peuvent amener la corruption des
humeurs et des fluides, se résument à peu près
dans les suivantes : les exhalaisons infectes, les
corpuscules de mauvaise nature qui existent dans
l'air respirable, les longues sécheresses, les chaleurs extrêmes et prolongées qui forcent pour ainsi
dire l'atmosphère à pomper et à absorber les exhalaisons malsaines que produisent généralement les
lieux humides, aquatiques et infects ; le voisinage
trop rapproché des marais, des lacs, des étangs et
autres lieux où l'eau est vaseuse et stagnante ; les

brouillards épais ou chargés de mauvaises odeurs; les époques où il se forme une grande quantité de chenilles dans les campagnes (il est reconnu que l'air qui favorise le développement de ces insectes est très-impur); les environs des forêts, les contrées couvertes de bois, d'arbres, de haies, les bords des rivières, etc.; l'approche d'autres animaux malades, s'il arrive que leur haleine soit très-mauvaise ou atteinte de maladies contagieuses; la trop grande quantité d'animaux réunis dans la même écurie, si tous les soins hygiéniques ne sont pas pris; les habitations sombres, humides ou privées de courants d'air; le repos pris sur un terrain malsain, mou; les aliments de mauvaise nature; et enfin tout air libre ou concentré qui se trouve chargé de miasmes corrupteurs.

Si nous cherchons à expulser les humeurs et les fluides, ce n'est pas pour que l'animal en soit privé; nous voulons, au contraire, les renouveler par l'intermédiaire d'une nourriture succulente, et les remplacer par d'autres plus sains et capables de rendre l'animal capable d'exécuter les travaux pour lesquels l'homme se l'est assujetti. Notre méthode n'a pas d'autre but que celui d'ôter le germe de la maladie pour le remplacer par celui de la santé.

On croit généralement que les purgatifs sont irritants et échauffants, c'est une erreur. Les petites

coliques que paraissent avoir quelquefois les chevaux pendant le travail de la purgation, ont pu
donner lieu à cette méprise. Ces petites coliques
ne sont dues qu'à l'accumulation des matières
étrangères et brûlantes arrivées dans le canal intestinal ; quelques lavements purgatifs font cesser les
coliques en activant la purgation, et une deuxième
purgation, donnée le lendemain, nettoie et rafraîchit le canal intestinal.

Pour conclure, disons que les purgatifs drastiques n'échauffent point, qu'au contraire ils rafraî-
chissent, puisqu'ils chassent les fluides, toutes les
humeurs âcres et corrosives du corps de l'animal ;
puisqu'enfin, sous leur influence, l'embonpoint,
l'appétit, la gaîté, la fraîcheur du poil et la force
renaissent ; par cela même il est donc évident et
incontestable qu'ils sont tout-à-fait en harmonie
avec la nature...

Dans la crainte de déplaire à nos lecteurs, nous
bornerons là nos réflexions sur ce chapitre.

DESCRIPTION DES MÉDICAMENTS SIMPLES QUE NOUS EMPLOYONS, OU MÉDICAMENTS AUXILIAIRES A LA PURGATION, DÉCRITS SÉPARÉMENT.

CAMPHRE.

Comme il existe dans le commerce plusieurs espèces de camphre, il est utile de faire observer que celui que l'on retire d'une espèce de laurier est le seul convenable.

Le camphre artificiel, qui s'obtient en faisant passer un courant de chlore ou de gaz acide hydrochlorique à travers l'essence de térébenthine, ne peut être un agent thérapeutique certain, mais cette fabrication existe rarement.

ALCOOL.

L'*alcool* est l'eau-de-vie dépouillée par sa distillation de toute portion aqueuse et des corps étrangers qu'elle tient en dissolution. L'alcool que l'on doit employer doit peser 40 degrés à l'aréomètre Cartier.

EAU–DE–VIE.

En distillant le vin, on obtient une liqueur claire, piquante, odorante, plus ou moins inflammable, qui contient encore une plus ou moins grande quantité de parties aqueuses, selon le degré auquel a été poussée la distillation. Cette liqueur est l'*eau-de-vie* que l'on doit employer. Toute autre doit être rejetée comme ne pouvant remplir les conditions nécessaires.

VINAIGRE (*acide acéteux*).

Le *vinaigre* est le produit de la fermentation du vin, que l'on appelle fermentation acéteuse. Le vinaigre conserve la couleur du vin qui l'a produit, et, comme l'eau-de-vie, on le falsifie, c'est ce dont on doit se méfier, c'est-à-dire qu'il ne faut pas, autant que possible, faire usage de vinaigre falsifié.

VINAIGRE DE SATURNE, EXTRAIT DE SATURNE OU SOUS-ACÉTATE DE PLOMB (*acétate tribasique*).

La dissolution jusqu'à saturation d'un oxide de

plomb dans le vinaigre, donne l'acétate de plomb, connu sous le nom de vinaigre de saturne, et l'action de l'évaporation de cette liqueur jusqu'à consistance de sirop clair, donne l'*extrait de saturne*.

SAVON.

On ne doit employer que le *savon commun*, résultant de la combinaison de l'huile fixe avec la soude, rendu caustique par la chaux (savon marbré.).

SEL DE NITRE, NITRATE DE POTASSE.

Ce sel est formé par la combinaison saturée de l'acide nitrique et de la potasse. Comme médicament, il a une assez grande importance dans la thérapeutique vétérinaire. Il offre peu de danger, à moins qu'on ne l'emploie à une dose excessivement haute, telle que 200 grammes pour les chevaux, 250 grammes pour les gros ruminants, 50 grammes pour les moutons, et 20 à 30 grammes pour les chiens. Dans beaucoup de cas, ces doses suffiraient pour occasionner la mort, à cause de sa violente influence sur le canal intestinal. Comme exception cependant, je citerai le fait suivant : En

1852, j'ai administré dans le courant du mois de décembre, à un cheval d'une douzaine d'années, 350 grammes de sel de nitre à doses réfractées et dissous dans de l'eau tiède, sans qu'il soit arrivé de symptômes alarmants ; le lendemain de la prise de cette dose énorme, le cheval rendit quelques déjections alvines et un afflux d'urine considérable qui m'a paru le gêner ; le cheval resta deux jours sans vouloir manger ; ses déjections journalières furent aussi retardées ; mais, sur la fin du deuxième jour, l'appétit lui revint, et ses déjections se rétablirent.

Cette dose énorme n'ayant été donnée qu'à titre d'expérience, on ne doit jamais porter la dose de *sel de nitre* à plus de 100 grammes pour en avoir de bons résultats.

AMMONIAQUE LIQUIDE, OU ALCALI VOLATIL.

L'*alcali volatil* s'obtient en saturant l'eau ordinaire d'ammoniaque gazeuse.

Ce médicament est très-bon marché.

TABAC (*nicotiane*).

Le *tabac* est une plante de la famille des solanées

vireuses ; quoiqu'elle soit connue de tout le monde, on ignore généralement ses propriétés et ses bons effets.

Le tabac est le meilleur et le plus certain des insecticides ; son odeur, en passant par le torrent de la circulation, en imprègne l'haleine, tous les tissus, le sang et tous les insectes vermineux retirés dans les parties les plus cachées du corps.

L'existence des vers dans l'intérieur du corps, peut être attribuée aussi bien à la mauvaise qualité des humeurs, qu'à l'effet des causes extérieures ; par exemple, par un temps sec et venteux, un animal peut fort bien respirer et avaler, en marchant, de la poussière dans laquelle il peut s'y trouver des œufs d'insectes vermineux et même des larves, etc.

Les décoctions de tabac en lavements sont vermifuges et purgatives.

Les effets du tabac doivent être prescrits dans les maladies enzootiques, épizootiques dont ils neutralisent si bien les effets destructeurs.

La plante du tabac devant être employée dans certaines maladies comme agent thérapeutique, nous en reparlerons plus loin.

L'infusion ou la décoction de tabac en boissons, et les lavements donnés trop abondamment, pourraient produire pour un instant le narcotisme, l'ivresse. Si cela arrivait, on ne devrait pas en être effrayé, car quelques verres de vinaigre jetés dans les naseaux, rappellent presqu'instantanément l'animal à son état normal; mais en ne dépassant pas les doses prescrites dans cet ouvrage, on peut être tranquille sur les effets que peuvent déterminer les préparations du tabac.

BLANC D'ESPAGNE.

Le *blanc d'Espagne* est composé de terre calcaire pulvérisée, lavée et mise en pains.

Le blanc d'Espagne est indissoluble dans l'eau et décomposable par tous les acides. Administré intérieurement, il absorbe avec assez de facilité les acides contenus dans les premières voies. Comme absorbant, résolutif, dessicatif, nous l'employons, extérieurement, dans le traitement de l'anasarque, de l'œdème et de l'obstruction du lait, chez les vaches notamment, etc.

MURIATE DE SOUDE, SEL DE CUISINE, SEL GRIS
(*chlorure de sodium*).

Le *sel de cuisine*, ainsi nommé communément, est une combinaison saturée et neutre d'acide muriatique et de soude. C'est le premier de tous les sels et le moins indispensable, le plus usité. Il a des propriétés appéritives reconnues ; c'est aussi un sécréteur qui ne manque pas d'être influent sur les glandes salivaires. On l'emploie quelquefois aussi comme purgatif, sous la forme de lavement. Son mélange, à une infusion de sureau, constitue un assez bon diaphorique ; sa dissolution dans une décoction de tabac, donne une lotion antipsorique marquante, sa liqueur étant chaude ; il peut être aussi quelquefois employé avec quelque avantage, dit-on, dans des moments de contagion, surtout des bêtes à cornes et des bêtes à laine.

Nous doutons de son efficacité, à moins qu'il soit employé avec d'autres médicaments plus sûrs.

POIVRE.

Le *poivre* est le fruit d'une planté rampante et sarmenteuse qui croît principalement dans les Indes-Orientales. Si on enlève l'écorce du poivre, on a du poivre blanc au lieu de poivre noir.

Nous faisons usage du poivre noir, c'est-à-dire du poivre réduit en poudre, tel qu'on le récolte. Le poivre noir est un stimulant des plus énergiques, que nous employons avec avantage dans le traitement des indigestions, de celles causées par l'eau, surtout; il entre aussi dans la composition des *mastigadours excitants* et dans le traitement des dartres du chien, du mouton, et quelquefois même du cheval. Le poivre, uni au *basilicum* ou au saindoux seulement, peut produire quelques bons effets en animant les sétons. Tout le monde sait que le poivre est un sternutatoire, et à l'aide de cette propriété, on peut l'employer pour procurer des secousses, soit à toute la machine, soit pour débarrasser la masse cérébrale ou le système pituitaire.

SUIE (*fuligo*).

La *suie* de cheminée est une substance très-commune, peu coûteuse, et d'une grande utilité. La suie de cheminée est préférable à celle des fours et des tuyanx de poèle. Réduite en poudre impalpable, on peut l'administrer comme vermifuge, mêlée au miel, au lait, ou à une décoction préparée à cet effet. La suie de cheminée délayée dans du vinaigre fort, est un bon astringent répercussif. Les compositions de suie de cheminée enfin, peuvent, dans beaucoup de cas, remplacer une grande quantité de médicaments fort coûteux et difficiles à préparer pour les personnes non habituées aux préparations pharmaceutiques.

J'ai, d'après les principes de Bourgelat, expérimenté plus de cinquante fois l'application de la suie de cheminée, délayée dans du vinaigre fort, autour des boulets, sur la couronne, pour prévenir les effets de la fourbure dans les sabots. Je m'en suis bien trouvé, et j'ose croire que toutes les personnes qui s'en serviront avant que les humeurs soient descendues dans les sabots, s'en trouveront bien aussi.

ABSINTHE.

Il y a deux espèces d'*absinthe*, la petite et la grande. Elles possèdent à peu de chose près les mêmes propriétés. L'*absinthe* est très-commune en France; elle peut se cultiver dans tous les jardins. On se sert à la fois des feuilles, des fleurs et des sommités que l'on peut réduire en poudre à volonté ; on les trouve aussi toutes séchées et préparées dans les pharmacies. Beaucoup d'auteurs prétendent que les absinthes sont amères, aromatiques, toniques, vermifuges, fébrifuges, stomachiques, résolutives, etc.

Notre thérapeutique leur accorde seulement d'être amères, aromatiques et vermifuges.

SUREAU ET HIÈBLE.

Les décoctions de *fleurs de sureau* et de *hièble* sont diaphorétiques, et sudorifiques, prises intérieurement ; à l'extérieur, on les emploie comme résolutives, parégoriques (calmants).

La seconde écorce de sureau jouit des propriétés purgatives hydragogues ; la dose est, pour le cheval, de 450 à 600 grammes ; pour le bœuf ou la vache, de 500 à 700 grammes ; pour le mouton, de 100 à 300 grammes, l'écorce étant fraîche, bien entendu.

ÉTHER SULFURIQUE.

On emploie l'éther avec assez d'avantage dans les maladies nerveuses, mais il ne peut qu'apaiser momentanément l'effet de la maladie, sans en détruire la cause ; il n'est pas sans nécessité, puisque, dans maintes circonstances, il peut donner du temps.

L'éther peut encore être employé dans l'indigestion du cheval ; mais il faut être très-réservé sur son emploi, car en détruisant l'effet d'une maladie, il peut en engendrer une autre ; la dose est de 20 à 90 grammes pour les grands animaux, et de 2 à 6 pour les petits. Les propriétés marquantes et utiles reconnues à l'éther sulfurique, sont celles d'être vermifuges. On l'administre dans une quantité suffisante d'eau mélangée d'un dixième de lait.

CHAPITRE V.

—

Dissolution du camphre dans l'alcool. — Alcool camphré. — Ce que nous entendons par verre. — Eau-de-vie camphrée, 1er, 2e et 3e degrés.— Eau-de-vie ammoniacalisée camphrée, 1er, 2e et 3e degrés.— Poudre de camphre, moyen de l'obtenir. — Huile camphrée, 1er et 2e degrés. — Vinaigre camphré. — Eau camphrée. — Eau sédative, 1er, 2e et 3e degrés. — Manière de préparer l'Eau sédative. — Vin camphré, 1er, 2e et 3e degrés. — Lavements en savon, 1er, 2e et 3e degrés. — Lavements en tabac, 1er, 2e et 3e degrés. — Eau de de son, ou lavements en son. — Lavements diérétiques, a. — Autres Lavements diérétiques, a a. — Lavements vermifuges. — Comment on doit donner les lavements. — Onguent basilicum. — Onguent de pied. — Huile anti-dartreuse. — Eau anaplérotique.

MANIÈRE DE FAIRE DISSOUDRE LE CAMPHRE
DANS L'ALCOOL.

Mettez dans une bouteille l'alcool et le camphre réduit en plusieurs petits morceaux ; bouchez bien la bouteille et remuez-la assez fortement ; quelques instants suffiront pour opérer une dissolution complète.

ALCOOL CAMPHRÉ.

Faites dissoudre dans un demi-litre d'alcool à 40 degrés, c'est-à-dire dans l'alcool pesant 40 degrés à l'aréomètre Cartier, 180 grammes de bon camphre.

CE QUE NOUS ENTENDONS PAR VERRE.

Comme il sera plusieurs fois question de *verre* dans ce volume, il est nécessaire de dire ce que nous qualifions ainsi.

Le *verre* représente pour nous un huitième de litre.

EAU-DE-VIE ALCOOLÉE CAMPHRÉE, 1er DEGRÉ.

Eau-de-vie de commerce.. . . .   2 litres.
Alcool camphré. . . . .   4 verres.
Mélangez et agitez la bouteille.

EAU-DE-VIE ALCOOLÉE CAMPHRÉE, 2e DEGRÉ.

Eau-de-vie.. . . . .   1 litre.
Alcool camphré,. . . . .   1 verre.

EAU-DE-VIE ALCOOLÉE CAMPHRÉE, 3e DEGRÉ.

Eau-de-vie. . . . .   1 litre.
Eau commune . . . .   2 verres.
Alcool camphré.. . . . .   1 verre.

EAU-DE-VIE AMMONIACALISÉE CAMPHRÉE, 1er DEGRÉ.

Eau-de-vie. . . . .   1 litre.
Alcool camphré.. . . . .   2 verres.
Ammoniaque liquide . . . . . .   120 grammes.

EAU-DE-VIE AMMONIACALISÉE CAMPHRÉE, 2e DEGRÉ.

Eau-de-vie. . . . .   1 litre.
Alcool camphré. . . . .   2 verres.
Ammoniaque liquide . . . . .   60 grammes.

EAU-DE-VIE AMMONIACALISÉE CAMPHRÉE, 3e DEGRÉ.

Eau-de-vie. . . . .   1 litre.
Alcool camphré. . . . .   1 verre.
Ammoniaque liquide. . . . . .   30 grammes.

POUDRE DE CAMPHRE. — MOYEN DE L'OBTENIR.

Versez un peu d'alcool sur le camphre et pulvérisez-le par trituration, ou mieux, râpez du camphre ordinaire avec une râpe à sucre ; une petite râpe de 25 à 30 centimes suffit.

HUILE CAMPHRÉE, 1er DEGRÉ.

Huile de colza ou de navette. . .   1 litre.
Camphre en poudre. . . . . . . 120 grammes.

Agitez de temps en temps le vase. Si la dissolution se faisait trop lentement, il faudrait approcher un peu le flacon près du feu, mais ne pas le mettre dessus.

HUILE CAMPHRÉE, 2e DEGRÉ.

Huile . . . .   1 litre.
Camphre en poudre.. . . . . .   60 grammes.

VINAIGRE ALCOOLÉ CAMPHRÉ.

Vinaigre très-fort. . . . .   1 litre.
Alcool camphré. . . . .   1 verre.

EAU ALCOOLÉE CAMPHRÉE.

Eau coulante ou de fontaine. . .   1 litre moins 1 verre.
Alcool camphré. . . . .   1 verre.

Versez le verre d'alcool en quatre ou cinq fois dans le litre d'eau et remuez le tout à chaque fois, pendant deux ou trois minutes. Il faut aussi agiter le litre quand on est pour s'en servir.

EAU SÉDATIVE, 1ᵉʳ DEGRÉ.

Eau ordinaire. . . . . 7 litres.
Sel de cuisine (sel gris). . . . . . 120 grammes.
Ammoniaque liquide. . . . . . . 300 grammes.
Alcool camphré, ... 1 verre.

EAU SÉDATIVE, 2ᵉ DEGRÉ,

Eau ordinaire. . . . . 1 litre.
Sel de cuisine. . . . . 100 grammes.
Ammoniaque liquide. . . . . . 200 grammes.
Alcool camphré. . . . . 1 verre.

EAU SÉDATIVE, 3ᵉ DEGRÉ.

Eau ordinaire. . . . . 1 litre.
Sel de cuisine. . . . . 60 grammes.
Ammoniaque liquide. . . . . . 150 grammes.
Alcool camphré. . . . . 1 verre.

Manière de préparer l'eau sédative.

Mettez dans un flacon l'alcool camphré et l'ammoniaque liquide, bouchez-le bien et remuez de temps en temps. Il ne faut pas exposer le flacon au froid ni l'approcher auprès du feu ; mettez ensuite dans un autre flacon le litre d'eau ordinaire et le sel, et agitez le flacon de temps en temps, jusqu'à ce que le sel soit bien fondu ; laissez ensuite déposer ses impuretés et décantez ou passez au travers d'un linge fin, rincez le flacon, remettez l'eau dedans, et aussitôt après l'ammoniaque et l'alcool, et ayez bien soin de boucher hermétiquement le flacon. Cette eau se conserve aussi long-temps qu'on peut le désirer.

VIN ROUGE ALCOOLISÉ CAMPHRÉ, 1er DEGRÉ.

Vin vieux de bonne qualité. . .	1 litre.
Alcool camphré.	3 cuillerées à soupe

Agitez fortement le litre.

VIN ALCOOLISÉ CAMPHRÉ, 2e DEGRÉ.

Vinaigre rouge.	1 litre.
Alcool camphré.	2 cuillerées.

VIN ALCOOLISÉ CAMPHRÉ, 3e DEGRÉ.

Vin alcoolisé rouge	1 litre.
Alcool camphré.	1 cuillerée.

Le vin blanc camphré se prépare comme le vin rouge ; on peut remplacer le vin blanc par du bon cidre de pure poire, pas trop vieux ni trop nouveau, mais très-capiteux.

LAVEMENTS SAVONNÉS, 1er DEGRÉ.

Savon gratté, comme pour faire de
l'eau de savon pour les blan-
chissages . . . . 260 gr. le savon étant sec.
Eau chaude . . . . 10 litres.

Agitez l'eau et le savon avec une baguette de bois.

Quand on a le temps, on prépare cette eau le soir, on laisse le sel fondre pendant la nuit, et on opère le mélange le lendemain matin.

LAVEMENTS SAVONNÉS, 2e DEGRÉ.

Savon. . . . . 150 grammes.
Eau bien chaude . . . . 10 litres.

LAVEMENTS SAVONNÉS, 3e DEGRÉ.

Savon. . . . . 90 grammes.
Eau bien chaude . . . . 10 litres.

LAVEMENTS EN TABAC, 1er DEGRÉ.

Tabac à fumer . . . . 30 grammes.
Eau . . . . 10 litres.
Laisser bouillir pendant dix minutes environ.

LAVEMENTS EN TABAC, 2e DEGRÉ.

Tabac à fumer . . . . 15 grammes.
Eau. . . . . 10 litres.

LAVEMENTS EN TABAC, 3e DEGRÉ.

Tabac à fumer . . . . 10 grammes.
Eau. . . . . 10 litres.

LAVEMENTS EN SON (OU EAU DE SON).

Son. . . . . 2 ou 3 jointées.
Eau. . . . . 10 litres.
Faites bouillir jusqu'à réduction de moitié, rem-
plissez la chaudière et faites bouillir 5 minutes, et
passez ensuite au travers d'un linge de toile d'é-
toupe, très-clair.

LAVEMENTS DIÉRÉTIQUES, *a*.

Eau chaude. . . . .   10 litres.
Nitrate de potasse (sel de nitre). .   90 grammes.

Quoique la dose de 90 grammes de nitre soit suffisante, on peut ou la diminuer, ou l'augmenter, mais on ne doit pas dépasser 120 à 130 grammes, et encore cette dose ne s'emploie-t-elle que rarement; nous ne l'avons jamais employée qu'à titre d'expérience.

LAVEMENTS DIÉRÉTIQUES, *aa*.

Eau de son . . . .   10 litres.
Nitrate de potasse . . . . . .   200 grammes.
Emétique dissous dans 2 verres
   d'eau chaude. . . . .   30 grammes.
Savon gratté . . . .   30 grammes.

Ces lavements ne doivent être donnés que dans les cas que nous indiquerons.

EAU ACIDULÉE CAMPHRÉE.

Mettez dans 10 litres d'eau blanche froide, un litre de vinaigre camphré.

POUDRE DIÉRÉTIQUE APÉRITIVE, VERMIFUGE *b* OU POUDRE B.

Colophane pulvérisée	15 grammes.
Sel de nitre pulvérisé	15 grammes.
Camphre en poudre	5 grammes.
Emétique	5 grammes.
Foie d'antimoine	1 cuillerée.
Sel gris pulvérisé.	1 poignée.
Limaille de fer.	1/2 cuillerée.
Sulfate de soude (sel de glober) p.	60 grammes.

Mêlez bien le tout.

Cette poudre doit être donnée dans deux jointées de son et une jointée de farine, humecter le tout d'eau tiède; on la donne le matin à jeun. On peut en continuer l'usage pendant quelques jours. Si les animaux refusaient de prendre cette poudre, on pourrait y ajouter une ou deux poignées d'avoine, pour les y engager.

LAVEMENTS VERMIFUGES.

Eau.	10 litres.
Tabac	30 grammes.
Essence de térébenthine	1/2 verre.
Assa-fœtida.	10 grammes.
Huile de colza ou de navette, ou autres.	2 verres.

On fait bouillir l'eau avec le tabac, comme il est dit pour les lavements de tabac ; on passe au travers d'un linge et on ajoute l'essence, l'assa-fœtida et l'huile ; on remue le mélange pendant quelques instants.

Comment on doit donner les Lavements.

Les lavements, quels qu'ils soient, doivent être donnés bien tièdes, au même degré de chaleur que le sang, à peu près.

Les lavements que l'on donne aux petits animaux ne doivent pas être aussi chauds que ceux que l'on administre à tous ceux qui leur sont supérieurs ; la constitution du porc n'exige pas des lavements plus chauds que ceux de l'homme.

Pour le chat, il faut qu'il soit doux seulement.

Pour le cheval, le bœuf et la vache, le lavement doit se composer de deux litres au moins ; pour le mouton, le cochon et le gros chien, d'un demi-litre environ ; pour le chat et le lapin, d'un demi-verre.

Il doit toujours y avoir au moins un quart-d'heure d'intervalle entre chaque lavement, soit avant, soit après.

VINAIGRE STERNUTATOIRE (*Mathieu, vétérinaire, à Epinal*).

Sulfate, acide d'alumine et de potasse..	32 grammes,
Sulfate de zinc	32 grammes.
Poivre d'Espagne.	32 grammes.
Huile volatile et térébenthine .	8 grammes.
Fort vinaigre de Bourgogne . .	1 litre.

Réduisez en poudre les substances solides ; unissez-les au vinaigre et à l'huile de térébenthine, faites macérer pendant 10 heures, bouchez bien la bouteille et remuez fortement le tout avant la prise de la dose pour l'usage.

Pour faire éternuer l'animal, on prend une cuillerée à café de vinaigre, qu'on introduit dans l'une des narines, en ayant soin de lui tenir la tête un peu levée.

ONGUENT BASILICUM.

Poix noire.	100 grammes.
Colophane.	100 grammes.
Cire jaune.	100 grammes.
Saindoux.	60 grammes.
Huile de pied de bœuf .	1 kilog.
Cantharides	20 grammes.

Faites fondre la poix et la colophane, ajoutez ensuite la cire, puis le saindoux ; quand le tout sera à peu près fondu, ajoutez l'huile, remuez avec une palette de bois, et quand ce mélange sera à moitié refroidi, ajoutez-y les cantharides, remuez pendant cinq minutes environ, et laissez refroidir, pour vous en servir au besoin. Cet onguent, qui est fort utile pour bien faire couler les sétons et pour hâter la cicatrisation des ulcères indolents, peut se conserver fort long-temps, étant mis dans un pot de grès et au frais.

ONGUENT DE PIED.

Poudre de camphre	30 grammes.
Suif.	120 grammes.
Térébenthine.	120 grammes.
Saindoux.	250 grammes.
Miel.	250 grammes.
Huile de colza ou de navette . .	500 grammes.

Faites fondre doucement le suif, la cire et le saindoux ; le tout étant refroidi, ajoutez l'huile et le miel, et quatre ou cinq minutes après, la térébenthine ; remuez jusqu'à ce que le tout soit bien mêlé, retirez du feu et remuez encore pendant dix minutes, au bout desquelles vous ajouterez la poudre de camphre, et remuez encore jusqu'à parfait refroidissement. Cet onguent peut se conserver et s'employer avec avantage pour graisser les sabots, toutes les fois qu'ils sont durs et desséchés et pour l'accroissement de la corne et aussi pour prévenir les sanies, les crevasses, et les guérir quand les causes principales ont disparu, etc.

EAU NITRÉE CAMPHRÉE.

Mettez, dans 10 litres d'eau très-claire, 10 grammes de poudre de camphre et remuez pendant 10 minutes avec la main; jetez ensuite dans 10 litres d'eau, un litre d'eau bouillante, en ayant soin d'y faire fondre à l'avance 100 grammes de nitrate de potasse (sel de nitre).

HUILE ANTI-DARTREUSE (*pour toutes sortes d'animaux*).

Huile de cade.	150 grammes.
Vitriol blanc en poudre	30 grammes.
Vitriol vert en poudre.	10 grammes.
Vitriol de Chypre en poudre. . .	20 grammes.

Mélangez et remuez bien le tout.

Frottez d'abord les dartres fortement avec un bouchon de paille; trempez ensuite un linge de toile dans l'huile, et frottez la partie affectée pendant une minute ou deux, et cela deux ou trois fois par jour. Ce qui pourrait survenir aux animaux après qu'ils ont été frottés, ne doit donner aucune inquiétude ; le poil peut tomber, mais il repousse facilement. Chaque fois que j'ai employé cette huile dans le traitement des dartres et même de la gale, j'ai toujours obtenu un résultat satisfaisant.

EAU ANAPLÉROTIQUE, 1er DEGRÉ.

Eau coulante ou de fontaine . . .	1 litre.
Vitriol bleu.	10 grammes.
Couperose blanche en poudre. . .	10 grammes.
Camphre.	10 grammes.
Safran *en bois*, aussi frais que possible	5 grammes.

EAU ANAPLÉROTIQUE, 2e DEGRÉ.

Eau.	1 litre.
Vitriol bleu.	6 grammes.
Couperose blanche	6 grammes.
Camphre.	10 grammes.
Safran.	5 grammes.

EAU ANAPLÉROTIQUE 3ᵉ DEGRÉ.

Eau. . . . . 1 litre.
Vitriol bleu. . . . . 5 grammes.
Couperose blanche . . . . . . 2 grammes.
Camphre. . . . . 5 grammes.
Safran. . . . . 2 grammes.

Il faut avoir soin de mettre les drogues dans l'eau au moins trois jours avant de s'en servir et ne jamais les retirer. Plus cette eau est vieille, meilleure elle est. On l'emploie pour panser certaines plaies ; elle fait très-bien revenir les chairs, tout en les cicatrisant. Il n'y a pas à craindre que la gangrène se mette dans les plaies pansées avec cette eau.

CHAPITRE VI.

—

Règles générales pour bien ferrer, ou principes de ferrure réduits à sept règles principales. — Du mode de ferrure propre à chaque forme de pied. — Courte description du pied.

Règles générales pour bien ferrer, ou principes de la ferrure réduits à sept règles principales.

Comme il est impossible de trouver deux chevaux ayant les pieds semblables, on ne peut d'une manière invariable indiquer la meilleure forme à donner aux fers. Nous nous bornerons seulement ici à rappeler quelques-unes des règles générales ; un maréchal connaissant son métier, saura, mieux que nous ne pourrions le dire, reconnaître les diverses indications que lui présenteront les circonstances.

1ʳᵉ RÈGLE. — *Il faut conserver au pied sa forme naturelle.*

C'est à tort que la plupart des maréchaux abattent de la corne à tort et à travers, chaque fois qu'ils ferrent un cheval. Par cette méthode, ils croient donner une meilleure grâce au pied, tandis qu'ils ne font que l'affaiblir et le ruiner; il faut seulement retrancher de la face inférieure du pied, le superflu de la muraille, ce qui a crû depuis la dernière ferrure, de manière qu'après avoir enlevé ce superflu, le pied conserve encore sa forme naturelle. Il ne faut parer que très-peu la sole, enlever seulement les portions qui tendent à s'exfolier, celles enfin qui se seraient détachées si le pied n'eut point été ferré. Quant à la fourchette, hors les cas de maladies, il ne faut jamais y toucher, n'enlever seulement que les filaments et les lambeaux qui peuvent se détacher.

2ᵉ RÈGLE. — *Forger le fer pour le pied, et non le pied pour le fer.*

Le coup-d'œil juste, sûr, et l'habitude, apprennent au maréchal à bien prendre la tournure du pied et à ajuster convenablement le fer, qui ne doit porter que sur la muraille et laisser un vide entre lui et la sole, sans quoi le cheval boiterait, à moins que la sole ne soit très-épaisse ; il faut éviter de creuser la sole en parant le pied, parce que le vide qui existerait se remplirait de terre et de gravier, ce qui aurait le même inconvénient que si le fer portait dessus, il peut encore se loger un caillou dans ce vide, ce qui ne manquerait pas de faire boiter fortement un cheval et de le faire butter et tomber plus ou moins souvent, et enfin occasionner des accidents très-graves. Il faut éviter de trop bomber les fers, c'est-à-dire de leur donner trop d'ajusture, car ils rendent la démarche du cheval incertaine, sur le pavé surtout, ils tendent de plus à renverser la muraille sur les côtés, parce que tout le poids du corps porte sur elle et rend bientôt les meilleurs pieds combles.

3e RÈGLE. — *Ne pas chauffer la sole.*

Si le maréchal présente sur le pied un fer qui ne soit pas assez chaud, ou ne l'y laisse pas assez longtemps, il apercevra, à une couleur de roussi bien prononcée, les inégalités de la corne ; ce degré de chaleur faisant refluer les sucs nourriciers, lui fera prendre plus de consistance et l'empêchera de pousser par en bas ; mais si au contraire, le maréchal n'a pas d'autre but que celui d'abréger sa besogne, qu'il applique le fer tout rouge et l'y laisse jusqu'à ce que toute la corne qu'il a dessein d'emporter soit brûlée, il desséchera la corne, la rendra cassante, échauffera la sole et les chairs qui avoisinent le petit pied, privera le sabot de nourriture et finira enfin par ruiner le pied. Cette manière de procéder peut amener de graves accidents.

4e RÈGLE. — *Il ne faut pas étamper large.*

L'*étampure large* est très-mauvaise, attendu qu'il faut mettre des clous forts de lame, sans cela le fer vacillerait bientôt et tomberait dès que les têtes des clous seraient usées ; de plus, des lames de clous aussi fortes peuvent aussi, dans des pieds faibles de corne, la faire éclater, et le maréchal qui n'a pas une main bien exercée, est plus sujet à piquer un cheval avec de semblables clous, qu'en employant ceux qui sont minces et courts de lame.

5e RÈGLE. — *Ne pas étamper trop gras ni trop maigre.*

On appelle *étamper gras*, lorsque l'on perce les trous du bord intérieur du fer, c'est-à-dire près du bord qui regarde la fourchette ; quand on étampe trop gras ou que l'on emploie des clous trop forts de lame, on risque de comprimer la chair ou même de l'offenser, ce qui donne lieu à des accidents graves dans l'un comme dans l'autre cas. D'un autre côté, si on étampe trop maigre, c'est-à-dire si on perce les trous trop près du bord extérieur, les clous sont sujets à se détacher. En général, il faut pour les pieds faibles ayant peu de corne, étamper un peu maigre et étamper un peu gras pour les autres.

6ᵉ **RÈGLE.** — *Il ne faut pas brocher en musique.*

On appelle *brocher en musique*, quand les pointes des clous sortent les unes plus haut et les autres plus bas qu'il ne le faut, c'est ce qu'il faut éviter, et faire en sorte que tous les rivets soient sur la même ligne.

7ᵉ **RÈGLE.** — *Il ne faut pas que les éponges débordent la partie inférieure des talons.*

Un cheval ferré trop long d'éponge, est sujet à se à se déferrer dans plusieurs circonstances et aussi à se couper en se couchant, à marcher lourdement et toujours d'un pas mal assuré. Les fers longs et forts d'éponges écrasent et foulent les talons, ceux qui sont bas font boiter le cheval ; ils éloignent la fourchette de terre de telle sorte que pour peu qu'elle soit échauffée, ce qui arrive fréquemment, cette partie n'appuyant pas du tout, l'engorgement augmente de plus en plus et dégénère, quand les humeurs du sujet sont de mauvaise qualité, surtout en fic ou *crapaud*, inconvénient que l'on peut prévenir en ferrant convenablement.

Les fers courts ont aussi de grands inconvénients, car s'ils conviennent assez bien aux bons pieds, ils sont loin d'être favorables aux pieds faibles et aux talons bas.

Du mode de ferrure propre à chaque forme de pied.

Nous venons de rappeler quelques règles générales relatives à la forme ; nous allons maintenant jeter un coup-d'œil sur les moyens d'appliquer la chaussure d'un cheval au genre de service auquel il est destiné, et sur la manière de ferrer certains pieds d'une conformation particulière. Par exemple, les chevaux de labour ou de charrette, qui ordinairement ont les pieds très-forts et marchent presque toujours sur des terrains mous, boueux, demandent moins d'attention que tous les autres ; quant aux chevaux de carrosse, quand ils ont de grands pieds, il faut empêcher qu'ils ne s'élargissent davantage. Il est donc urgent de ne pas voûter les fers, de ne pas trop abattre les talons, de blanchir seulement la sole, de ferrer juste, de ne pas brocher trop haut, dans la crainte d'éclater la corne.

Pour affermir suffisamment les fers dont il est question, on doit faire un pinçon.

Quant aux chevaux de selle, il faut les ferrer légèrement ; pour les chevaux de manège, il faut employer des fers légers et très-découverts.

Pour les pieds d'une conformation particulière, il est nécessaire que les chevaux soient ferrés par de bons praticiens, et qu'ils aient de plus une connaissance exacte des maladies du pied.

Pour les chevaux *pincarts*, c'est-à-dire pour ceux qui appuient beaucoup sur la pince, il faut leur faire de forts pinçons et clouer le plus près possible du talon.

Pour ceux qui *forgent*, c'est-à-dire qui attrapent leurs fers de devant avec la pince de ceux de derrière en marchant, il faut leur poser des fers courts d'éponge au-devant, et à pinces tronquées par derrière.

Pour les chevaux qui se *coupent* en marchant, il faut laisser déborder un peu de corne en manselle.

S'ils se coupent avec cette partie, et s'ils se coupent des quartiers, il faut leur mettre des fers à branches de devant, courtes, étroites et incrustrées dans la muraille.

Quant aux pieds *plats*, il faut d'abord bien examiner l'état des quartiers et des talons ; si les quartiers sont mauvais, il faut avoir de bonnes longes, et faire en sorte que l'éponge porte dans l'endroit le plus fort du talon ; mais si le contraire existait, c'est-à-dire si les quartiers étaient bons et les talons mauvais, il faudrait raccourcir un peu plus les éponges et les faire porter à l'endroit le plus fort du quartier, et s'y prendre de manière à faire porter la fourchette à terre, bien que plusieurs maréchaux disent le contraire. On voit souvent, principalement chez les chevaux élevés dans les terrains marécageux, et dont la ferrure a été fort négligée, des pieds plats devenir combles. Quand le mal est arrivé à ce point, il faut épargner le plus possible la corne des quartiers, ne blanchir la sole que très-légèrement, pour ne pas la rendre trop sensible ; employer les fers couverts, mais légers, et prendre garde qu'ils ne compriment la sole, ferrer à froid, percer très-maigre, graisser de temps en temps les sabots avec l'onguent de pied, et laisser reposer un peu le cheval, chaque fois qu'on le ferre à neuf. Les chevaux qui ont les pieds combles ne peuvent servir que pour la charrue, encore faut-il que le terrain soit bien doux et bien uni.

Pieds encastelés, ou Cheval encastelé.

On appelle *pied encastelé*, celui dont les talons sont si serrés et pressent si fort le petit pied, qu'ils l'empêchent de marcher à son aise et le font souvent boiter. Les pieds sont encastelés ou par vice naturel de conformation, ou par accident. Dans ce dernier cas, il faut parer les talons à plat, sans les creuser, et ferrer court, afin que la fourchette porte à terre.

Talons bas et faibles.

Pour de semblables pieds, il faut des fers un peu couverts et assez longs pour protéger les talons qui, sans nul doute, seraient foulés et meurtris, s'ils portaient entièrement à terre. A cet effet, le fer à planche peut convenir, du moins dans le plus grand nombre de cas.

Pour les chevaux qui ont la corne mince, faible ou éclatée, il faut des fers à branches longues, des clous bien effilés et déliés de lames ; il faut aussi avoir soin de bien abattre toute la corne éclatée, parce qu'elle pourrait faire fendre toute la bonne ; il faut disposer les étampures du fer de manière qu'elles correspondent aux endroits où la muraille est bonne et susceptible de recevoir et de conserver les clous.

Il me serait facile, d'après mon expérience et en puisant, comme je l'ai déjà fait, dans les ouvrages d'hommes plus avancés que moi en maréchalerie, de donner une foule d'autres remarques utiles, mais la bonne opinion que j'ai des maréchaux me fait espérer que leur expérience suffira pour les mettre en garde contre les erreurs que je viens de signaler.

Description du Pied.

Le sabot est une boîte de corne dont toutes les parties fortement liées ensemble ont chacune une dénomination particulière.

Le *sabot* commence à l'endroit où le poil cesse de prendre naissance.

La *sole de corne* est une plaque irrégulière de corne dure qui sert à fermer l'ouverture inférieure de l'espèce de cylindre formé par la muraille ; c'est cette partie que le maréchal pare, souvent à tort, chaque fois qu'il ferre.

La *fourchette* est recouverte d'une corne coriace et filandreuse, formant l'équerre dont la pointe avance dans la sole de corne et se lie au talon.

La *sole charnue* est celle qui se trouve entre le petit pied et la sole de corne. Sous la sole charnue est le petit pied, qui est un os spongieux posé à plat sur la sole charnue, et d'une forme à peu près semblable à celle du sabot.

Il existe encore dans le sabot une grande quantité de tendons, de nerfs, de vaisseaux et autres parties dont la description serait extrêmement longue et que nous ne pourrions donner sans dépasser la tâche que nous nous sommes imposée.

Ce que nous venons de dire des parties du pied, peut suffire pour traiter la presque totalité des maladies du pied par notre méthode, que nous croyons bonne.

CHAPITRE VII.

—

Manière de saigner au col, au plat de la cuisse, à la pince du pied, de faire le séton et de le panser.

Manière de saigner au col.

L'instrument dont se sert le vétérinaire pour saigner, se nomme *flamme*, la lame doit être très-large, afin de faire un trou suffisamment large pour donner évacuation à tous les fluides étrangers que contient le vaisseau.

Passez une corde autour du cou de l'animal, le plus près possible du garot et des épaules, serrez-le modérément; placez un peu en biais la pointe de la flamme sur le vaisseau, sans pour cela y toucher, et frappez sur le dos de la lame, un coup sec avec un morceau de bois. La corde dont on se sert pour faire la ligature, doit être d'une longueur de 1 mètre 50 à 1 mèt. 80, et avoir un anneau à un bout.

La saignée ordinaire du cheval doit être d'un kilogramme et demi à 2 kil., et pour le bœuf, de 2 kilog. à 2 kilog. et demi ; pour la vache, d'un à 2 kilog. Cette quantité ne doit que très-rarement être augmentée, mais bien plus souvent diminuée ; du reste, quand il est nécessaire de pratiquer la saignée, nous indiquons la quantité de sang qu'il faut tirer.

De la saignée au plat de la cuisse en dedans.

La veine du plat de la cuisse en dedans est très-apparente, il faut, pour en tirer du sang, la trancher en travers avec la pointe de la flamme, et se retirer promptement, dans la crainte de recevoir des coups de pied. Pour arrêter la saignée, il faut mettre un torche-nez au cheval, le bien serrer, lui faire lever la jambe non saignée, s'il y en a une qui ne le soit pas, et mettre aux lèvres de la saignée une épingle et du crin en forme de huit, comme à la saignée du col. Il arrive souvent qu'elle s'arrête d'elle-même, mais quand cela arrive et que l'on n'a pu obtenir la quantité de sang que l'on désire avoir, il faut la laver avec de l'eau bien tiède : on est quelfois obligé de la trancher plus haut. Mais si, en prenant toutes ces précautions, on ne pouvait obtenir du sang, il faudrait saigner à la queue.

De la saignée à la queue.

Pour saigner à la queue, il suffit de couper un, deux ou trois nœuds de la queue, et de frapper un peu au-dessous du bout saignant, pour faire couler le sang. Quand le sang s'arrête, on frappe avec un petit morceau de bois sur la saignée.

Saignée à la pince du pied.

L'endroit de cette saignée est le bout de la pince. On déferre le pied, on le pare comme si on voulait le ferrer à neuf et on fait un trou de la largeur d'une pièce d'un franc; aussitôt que l'on voit le sang, il faut conduire le boutoir doucement, pour éviter les accidents, car le trou étant trop profond, il pourrait survenir une inflammation qui formerait un ulcère qui pourrait suinter long-temps; enfin, on met les vaisseaux à découvert, on les tranche et on laisse sortir la quantité de sang voulue. On arrête la saignée en bouchant le trou avec du sel, du poivre et un peu de suif étendu sur un petit tampon d'étoupe ; on ferre à quatre clous et on met trois éclises, deux en long, dont les bouts doivent être sous la pince du fer, et l'autre éclise en travers, sous les éponges, pour maintenir les deux autres. On peut aussi, quand le cheval est referré, mettre de la suie de cheminée sous la pince du fer, sur la saignée et ensuite fourrer des étoupes fortement serrées. Ce moyen suffit toujours pour arrêter la saignée en deux ou trois minutes.

On peut pratiquer la saignée sur d'autres parties du corps ; mais elles ne peuvent produire que de mauvais effets.

Manière de faire le Séton.

On se sert d'une aiguille dite à séton ; on prend du ruban de fil ou de crin, deux fois la longueur de l'aiguille, qui doit avoir 33 à 35 centimètres au moins. On passe le ruban dans le trou de l'extrémité non tranchante de l'aiguille ; on détache la peau en la tirant fortement avec la main ; on fait avec le bistouri un trou à la peau, pour entrer l'aiguille, et un autre pour la sortie, et on a soin de passer l'aiguille entre cuir et chair ; on met à chaque bout de ruban un petit bout de bois de la grosseur et de la longueur du petit doigt, au milieu duquel on a soin de faire un cran pour que le ruban puisse tenir par le moyen d'un nœud, etc.

Pansement du Séton.

Le séton ne doit être pansé que le lendemain, quand la maladie qui l'a occasionné n'exige pas une suppuration précipitée. Le séton se panse avec du basilicum ; il faut, chaque fois qu'on le panse, avoir soin de faire sortir toute l'humeur par le trou du haut et du bas, par l'effet d'une petite pression des doigts ; ensuite on lave le ruban avec de l'eau tiède l'hiver, et on l'essuie avec un linge bien sec ; on met du basilicum sur la partie du ruban qui n'était pas sous la peau, gardant la partie nouvellement nettoyée pour la prochaine fois qu'on le pansera, et *vice versâ*. Les trois premiers jours, on doit panser le séton deux fois par jour, et ensuite une fois seulement. Peu de temps avant de l'enlever, on ne doit le panser que tous les deux jours, en y mettant moins de basilicum, que l'on supprimera totalement au moment du nettoyage ; quand le ruban sera enlevé, on appuiera, chaque jour, sur l'endroit où était le séton, avec la main, pour ne pas y laisser croupir l'humeur qui pourrait s'y amasser.

CHAPITRE VIII.

—

Manière de préparer les Purgatifs pour les chevaux. — Moyens à employer pour les leur administrer. — Remèdes prophylactiques, ou remèdes pour conserver la santé des animaux.

Préparation des purgatifs du Cheval.

PURGATIF 1er DEGRÉ

Eau bouillante	1 litre 1/2.
Aloès hépatique en poudre . . .	70 grammes.
Emétique	5 grammes.
Jalap en poudre.	15 grammes.
Huile de croton tiglium	1 gr. 1/2 ou
	27 grains ou 27 gouttes.

PURGATIF, 2e DEGRÉ.

Eau bouillante	1 litre 1/2.

Aloès hépatique en poudre. . .   30 grammes.
Emétique,   id.   5 grammes.
Jalap en poudre . . . .   1 gr. ou 18 grains, ou
                                          18 gouttes.

PURGATIF, 3ᵉ DEGRÉ.

Eau bouillante . . . .   1 litre 1/2.
Aloès hépatique en poudre . . .   30 grammes.
Emétique,   id. . . . .   5 grammes.
Jalap en poudre. . . . .   10 grammes.
Huile de croton tiglium. . . . .   1/2 gr. ou 9 grainˢ
                                          ou 9 gouttes.

PURGATIF, 4ᵉ DEGRÉ.

Eau bouillante . . . .   1 litre 1/2.
Aloès hépatique en poudre . . .   30 grammes.
Emétique,   id . . . .   2 grammes.
Jalap en poudre. . . . .   5 grammes.
Huile de croton tiglium. . . . .   4 gr. ou 4 gouttes.

Composition des Purgatifs du Cheval.

Versez dans l'eau bouillante, l'aloès hépatique le
plus lentement possible, et remuez à mesure que

vous jetez l'aloès, avec une spatule de bois, en ayant soin de la plonger jusqu'au fond du vase dans la crainte que l'aloès ne s'y attache; après cette opération, vous jetterez l'émétique dans l'eau et vous remuerez encore pendant une minute environ. Ensuite, vous décanterez, c'est-à-dire que vous verserez l'eau dans un autre vase le plus doucement possible, afin que le dépôt qui s'est fait au fond du premier vase, ne se mêle pas à l'eau que vous verserez dans le second. Mettez ensuite le jalap, remuez et couvrez le vase jusqu'à ce que l'eau ne soit plus que tiède; versez la quantité d'huile de croton indiquée, remuez le tout assez fortement pour que le mélange s'opère et donnez cette médecine au cheval en trois fois, de quart-d'heure en quart-d'heure.

Manière de faire prendre les Purgatifs aux Chevaux.

Mettez dans une bouteille le tiers de la dose purgative, levez la tête du cheval au moyen d'une corde et d'une fourche, faites verser doucement le purgatif dans la bouche du cheval, afin qu'il n'en perde pas, couvrez l'animal l'hiver, et ayez soin d'empêcher les courants d'air; autant que possible l'on doit mettre le cheval dans une écurie à part, afin qu'il ne soit pas tourmenté par les autres.

En hiver comme en été, le cheval doit être exposé à une température douce; quand il ne tombe pas d'eau et qu'il ne fait pas froid, on peut promener le cheval de temps en temps, sans le fatiguer, après lui avoir fait prendre sa médecine entièrement.

Régime à suivre pendant la Purgation.

Quand le cas n'est pas trop pressant, on doit, avant de purger un cheval, l'y préparer la veille en le soumettant au barbotage, c'est-à-dire en mettant un picotin de son dans un seau d'eau. Le cheval peut barboter ainsi jusqu'à six ou sept heures du soir; à partir de ce moment, on ne doit plus rien lui donner. Le lendemain matin, à six heures, on lui donne la médecine, et trois ou quatre heures après on lui présente de l'eau tiède dans laquelle on a mis un peu de son; dans dix litres d'eau on mettra une jointée de son; il faut insister pour que l'animal prenne la purgation un peu tiède; si cependant il faisait quelques difficultés, il faudrait avoir recours à un autre moyen, ce serait d'ajouter une poignée de farine à la préparation ci-dessus, bien détremper le tout et tâcher de lui en faire prendre douze ou quinze fois dans la journée, 2 litres au moins chaque fois, et lui donner quelques lavements en savon, 2e degré, pour activer la médecine. Quand la médecine a produit son effet, on peut lui donner deux jointées de son délayé dans 2 litres d'eau froide, et ensuite de la paille de froment et un peu d'avoine. Une deuxième purgation ne doit être donnée que 24 heures au moins après les effets de la première.

Réflexions sur les effets de la Purgation drastique.

Les personnes qui redoutent les purgatifs par la raison qu'ils sont susceptibles de déterminer des inflammations, s'alarment à tort; les autopsies que nous avons faites sur des chevaux qui avaient été purgés plusieurs fois, nous ont démontré que le tube intestinal n'éprouve aucune altération, ni dans son tissu, ni dans ses fonctions, et que les coliques, l'abattement et l'inquiétude que les chevaux éprouvent quelquefois après la prise de la médecine, ne sont toujours dus qu'à l'accumulation des matières plus ou moins âcres ou mordicantes, attirées sur les intestins.

Un cultivateur ne doit donc pas s'effrayer si son cheval, après avoir été purgé, éprouve des douleurs d'entrailles, il doit, en ce cas, faire tout ce qui est prescrit plus haut, pour les calmer. Si les coliques continuaient, il faudrait administrer des lavements de savon n° 1 et ensuite n° 3, ou 3° degré, et des boissons tièdes en lait coupé. Ces boissons peuvent être composées de 5 litres de lait et 10 litres d'eau tiède ; on mêlera le tout ensemble et on y ajoutera 5 ou 6 cuillerées de miel fondu dans un demi-litre d'eau et donner le tout au cheval en 3 ou 4 heures, deux litres à la fois ; dans ce dernier cas notamment, les lavements en son sont assez souvent utiles ; ils ne le sont pas moins après les effets d'une purgation pour calmer la chaleur douloureuse qu'ont laissée les fluides et les humeurs dans l'intestin rectum, et aussi pour en expulser le reste des matières.

Le lendemain d'une purgation, il convient aussi de ne pas trop donner d'aliments substantiels ; on peut donner à chaque repas de l'orge écrasée mouillée d'une petite quantité d'eau, de la paille de froment, un peu d'avoine, une poignée de bon fourrage, et pour boisson, l'eau qu'il préférera, sans en limiter la quantité.

Pour conclure, nous disons que la purgation drastique est un moyen thérapeutique qu'il ne faut pas omettre en médecine vétérinaire, car c'est le seul moyen de détruire réellement la véritable cause de la maladie. En admettant également le système Raspail, comme salutaire, la purgation drastique ne s'en présente pas moins en première ligne, comme étant le plus certain de tous les vermifuges ; elle n'expulse pas seulement les vers intestinaux, mais encore ceux qui peuvent exister dans les vaisseaux, dans les canaux biliaires, dans les bronches, etc. Nous croyons en avoir assez dit pour convaincre les personnes les plus incrédules.

Ce que nous avons dit des purgatifs, relativement au cheval, peut également s'appliquer à l'espèce bovine et à l'espèce ovine, en modifiant toutefois pour cette dernière, les proportions.

La différence de force et de sensibilité qui existe entre les animaux, nous a fait diviser les purgatifs en 4 numéros, ou 4 degrés ; le premier degré est plus fort que le deuxième et le troisième plus fort que le quatrième. On ne doit employer le premier degré qu'après un mûr examen de la force de l'animal ; on ne doit en faire usage que sur les gros chevaux et sur ceux qui sont difficiles à purger ; le deuxième degré est destiné aux gros chevaux ; le troisième degré convient aux chevaux de taille ordinaire, et le quatrième degré aux chevaux petits, très-jeunes, très-vieux, ou valétudinaires.

Lorsque l'on n'a pas encore purgé un cheval, que l'on ne connaît pas sa sensibilité, il faut commencer par le n° 4.

La médecine pouvant attaquer le système nerveux des chevaux vifs, pétillants et coléreux, on doit, dans la crainte d'accidents, employer les plus faibles médecines pour commencer. C'est une mesure de prudence qu'on ne saurait trop recommander.

Remèdes Prophylactiques, ou Remèdes pour conserver la santé des animaux.

Purgez une ou deux fois par an, selon que vous croirez que les animaux ont une plus ou moins grande quantité d'humeur et de fluides étrangers. Donnez au cheval tous les mois, pendant 3 jours de suite le matin, à jeun, dans une ou deux jointées de son humecté d'eau douce, 80 ou 60 grammes de foie d'antimoine et le double à peu près de poudre d'absinthe, le tout bien mêlé; pour le bœuf, 80 grammes environ de foie d'antimoine et le double de

poudre d'absinthe, dans quatres jointées de son ;
pour la vache, même quantité que pour le cheval ;
pour le mouton et la brebis, 15 à 30 grammes de
foie d'antimoine et de 30 à 60 grammes de poudre
d'absinthe.

Les remèdes ci-dessus indiqués peuvent être
remplacés par la poudre diurétique vermifuge, ou
poudre B ; pour le cheval et la vache, la dose est
de 30 à 60 grammes ; pour le bœuf, de 80 grammes
environ ; pour les moutons, tous les deux mois seulement, de 15 à 30 grammes, l'usage en doit être
continué au moins pendant 5 jours. Cette poudre
étant donnée aux moutons tous les deux mois, on
peut se dispenser de les purger suivant les indications ci-dessus.

CHAPITRE IX.

—

De la maladie et de ses causes les plus ordinaires. — Description et traitement des maladies du Cheval, de l'Ane et du Mulet. — Opération de la Castration.

De la maladie et de ses causes les plus ordinaires.

La maladie est l'état opposé à la bonne santé ; on peut encore la définir ainsi, la quasi suspension de quelques organes fonctionnaires ; c'est avec intention que nous employons ce mot quasi, car un organe n'a pas besoin d'être tout-à-fait arrêté pour que l'animal soit malade ; il suffit seulement qu'il y ait ralentissement dans ses fonctions normales.

La mort naturelle, c'est-à-dire la mort non prématurée, est l'arrêt général des organes vitaux ou fonctionnaires. La mort prématurée est celle qui arrive faute d'avoir pu ou su guérir à temps une maladie curable, lors de son origine ou des accidents qui en ont été la cause.

La cause de la majeure partie des maladies, surtout des maladies internes, est la surabondance ou la mauvaise qualité de la bile, des humeurs et des glaires et à toute chose égale, d'ailleurs il est tout-à-fait rare que la bile soit surabondante et de mauvaise qualité sans que les humeurs soient aussi en trop grande quantité et de mauvaise nature, et *vice versâ*. Ces ennemis de la santé peuvent, d'un moment à l'autre, faire suspendre les fonctions de plusieurs organes. En supposant qu'il n'y en ait qu'un, est-il admissible qu'il puisse être suspendu ou ralenti, sans que les autres organes s'en ressentent? Non, cela n'est pas plus possible que de faire marcher régulièrement une pendule dont tous les rouages sont encrassés ou supprimés en partie.

Les mauvaises humeurs ne manquent jamais d'engendrer une plus ou moins grande quantité de vers, qui ont d'autant plus de vigueur et de force perturbatrice et destructrice, que les humeurs sont abondantes et mauvaises. Les vers trouvent là une bonne nourriture, et aussi dans le corps du quadrupède comme dans celui de l'homme, des endroits pour se mettre à l'abri des effets de beaucoup de médicaments, dits anti-vermineux; il n'est pas toujours facile de les détruire sans expulser la masse des mauvais fluides et des humeurs; d'ailleurs, à quoi servirait de chercher à détruire ces rongeurs de vie sans détruire la cause de leur existence? Ce serait vouloir s'amuser de la maladie de l'animal; toutefois, il est bon de donner de temps en temps des anti-vermineux aux animaux, pour empêcher les vers de se multiplier, et d'être ainsi la cause d'une maladie qui pourrait être mortelle. Il est plus facile de donner 50 anti-vermineux que de purger une fois, quoique ce dernier moyen soit préférable à l'autre; mais l'odeur de certains médicaments anti-vermineux peut empêcher ou du moins retarder la trop grande corruption des fluides et des humeurs, ce qui peut être très-utile au début d'une maladie, pour ne pas avoir à combattre deux causes différentes. Les lésions qu'occasionnent les vers, sont souvent un grand obstacle à la guérison parfaite d'une maladie et on ne peut garder long-temps un animal valétudinaire.

Il est utile de faire remarquer que tous les animaux ont des vers, ils en ont même alors qu'ils paraissent être dans le meilleur état de santé, seulement ils sont plus ou moins dangereux.

Le cheval, le bœuf, le taureau, le mouton, la brebis et le chien sont les animaux chez lesquels les vers font le plus de ravage; le jeune chat, le mulet, l'âne, la chèvre et le cochon sont moins exposés à en avoir, parce que chez ces animaux les fluides et les humeurs se corrompent plus difficilement; mais aussitôt que les humeurs ne conservent plus leur état normal, la corruption est beaucoup plus rapide et la destruction est presque instantanée.

Les nombreuses autopsies et les observations à l'aide du microscope que nous avons faites sur toutes sortes d'animaux, sont les meilleures preuves que nous puissions fournir aux personnes qui seraient disposées à contredire notre système.

Nous le répétons, en terminant cet article, les purgatifs drastiques sont les meilleurs, et ceux qui doivent être donnés de préférence; leur vertu n'est pas seulement de détruire les vers qui se réfugient dans les intestins, mais encore tous ceux qui peuvent exister dans les bronches, dans les vaisseaux et dans les canaux biliaires. Ce médicament détruit donc du même coup les deux causes principales de presque toutes les maladies.

Description et traitements des maladies du Cheval.

ABCÈS.

L'abcès, ainsi que toutes les tumeurs semblables, provient ordinairement d'une plaie ou de quelque coup violent; il peut encore être occasionné par la mauvaise qualité des humeurs et des fluides. La grosseur d'une tumeur et la douleur qu'elle peut causer, ne doivent jamais inquiéter sérieusement.

Si on présume que la tumeur provient d'un coup ou d'un dépôt de plaie mal traitée, on doit la graisser au milieu, deux fois par jour, avec un peu de basilicum; quand la tumeur est suffisamment mûre, elle devient un peu pointue et molle au milieu; on prend alors un instrument tranchant, un rasoir ou un bistouri, et on la fend en croix à l'endroit où elle fait la pointe, en ayant soin de bien presser les bords, pour en expulser tout le pus; quand on est assuré qu'il ne reste plus d'humeur dans l'abcès, on prend des étoupes fines, on les arrose de quelques gouttes d'alcool camphré, on les charge ensuite de basilicum et on les introduit le plus avant possible dans le trou de l'abcès.

Ce pansement se renouvelle deux fois par jour; on frictionne autant de fois les parties enflammées avec de l'eau-de-vie camphrée n° 3 ou n° 2, selon la sensibilité de l'animal. Pour les bœufs, il faut le n° 1.

Quand la suppuration a cessé, on panse alors la plaie qui en résulte avec un mélange d'eau-de-vie camphrée n° 3 et d'eau ordinaire.

Si l'on présume que cet abcès soit causé par une

surabondance d'humeurs viciées, il faut alors purger une ou deux fois, suivant les indications prescrites plus haut. Un séton posé sur la partie du corps la plus éloignée de l'endroit malade, peut encore donner de bons résultats. Deux sétons et la poudre B, donnée pendant quelques jours, peuvent admirablement contribuer à la curation de ces sortes d'affections.

On peut facilement savoir si l'abcès a été causé par une trop grande quantité d'humeurs viciées, si le cheval a eu antérieurement plusieurs autres dépôts d'humeurs, sans en avoir connu la cause extérieure, ou bien encore s'il se déclare presque en même temps des abcès sur plusieurs parties du corps, sans causes externes ; il est alors certain que tous ces dépôts prennent leur source dans la masse d'humeurs viciées.

ALLONGE (Voyez Entorse).

AMPUTATION.

Nous ne parlerons ici que de l'amputation de la queue, les autres opérations étant dangereuses ou inutiles, si l'on veut suivre exactement notre méthode.

L'amputation de la queue consiste à en retrancher un ou plusieurs nœuds, à l'aide d'un instrument tranchant nommé coupe-queue, mais on se sert plus particulièrement du boutoir. Pour opérer avec cet instrument, on place la partie tranchante au-dessous de la queue, après avoir préalablement coupé les crins susceptibles d'embarrasser, et on frappe dessus un fort coup à l'aide d'un morceau de bois pesant. Si l'amputation est faite dans l'intention de produire une saignée, on a soin de bien retrousser les crins afin qu'ils n'embarrassent pas et ne puissent nuire à la saignée. Si la saignée s'arrêtait ou que le sang ne sortît que très-lentement, il suffirait, pour le mieux faire sortir, de frapper le bout de la queue avec un morceau de bois un peu plat. Quand on a la quantité de sang voulue, on cautérise le bout de la queue avec un fer rouge, ou un brûle-queue, ou bien encore on lie le bout de la queue avec une ficelle que l'on retire deux ou trois heures après, mais cette saignée s'arrête ordinairement seule.

Si l'on veut que le cheval porte sa queue avec plus de grâce, on la lui coupe à l'anglaise. Voici en quoi consiste cette opération, qu'il est bon de faire précéder de deux jours de purgation et de deux ou trois jours de régime délayant, pour éviter tous les accidents qui arrivent trop communément ; en prénant toutes ces précautions, on ne peut rien craindre et en supposant un sujet fort irritable même, l'opération n'est jamais suivie d'inconvénients.

Après avoir noué les crins, mis les entraves aux pieds de derrière, et posé un torche-nez, on fait tenir perpendiculairement la queue par un aide et avec un instrument tranchant, dont la lame a la forme d'une serpette, on peut aussi se servir du bistouri ou d'un rasoir. On fait la section des deux muscles abaisseurs, qui doivent sortir en partie par chaque incision, sauf les deux dernières; ces incisions doivent être au nombre de cinq ou six de chaque côté; les deux premières à quelques centimètres de l'anus, car plus près on pourrait attaquer le ligament suspenseur de l'anus, et les suivantes à pareille distance les unes des autres.

On coupe chaque partie de chair sortante, puis on fait rentrer l'animal à l'écurie, pour lui mettre la queue au rouleau, c'est-à-dire que l'on met au-dessus de la croupe du cheval un rouleau de bois qui doit tourner avec facilité; à un mètre environ en devant de ce rouleau, on met une poulie, dans laquelle on fait glisser une corde que l'on attache aux crins du bout de la queue; on passe ensuite cette corde sur le rouleau, après quoi on attache au bout 5 à 6 kilogrammes en poids d'un demi kilogramme, autant que possible, pour pouvoir en retirer à volonté. Il faut faire en sorte que la corde soit assez longue pour permettre au cheval de se coucher facilement, sans qu'il soit retenu par la queue; c'est une des plus grandes précautions à prendre.

On laisse le cheval dans cette position jusqu'à ce que les plaies soient à peu près guéries.

Il pourrait arriver qu'en faisant la section des muscles abaisseurs, que l'on coupe l'artère coccygienne; on peut s'en apercevoir à la sortie du sang, qui a lieu par jets; quand il en est ainsi, on prend une poignée de suie de cheminée et une suffisante quantité de fort vinaigre pour former un onguent épais; on en met une certaine quantité sur un tampon d'étoupe et on l'applique sur l'ouverture de l'artère, en ayant soin de maintenir cet appareil à l'aide d'une bande de toile qu'on lie sur le dessus de la queue; huit ou dix heures suffisent pour arrêter l'hémorrhagie; on peut donc lever l'appareil au bout de ce temps.

Traitement.

On met dans chaque incision des étoupes trempées dans de l'eau-de-vie camphrée n° 3, et maintenues par une bandelette de toile ; on renouvelle ce pansement le matin et le soir ; on donne au cheval, deux ou trois fois par jour, des lavements en eau de son vinaigrée, un verre dans chaque lavement ; pour toute nourriture, de la paille de froment et du son mouillé avec un peu d'eau tiède ; on peut y ajouter un peu de sel de nitre, 30 à 50 grammes par jour ; l'été, on expose l'eau au soleil seulement. S'il survenait de l'inflammation, il faudrait débarrasser la queue et bassiner la partie malade avec de l'eau et une partie égale d'extrait de saturne, et faire un séton au poitrail. Dans cette circonstance, il faut éviter les saignées, qui sont toujours nuisibles.

ANGINE, ESQUINANCIE, MAL DE GOSIER.

On distingue plusieurs sortes d'*esquinancies*, l'esquinancie *pharyngée*, c'est-à-dire celle qui affecte le pharynx ; *laryngée*, quand elle affecte le larynx ; *œsophagienne*, quand elle attaque l'œsophage ; *parotidienne*, quand les parotides en sont le siége.

Quelque soit la partie du corps où se produise la fluxion, cette maladie est toujours engendrée par les mêmes causes, qui sont la dépravation des humeurs et une plus ou moins grande quantité de bile de mauvaise nature. On croit communément que les grains chauds, le passage subit du chaud au froid, le froid subit et glaçant d'une eau de puits ou de source, les courses rapides, la dentition ; les corps qui s'implantent dans les parois de l'œsophage au moment de la déglutition, sont les causes de cette maladie.

Nous avouons que toutes ces causes doivent être de grands et dangereux auxiliaires qu'il faut le plus possible éviter, mais nous croyons aussi que ce ne sont pas là les seules causes. Si les humeurs et la bile étaient de bonne qualité, toutes les autres causes ne pourraient produire que peu d'effet. Les corps étrangers qui pourraient s'implanter dans les parois causeraient beaucoup d'irritation, une énorme sensibilité, une dangereuse inflammation, sans doute, mais ils ne pourraient produire l'angine ; nous sommes d'accord sur cette question avec les meilleurs vétérinaires.

Il est facile de reconnaître cette maladie par les symptômes suivants : le cheval a beaucoup de peine à respirer quand le larynx est attaqué ou beaucoup de peine à avaler quand au contraire c'est le pharynx ; il existe un gonflement flegmoneux au gosier, souvent aussi il y a inflammation des glandes maxillaires, situées sous la portion de la mâchoire inférieure, communément appelée *ganache* ; inflammation des parotides, plus connues sous le nom d'*avives*; grande pesanteur de tête, difficultés de tourner la tête d'un côté ou d'un autre ; frisson, fièvre violente, quelquefois ; les oreilles et les extrémités sont très-chaudes, les flancs agités et plus ou moins retroussés, le chaud et le froid se succèdent souvent, etc.

Curation.

Diète absolue, et quand on le peut, séparation des bêtes malades de celles qui ne le sont pas. Bien bouchonner les quatre jambes de l'animal et les reins, et deux ou trois heures après, lui faire une saignée, au plat des cuisses en dedans; lui laver 5 ou 6 fois par jour les parties enflammées avec de l'eau-de-vie camphrée n° 2; lui donner des lavements en savon n° 2, lui gargariser la bouche avec l'eau-de-vie camphrée n° 3, lui faire boire de l'eau nitrée camphrée, 8 litres par jour, eau blanche à volonté; le laisser ensuite 5 ou 6 heures sans rien prendre; au bout de ce temps, lui donner la purgation n° 3, et 24 heures après que cette médecine a produit son effet, lui en redonner un autre; graisser trois ou quatre fois par jour, avec de l'onguent basilicum, la partie enflammée qui pourrait tourner en abcès.

L'animal, ainsi traité, entrera bientôt en convalescence ; alors on lui donnera des lavements deux ou trois fois par jour, pendant 5 ou 6 jours, et comme nourriture, de la paille de froment, du son mouillé d'eau tiède, de l'eau blanche à volonté et de l'exercice par un temps doux. Dès que l'on aperçoit l'humeur, on opère comme il est dit pour l'abcès.

L'esquinancie, dite *gangréneuse*, est presque toujours meurtrière ; il faut moins saigner que pour les autres, mais purger davantage ; donner de l'eau acidulée camphrée, passer deux sétons à la poitrine et deux vésicatoires aux ars. Ces moyens sont ceux qui réussissent le plus souvent (1).

---

(1) En 1848, chez M. Prévost, propriétaire-cultivateur à Vaujuraine (Aube), j'ai fait de larges saignées dès le début d'une esquinancie qui me paraissait vouloir faire de grands ravages avec une rapidité extrême ; cependant quelques heures ont suffi pour me faire espérer la guérison. Par exemple, à 5 heures, à 7 heures et à 10 heures du matin, j'ai tiré à chaque fois à peu près trois litres et demi de sang au col ; à 2 heures de l'après-midi le cheval était bien faible, mais le danger moins grand. A 5 heures il avait pris une assez grande quantité de boissons douces camphrées, un verre d'alcool camphré dans 10 litres d'eau, et une grande quantité de lavements en savon ; je l'ai trouvé un peu mieux qu'à 2 heures. Le lendemain matin je l'ai purgé, il rendit, 15 ou 18 heures après la prise de la purgation, une énorme quantité de fluides bilieux, mélangés de matières glaireuses ; le quatrième jour le cheval était dans un état très-satisfaisant. (*Note de l'auteur*).

ANKYLOSE.

Quand la sérosité s'infiltre dans la substance des os, elle cause des exostoses et donne lieu à la formation de l'*ankylose vraie*; lorsqu'elle se rassemble dans les parties charnues et tendineuses, elle produit la *fausse ankylose*, la seule qui laisse, en médecine vétérinaire, quelque espoir de guérison, quand la cause n'est pas une détérioration de la partie attaquée.

Symptômes.

Le cheval, ou tout autre animal, qui a une ankylose, a les mouvements des os qui composent une articulation, vraiment gênés; il y a inflammation de la partie, sans grande sensibilité.

Curation.

Friction à la pommade mercurielle, onguent mercuriel double, trois fois par jour pendant trois jours; ensuite, friction à l'eau sédative n° **2**, trois fois par jour pendant trois jours, et on continue le traitement par les frictions d'extrait de saturne, mélangé par moitié d'eau ordinaire. Dès le commencement du traitement jusqu'à la fin, on doit donner de l'exercice au cheval avec modération, toutefois, au bout de douze ou quinze jours de traitement, il est bon de purger deux ou trois fois ; une saignée à la pince du même côté, serait aussi très-utile. Si l'ankylose date déjà de quelque temps, on ne doit pas tenter de curation, car tous les efforts que l'on ferait seraient infructueux. Généralement, on traite plus les animaux par intérêt que par compassion, et on calcule ordinairement si la nourriture et les soins que l'on donne pendant la maladie, n'absorbent pas sa valeur. Or, en cherchant à guérir l'ankylose vraie, ce qui n'est pas possible, ou la fausse ankylose déjà ancienne, on peut dépenser beaucoup plus que la valeur de l'animal, tant en nourriture qu'en médicaments, etc. Si quelques personnes voulaient faire des essais de guérison, il vaudrait beaucoup mieux les tenter sur certaines maladies susceptibles de guérison, que pour l'ankylose. Ces expériences sont inutiles pour la pratique vétérinaire.

ANASARQUE.

L'*anasarque* est un gonflement et une tuméfaction générale du dessous du ventre, et quelquefois de tout le corps. Cette maladie est une infiltration séreuse ou séro-puculente qui se fait dans le tissu cellulaire sous-cutané ; c'est enfin l'hydropisie de ce tissu. L'anasarque diffère de l'œdème par son volume et sa gravité. Nous avons vu des gonflements d'anasarque très-volumineux ; tout le dessous du ventre, à partir des testicules jusque entre les jambes du devant, la poitrine, le cou, la tête, les jambes de devant jusqu'au scapulum (omoplate), les jambes de derrière jusqu'aux os pubis, être considérablement gonflés. Ces sortes d'anasarques sont heureusement rares, mais quand elles existent, elles sont toujours mortelles.

Les parties affectées de cette maladie perdent leur souplesse et leur élasticité. Elles sont molles, pâteuses au toucher et, comme dans l'œdème, elles conservent l'impression des doigts qui les ont comprimées ; il arrive cependant qu'une pression des doigts ne laisse aucune trace à cause de la dureté de la peau, mais ce cas est rare ; quoi qu'il en soit, la peau est extrêmement tendue, plus ou moins lisse, et laisse échapper la sérosité par les pores. Dans quelques circonstances, on remarque des bulles remplies de liquides séreux.

En général, les animaux atteints de cette maladie ont toutes les parties malades sans aucune chaleur ;

on doit donc entretenir autour d'eux une température douce par des moyens artificiels.

Les symptômes généraux qui accompagnent l'*anasarque*, sont : la perte des forces et de l'appétit, la soif, l'oppression, la diminution des urines, ordinairement peu de fièvre et de souffrances aiguës.

Les obstacles à la circulation, une maladie du cœur, des gros vaisseaux, tous les troubles de la circulation et de la respiration sont autant de causes qui prédisposent à l'anasarque. On pourrait aussi, avec raison, citer la disparition trop prompte d'une affection de peau, l'arrêt d'une transpiration habituelle, d'un exanthème, d'une dartre, un refroidissement subit lorsque le corps est en sueur, la trop prompte suppression d'anciennes suppurations, les hémorrhagies, les saignées trop abondantes, l'habitation des localités basses et humides.

Nous croyons encore pouvoir ajouter à toutes ces causes, les suivantes : les mauvais traitements, les habitudes changées trop brusquement.

Les bestiaux que l'on force à boire par toutes sortes de moyens, sont presque toujours atteints d'une anasarque mortelle. Toutes les analyses, les remarques, les observations et les autopsies que nous avons pu faire à la suite de cette maladie, nous ont convaincu que l'anasarque provoquée par l'excès de boisson est incurable.

Le phénomène de la diminution des urines, comme symptôme de la maladie de l'anasarque, s'explique difficilement, mais cependant si on observe bien les changements qui se font dans les urines, alors que le corps perd beaucoup ou par les sueurs ou par les selles, comme la diarrhée, par exemple, on peut penser que les sécrétions rénales sont diminuées, attendu que les reins reçoivent moins de sang ; ou bien encore que ce sang est altéré dans sa composition et ne contient qu'une faible quantité d'éléments d'urine.

Les saignées étant presque toujours mortelles, on doit les éviter.

Au début de la maladie, il faut purger le sujet trois fois successivement, en tenant compte du temps nécessaire pour que chaque médecine produise son effet ; mettre ensuite le cheval à une température douce ; le bouchonner souvent, et partout le corps, lui donner chaque matin, à jeûn, dans une petite jointée de bonne avoine bien sèche, une petite jointée de son et une poignée de bon froment, le tout humecté d'eau tiède, une cuillerée de fine limaille de fer, une cuillerée de fleurs de soufre et une cuillerée à café d'émétique, une cuillerée à café de sulfate de fer, vitriol vert, le tout bien mélangé ;

pour boisson, de l'eau blanche nitrée, 50 grammes par seau ; pour nourriture, de la paille et du foin de bonne qualité, mais en petite quantité ; faire quelques incisions aux parties gonflées, mettre deux cuillerées de vitriol vert dans un litre de vinaigre fort, remuer le tout quelques instants, verser ensuite le mélange dans un vase quelconque, y ajouter une quantité suffisante de blanc d'Espagne gratté, remuer le tout jusqu'à ce que le mélange soit bien fait, prendre un assez gros linge de toile et frotter les parties gonflées trois fois par jour. Les frictions doivent être réitérées. Pour les frictions occasionnées par cette maladie, on emploie jusqu'à 40 litres de la préparation ci-dessus décrite. La promenade trois fois par jour, au moins, est de toute nécessité, mais toujours par une température douce.

L'anasarque est souvent accompagnée d'*anémie*. (Voir ci-après ce qui concerne cette maladie).

ANÉMIE.

L'*anémie* est l'effet de la rareté et du manque de sang. On reconnaît l'anémie à l'extraction tout-à-fait facile des crins et du poil ; à la pâleur de la muqueuse de l'œil et de la bouche. Le blanc de l'œil devient mat et terne, l'animal n'a pour ainsi dire aucune force, les membres sont souvent engorgés. Un des signes les plus caractéristiques de cette maladie, est la force prédominante de la matière séreuse du sang, sur la matière colorante. Le foie est souvent gonflé et douloureux.

Traitement.

Purgez d'abord l'animal deux fois successivement, traitez les parties gonflées comme il est dit à l'article *anasarque*, exposez-le à la même température, ne donnez à boire à l'animal que de l'eau ferrée, quoiqu'il boive peu, donnez-lui tous les matins, pendant une quinzaine de jours, et à jeûn, une bonne cuillerée de limaille de fer et une cuillerée à café de vitriol vert dans une jointée de son humecté d'un peu d'eau douce, une jointée d'avoine et une poignée de froment; comme autre nourriture, du bon foin, en petite quantité à la fois, mais souvent; on peut aussi lui donner, de temps en temps, du sainfoin, de la luzerne, du trèfle ; de l'avoine, 5 ou 6 fois par jour, mais séparément, on peut ajouter à l'avoine, quelques grains de froment; deux fois par jour du miel et de la farine de froment, mêlés par moitié. Au bout de quinze jours, et pendant cinq ou six jours, on peut donner la poudre diurétique apérative vermifuge, et une demi-heure après, un litre de vin rouge camphré, 3ᵉ degré, et toujours la même nourriture ; de temps en temps, un litre de bon vin rouge dans lequel on aura fait infuser, pendant 48 heures, une pincée d'absinthe et autant de feuilles de sauge, et dissoudre la grosseur d'une noix de thériaque vétérinaire ; de temps en temps aussi de la limaille de fer et de l'eau ferrée, qui s'obtient en mettant deux poignées de clous rouillés dans un seau d'eau toujours plein. Pendant tout le temps du traitement, la promenade est nécessaire, mais par un temps doux, sec et l'animal bien couvert.

Pour sortir le cheval de son régime, il faut prendre beaucoup de précautions et ne le faire travailler que tout doucement d'abord et tous les deux ou trois jours ensuite, en augmentant progressivement jusqu'à son entière guérison, en le laissant reposer un jour par semaine au moins et ne pas le brusquer en le conduisant. Au bout de quinze jours de travail on peut le purger deux fois et le laisser reposer 5 ou 6 jours. En prenant toutes ces précautions. on peut espérer une guérison complète de l'anémie.

ANOREXIE ou perte de l'appétit.

L'*anorexie* est la perte de l'appétit, sans symptômes fébriles et sans troubles généraux. L'animal qui en est atteint, conserve presque toujours sa gaîté, sa vivacité, seulement son poil est quelquefois hérissé; il sent ordinairement mauvais de la bouche, il a la langue blanche, un peu mousseuse, sans cependant baver; il flaire souvent les aliments, mais il n'y touche pas, ou en mange très-peu et avec indifférence et lentement; souvent aussi, après les avoir mâchés, il les conserve long-temps dans sa bouche, et il les rejette en remuant continuellement la langue et en secouant la tête. Les effets qu'il ressent sont identiques à ceux que nous ressentons quand nous mettons quelques aliments de mauvaise qualité dans notre bouche et que nous éprouvons de la répugnance, ce qui nous force à cracher après la moindre mastication.

La cause de cette maladie est une plénitude humorale que deux purgations successives font disparaître en très-peu de temps et qui évitent plusieurs maladies dangereuses.

ANTHRAX MALIN ou Charbon.

Le *charbon* est une des plus terribles maladies qui frappent l'espèce humaine et les animaux, mais elle est plus fréquente chez les animaux, et surtout sur l'espèce bovine.

Le *charbon* est ordinairement caractérisé par une tumeur volumineuse et qui cause beaucoup de douleur. Sur le milieu de la tumeur, il existe une tache noire entourée à sa base par une auréole d'un rouge vif, qu'il est facile de distinguer en soufflant sur la partie attaquée, pour déranger les poils.

La principale tumeur charbonneuse, est quelquefois précédée ou accompagnée de plusieurs pustules livides qui laissent échapper un liquide corrosif déterminant sur les parties qu'il touche une chaleur fort sensible, douloureuse, dangereuse et contagieuse. Les parties envahies par la tumeur sont promptement gangrenées.

Le *charbon* peut se développer spontanément ou par contagion ; un coup, une piqûre, peuvent le produire instantanément ; en général, les tumeurs charbonneuses sont occasionnées par la décomposition générale des fluides, et ce n'est souvent que cette décomposition qui menace la vie.

13

Cette terrible maladie peut être aussi sporadique, enzootique ou épizootique ; dans toutes circonstances, elle peut se communiquer aux animaux de toute espèce et même à l'homme, par contact médiat ou immédiat.

Plusieurs auteurs citent comme causes qui peuvent déterminer cette maladie, les vicissitudes des saisons, les longues sécheresses ou les pluies abondantes, l'usage d'aliments avariés, l'eau altérée, la malpropreté des écuries, les travaux forcés et autres causes susceptibles d'appauvrir l'économie, de modifier profondément la circulation et la nature des liquides et des fluides, etc. En admettant comme vraies toutes ces considérations, nos contradicteurs reconnaissent enfin l'altération des liquides et des fluides et par cela même la nécessité d'employer les purgatifs pour débarrasser le corps des animaux des causes qui produisent des effets aussi terribles. Si des circonstances ignorées ont été la cause de l'altération des fluides et de l'encrassement des organes, il faut que des moyens thérapeutiques appropriés à ces causes, viennent les remettre dans leur état normal.

Sur la surface du corps, le charbon se montre presque toujours subitement. La tumeur est dure, rénitente et présente un bourbillon à son centre ; la douleur est excessive ; la chaleur, d'abord peu

marquée, devient âcre, et quand la tumeur est parvenue à son plus haut degré d'accroissement, la
chaleur et la douleur cessent, et le sphacèle se manifeste par des phlyctènes, par l'insensibilité et le
refroidissement de la partie attaquée.

D'autres fois, le charbon se présente sous la
forme de tuméfaction qui acquiert promptement un
développement considérable, bientôt suivi de la
mort de l'animal. Quand les progrès de la maladie
sont arrivés à ce point, la tumeur cède à la pression
et fait entendre la crépitation de l'emphysème.

Quand le charbon se déclare sur les membres, il
fait boiter l'animal. Celui qui vient à la cuisse, est
connu sous le nom de *trousse-galant*. L'infiltration
fait de rapides progrès, et l'animal meurt en moins
de 24 heures. Quand le charbon se développe dans
le pied, il occasionne la chute du sabot et l'animal
est enlevé plus rapidement encore. Ce genre de
charbon provient de piqûres et d'enclouures. Le
charbon de la bouche est connu sous le nom de
glossanthrax, de chancre volant. C'est une espèce de
pustule maligne qui affecte la langue et le palais ;
quand il se produit, la langue tombe en lambeaux ;
la gangrène gagne toutes les parties de la gorge, le
larynx, le pharynx, etc., et la mort de l'animal est
presque instantanée.

Une fièvre, dite *charbonneuse*, précède quelquefois

les tumeurs; d'autres fois elle ne se déclare que lorsque les tumeurs ont atteint la moitié de leur grosseur. Au commencement de cette cruelle maladie, l'animal a les yeux ardents, très-enflammés, hagards, le pouls accéléré, mais tous ces symptômes ne durent que peu de temps, bientôt les forces sont anéanties, le pouls est presque effacé, lent et intermittent, les yeux sont abattus, un relâchement et un abattement général se font remarquer dans toute l'économie; sur les derniers moments, les forces se raniment, mais pour s'éteindre complètement quelques instants après.

Traitement.

Plusieurs auteurs recommandent la saignée, d'autres la défendent; nous sommes de l'avis de ces derniers, et nous croyons qu'elle ne peut être que nuisible.

Aussitôt que la maladie se déclare, purger deux fois successivement, activer les effets de la purgation par des lavements en savon, mettre l'animal à une température modérée, et l'éloigner immédiatement des animaux sains.

Il faut éviter toute espèce de contact avec les animaux affectés de cette maladie si on a quelque coupure ou égratignure aux mains, car on s'inoculerait la maladie promptement; si un pareil malheur arrivait, il faudrait cautériser de suite la plaie avec un morceau de fer chauffé à blanc et se purger au moins deux fois, en commençant par un vomitif, et boire ensuite de l'eau-de-vie mêlée d'eau pure par moitié; après les effets de la dernière purgation, on peut ajouter, par chaque demi-litre, une cuillerée à café d'alcool camphré. En prenant ces précautions, on ne court aucun danger.

Si la tumeur charbonneuse contient un bourbillon, il faut l'enlever à l'aide d'un instrument tranchant et cautériser la plaie qui en résulte avec un fer chauffé à blanc, ou avoir recours aux cautères en pointe, et appliquer dessus un plâtre de basilicum saupoudré de cantharides, qu'on laisserait pendant 12 ou 15 heures, après lesquelles on pourrait l'enlever et panser la plaie avec l'onguent basilicum simple, en ayant bien soin de lotionner les environs de la plaie avec de l'eau-de-vie ammoniacalisée camphrée n° 2, deux ou trois fois par jour.

Si au bout de 5 ou 6 jours la plaie ne fournissait que peu d'humeur, on y appliquerait des étoupes trempées dans de l'eau-de-vie camphrée, maintenues par une bande de toile.

Le charbon se montrant sous la forme de tuméfaction plus ou moins grande, doit-être fendu en croix, plus ou moins profondément, selon la place ou naît la tumeur ; on doit frotter la plaie qui en résulte avec un linge trempé dans de l'eau-de-vie ammoniacalisée camphrée n° 1, puis frotter suffisamment pour donner écoulement au liquide infiltré, et aussi pour changer le mode de vitalité de la partie. Il est souvent urgent de cautériser avec le cautère en pointe, tout autour de l'inflammation et d'appliquer sur la partie de fortes compresses d'eau-de-vie camphrée.

Le charbon de l'intérieur du sabot réclame l'enlèvement de la portion de corne que recouvre le mal et de toutes les parties sphacelées, puis le pansement comme il est dit ci-dessus.

Le glossanthrax ne peut être confondu avec le *chancre*, attendu que celui-ci peut exister plusieurs semaines sans qu'il en résulte de bien graves accidents.

On doit aussi prendre de grandes précautions pour cette dernière maladie, afin d'éviter la gangrène. Les animaux atteints meurent en quelques jours, tandis que le glossanthrax ne dure que quelques heures ; on s'aperçoit toujours trop tard de son arrivée pour pouvoir en obtenir la guérison parfaite, il faut immédiatement scarifier la langue et les tumeurs, enlever les parties gangrenées et lotionner deux fois dans la même journée les parties malades avec de l'alcool camphré, trois fois avec de l'eau-de-vie ammoniacalisée camphrée n° 3, et ensuite avec du vinaigre salé seulement. On doit toujours commencer les traitements de cette maladie par la purgation et éviter les saignées. Autant d'animaux saignés, autant de sacrifiés, lorsque la saignée est pratiquée au début de la maladie; on ne doit saigner qu'au moment de la guérison.

Le charbon régnant d'une manière épizootique, il ne faut pas attendre que les animaux en soient atteints pour les purger; il faut d'abord le faire deux fois, ensuite parfumer l'écurie deux fois par semaine, les bien panser, ne pas laisser de fumier sous eux, leur donner à boire en temps utile et tous les matins à jeûn, un litre d'eau camphrée; plus tard, un demi-litre de vin camphré n° 1; de temps en temps, tous les deux jours par exemple, un ou deux lavements de tabac n° 2, selon la force, de bonne nourriture, et les faire travailler sans les fatiguer. (Voyez *Epizootie*).

ANUS (Dilatation de l').

Cette maladie vient ordinairement à la suite d'un long dévoiement, d'un grand échauffement et d'autres causes capables de relâcher les muscles de l'anus. Il y a beaucoup d'exemples de chevaux ayant l'anus très-relâché et une grande extension de muscles, se remettre parfaitement.

Bien que cette maladie ne soit pas dangereuse, elle fait cependant souffrir l'animal qui en est atteint et ne laisse pas que d'être très-désagréable pour le propriétaire.

Curation.

Il faut faire des fomentations émollientes, décoction de mauve, ensuite substituer une infusion de fleurs de sureau dans du gros vin rouge.

Anus (Fissures, Gersures, Crevasse à l').

Tous les vétérinaires ont dû remarquer, dans la pratique, des chevaux atteints de fissure à l'anus, toujours accompagnée de constriction du rectum. Cette maladie, quelquefois imperceptible à l'œil, même au toucher, cause d'horribles souffrances à l'animal, principalement au moment de la sortie des excréments.

On confond quelquefois cette maladie avec la *fistule.* Le cheval qui en est atteint piétine des deux pieds de derrière, il hausse le dos, lève la queue et la rabaisse plusieurs fois avant la sortie de la fiente, qui, arrivée à l'orifice du rectum, lui occasionne des douleurs tellement insupportables, qu'il se tord comme s'il avait des coliques.

M. Boyer, célèbre praticien en médecine humaine, le premier qui ait fait connaître cette affection, conseille l'incision dans la fissure même. Nous avons plusieurs fois pratiqué ces incisions, sans avoir obtenu beaucoup de succès ; nous avons eu recours à d'autres moyens thérapeutiques plus praticables et plus efficaces, que nous allons indiquer.

Quand nous sommes bien assurés de l'existence des fissures, crevasses ou gerçures, nous soumettons l'animal à un régime rafraîchissant, délayant, et au bout de quelques jours de ce régime, nous trempons des étoupes dans de l'alcool camphré et nous les introduisons dans le rectum, à l'endroit à peu près où nous présumons que ce mal existe, nous renouvelons ce pansement 4 ou 5 fois par jour pendant 2 jours, ensuite nous donnons 5 ou 6 lavements en gros vin camphré pendant 2 jours, ensuite quatre, puis trois, et nous continuons à en donner deux jusqu'à parfaite guérison.

Nous croyons utile de faire observer qu'il faut donner les lavements tièdes et le plus doucement possible; mettre le bout de la canule de la seringue tout-à-fait à l'orifice du rectum ; quand le lavement est donné, on prend deux poignées d'étoupes, que l'on roule et on les met sous la queue ; on appuie la queue assez fort, en s'y prenant de manière à ne pas se faire blesser, afin que le lavement ne sorte que quand il y a nécessité, on peut aussi faire de même quand on met les tampons trempés dans l'alcool.

Quelles que soient les douleurs que paraisse ressentir l'animal, il ne faut pas lâcher la queue et se méfier, sans s'épouvanter, de la violence de ses mouvements et de ses piétinements.

ANUS (Fistules à l').

L'anus est la région du corps où l'on observe le plus souvent les affections fistuleuses ; cela tient tout à la fois à la nature des tissus et à leur disposition anatomique. La fistule à l'anus est une perforation engendrée par un abcès qui s'ouvre et se referme plus ou moins souvent. Cette partie du corps est très-exposée à ce genre de maladie, à cause de son tissu lâche et graisseux, contenant une série de lames aponévrotiques tout-à-fait défavorables à l'entier tarissement des foyers purulents ; les abcès dont il est question, s'ouvrent à la peau, et parfois dans l'intestin. On dit une *fistule borgne,* quand elle n'a qu'une ouverture, et *fistule vraie* ou *complète,* quand elle en a deux, l'une interne au rectum, et l'autre externe à l'anus.

La maladie connue sous le nom de *fistule stercorale,* fistule à l'anus, est peu grave en elle-même ; mais elle est très-désagréable et très-difficile à guérir, et elle peut aussi amener des complications fâcheuses ; il ne faut donc rien négliger pour la prévenir. Quelques vétérinaires croient pouvoir se dispenser de faire l'opération de la fistule, qui consiste à en inciser le trajet, à raviver les bords pour en obtenir l'adhérence, principalement lorsqu'ils croient à l'existence des tubercules dans les poumons.

Dans ce cas, nous croyons que l'on a raison et qu'il est rationnel de s'abstenir de toute opération ; mais nous ne partageons pas l'opinion des praticiens qui considèrent la fistule à l'anus comme un exutoire utile dans les maladies de poitrine. Car, en supposant que la fistule produise l'effet d'un vésicatoire ou d'un séton, l'efficacité de ces exutoires pour les maladies de poitrine n'est pas démontrée. La fistule ne peut produire un effet identique au vésicatoire. Car, qu'y a-t-il dans la fistule ? Le plus souvent un trajet calleux, à surface lisse, que traversent, sans les irriter, des fluides qui doivent être rejetés et qui sortiraient par une autre voie, s'ils ne sortaient par celle-là. Or, par ce fait, il n'y a donc aucune dérivation.

Il faut se débarrasser des chevaux atteints de cette maladie, car les traitements sont beaucoup trop longs, et les cultivateurs courraient le risque, après avoir fait de grandes dépenses pour la guérison, de retarder leurs travaux agricoles.

APHTHES.

Il faut se défaire des animaux qui sont sujets aux ulcérations *aphtheuses*, c'est-à-dire qui ont presque continuellement la bouche malade. Cette maladie, très-malpropre, peut de plus ulcérer la langue jusqu'à détérioration. Dans certains cas, l'amputation de la langue a été jugée nécessaire.

Les *aphthes*, ou chancres benins de la bouche, sont des plaies blanchâtres ou brunes, livides, qui se manifestent sur la langue et dans diverses parties de la bouche. Quand cette maladie est la suite de la malpropreté du mors, ou la suite d'autres causes semblables, il suffit, pour la guérir, de frotter les aphthes avec un linge attaché au bout d'un petit bâton. On le trempe dans du vinaigre salé, 2 ou 3 fois par jour, pendant 4 jours, et ensuite dans une décoction d'orge vinaigrée et miellée.

Si cette affection provenait du mauvais état des fluides ou d'une altération particulière des humeurs, elle demanderait un traitement trop long et trop coûteux, alors il vaudrait mieux le vendre.

APOPLEXIE, COUP DE SANG.

Coup de sang. On nomme ainsi en médecine vétérinaire, un trouble subit et passager, qui affecte tout à la fois les facultés motrices et sensitives du cheval ou de tout autre animal. Sa vue semble s'éteindre, ses facultés s'anéantir, ses jambes fléchissent et il tombe comme une masse.

J'ai eu occasion, en 1846, d'acheter à Paris, pour un médiocre prix, un cheval tombé d'un coup de sang. Je l'ai tué immédiatement et j'en ai fait l'autopsie. J'ai été surpris, après toutes les recherches possibles, faites avec une attention toute particulière et à l'aide du microscope, de ne trouver qu'un engorgement à un moyen degré, et une distention des vaisseaux cérébraux, sans aucune déchirure, sans aucun épanchement. Les muqueuses étaient considérablement chargées de mucosité glaireuse. J'ai reconnu aussi que le cheval était fortement constipé, et j'ai attribué l'affection des vaisseaux cérébraux aux effets de cette constipation, qui aurait pu devenir très-opiniâtre.

Depuis, j'ai eu plusieurs fois l'occasion de traiter cette maladie, entre autres sur un cheval appartenant à M. Gogué, des Boulains, commune de Maraye-en-Othe (Aube). Ce cheval, tombé en 1849, sur la route de Saint-Mards-en-Othe à Maraye, a été traité par les émissions sanguines et les diurétiques ; quelques semaines après, le cheval fut de nouveau attaqué ; il guérit et fut encore frappé deux fois quelques semaines après, mais moins violemment. Le propriétaire ne put cependant se servir de son cheval et fut obligé de le vendre.

En 1850, j'eus occasion d'en traiter un autre, à la Bellefaytte, commune de St-Mards, chez M. Noël, dit Maringot ; ce cheval était âgé de 14 ans environ, je l'ai traité par les évacuants et les diurétiques, j'ai fort bien réussi. Il le garda encore 2 mois après, sans nouvelle attaque, seulement ses forces étaient perdues ; il eut beaucoup de peine à faire le trajet de Saint-Mards à Troyes (30 kilomètres à peu près).

Il est permis de croire que si ce cheval, malgré son âge, avait été purgé deux fois par semaine pendant un mois, les causes de son affection auraient cessé, les forces et la vigueur lui seraient revenues; à plus forte raison si l'on eut agi ainsi à l'égard du cheval de M. Gogué, et de tant d'autres beaucoup plus jeunes.

Depuis nous avons traité cette maladie par les purgatifs et les diurétiques, et non-seulement les chevaux ont toujours travaillé, mais aucune affection cérébrale ne s'est manifestée.

Cette maladie, presque toujours engendrée par les effets de la constipation, est d'autant plus dangereuse, que la constipation est plus tenace et qu'elle est produite par des causes plus ou moins graves; elle est rarement mortelle, et pourrait être guérie sans aucun traitement, mais la convalescence serait tellement longue, qu'il faudrait presque désespérer de faire travailler le cheval, qui, avec une apparence de bonne santé, tomberait sur son nez au premier élan qu'il ferait pour tirer.

Traitement.

Aussitôt que le cheval est tombé, il faut lui laver les yeux avec de l'eau fraîche et les nazeaux avec du vinaigre fort, ensuite on lui fait boire 2 litres, en 10 minutes, d'eau nitrée camphrée, on lui frotte le front avec de l'eau sédative n° 1, et on lui donne 8 ou 10 lavements, en une heure, en eau de savon n° 1, et ensuite quelques lavements diurétiques a,

et de l'eau blanche un peu tiède, à volonté, et on le
laisse en repos jusqu'au lendemain. On commence
les purgatifs, qui doivent se continuer 3 ou 4 fois
en 15 jours, et plus tard une fois par mois pendant
un an. En suivant exactement ces prescriptions, on
peut être assuré de pouvoir conserver son cheval en
bonne santé.

APOPLEXIE FOUDROYANTE.

L'animal frappé de cette terrible maladie, ne
présente plus d'autre signe de vie que les battements
des flancs et des sueurs abondantes ; il meurt
promptement. Le cas très-rare de guérison, amène
une convalescence très-longue et fatiguante pour
le propriétaire, qui souvent se défait de son cheval
avant qu'il soit parfaitement rétabli. Les affections
cérébrales de ce genre laissent toujours des traces
dangereuses ou incommodes.

Si l'apoplexie est brusque et instantanée dans
l'attaque, il n'en faut pas conclure que les animaux
qui en sont frappés ne reçoivent aucun avertissement. Il n'y a rien d'étonnant qu'à la suite d'une
forte émotion, un cheval déjà indisposé, soit frappé
subitement, sans aucun symptôme précurseur ;
mais dans le plus grand nombre de cas, on a re-

marqué chez les animaux frappés d'apoplexie, des étourdissements, des éblouissements et des assoupissements avant l'attaque.

Beaucoup d'animaux atteints de cette maladie, ont éprouvé quelques-uns des symptômes qui constituent le coup de sang, affection que l'on peut regarder comme l'avant-coureur de l'apoplexie.

Le cerveau est le siége de l'apoplexie, qui est le résultat d'un épanchement de sang dans une partie de l'encéphale.

Bien que l'on n'ait pas de données positives, concernant les causes prédisposantes de l'apoplexie, on ne peut toutefois se refuser d'admettre une indisposition organique qui prépare à cette maladie, soit en favorisant le cours du sang vers le cerveau, en trop grande quantité relativement à la facilité de son retour vers le cœur, soit enfin par une indisposition particulière des vaisseaux cérébraux.

Les effets de l'apoplexie sont quelquefois si terribles, qu'ils déchirent les vaisseaux cérébraux ou occasionnent un engorgement extraordinaire des mêmes vaisseaux, d'autres fois les effets de l'apoplexie constituent la paralysie ; une chose digne de remarque, c'est que la paralysie affecte toujours le côté du corps opposé à celui dans lequel existe l'épanchement cérébral. L'apoplexie est presque toujours mortelle chez les animaux.

14

Les moyens à employer pour combattre cette maladie, sont ceux-ci : saignée aux plats des cuisses, lavement en savon n° 1, frictions du front, du cou et des reins, avec l'eau sédative n° 1, gargarisme avec l'eau salée, frictions des jointures des quatre jambes, avec de l'eau-de-vie ammoniacalisée camphrée n° 1, bouchonnement par tout le corps avec de la paille fortement tordue, etc. ; eau nitrée camphrée pour boisson, diète absolue quant au reste ; le lendemain, si le cheval existe et qu'il paraisse se rétablir, purgation ; continuer 4 fois en 15 jours.

ARÈTES, QUEUES DE RAT.

Les *arètes* ou *queues de rat*, sont des croûtes écailleuses dégarnies de poils, qui naissent le long et à côté du nerf de la jambe du cheval, au-dessus du jarret, en descendant jusqu'au boulet ; il sort quelquefois de ces croûtes une humeur âcre et infecte.

La même affection prend le nom de *grappe*, quand elle se présente sous la forme de petits boutons groupés autour d'un point commun.

Cette maladie se déclare ordinairement pendant la mauvaise saison. Les chevaux tenus proprement, bien pansés, auxquels on lave les jambes, qui sont épongés avec soin ; ceux qui ont les jambes toujours sèches et que l'on bouchonne souvent, sont moins exposés à cette maladie que les autres.

Les causes les plus ordinaires sont : la malpropreté, le trop long séjour dans une écurie trop chaude, le fumier trop vieux et la stagnation des humeurs viciées.

Cette maladie a jusqu'alors été rebelle à tous les traitements, mais nous croyons cependant pouvoir présenter les suivants comme donnant de très-bons résultats.

Traitement.

Il faut purger le cheval 2 fois en 8 jours, ensuite lui frotter les parties malades avec de l'eau-de-vie ammoniacalisée camphrée, 3 fois par jour pendant 3 jours, mettre le cheval dans une écurie sèche, le promener souvent par un temps sec, le panser convenablement ; ensuite frotter plusieurs fois les parties malades avec l'huile anti-dartreuse. Il y aurait du danger à faire disparaître cette affection sans purger le sujet, attendu que la partie corrosive des humeurs se reporterait à quelqu'autre endroit.

ARS (Cheval frayé aux).

Cette affection est une inflammation passagère, accompagnée de gerçures, qui survient à cette partie de l'avant-main, communément appelée *ars*. Elle vient plus ordinairement aux chevaux serrés des épaules et qui ont été employés à un travail fatigant.

Pour guérir, il suffit de frotter plusieurs fois par jour avec du cérat composé de cire fondue et d'huile, la partie enflammée ; on peut y ajouter quelques gouttes d'essence de térébenthine, une pincée de poudre de camphre, et remuer le tout. On ne doit jamais verser l'essence quand le vase est sur le feu.

ASCITE (Hydropisie).

L'*ascite* est une maladie produite par un amas considérable de liquide dans la cavité du péritoine (membrane qui revêt intérieurement toute la capacité du bas-ventre).

On a beaucoup dit, tant en médecine vétérinaire qu'en médecine humaine, sur la formation de la collection séreuse qui constitue l'hydropisie ascite, mais on en est toujours aux conjectures, puisqu'il n'existe aucun moyen d'en vérifier l'exactitude. Au reste, quelque soit la modification fonctionnelle qui donne lieu à l'accumulation d'une aussi grande quantité de liquide dans le sac péritonéal, cette modification, selon nous, dépend toujours d'un changement dans la composition des humeurs et de la collection séreuse, résultat de l'excès des sécrétions sur les absorptions, car, enfin, quelles autres circonstances pourraient produire ce phénomène? Les vraies causes de l'ascite, nous le croyons, sont encore inconnues.

Quelques auteurs prétendent que les animaux du sexe féminin y sont plus sujets que les autres. Nous avons traité l'ascite sur les deux sexes, mais plus souvent sur le sexe masculin que sur l'autre, nous ne voulons cependant pas dire qu'elle ne soit pas plus commune chez les femelles que chez les mâles, car ce qui n'est pas arrivé vis-à-vis de nous a bien pu arriver vis-à-vis d'autres personnes; ce qui est certain, c'est qu'elle se produit sur les deux sexes. Nous avons aussi remarqué que l'ascite se développe presque toujours pendant une maladie ou à la suite; nous ne l'avons jamais vu survenir sans troubles apparents de la santé, et pourtant nous avons traité une assez grande quantité d'animaux atteints de

cette terrible maladie. Si elle frappe certains animaux paraissant en état de santé, c'est dans des cas
fort rares, nous ne le croyons même pas ; cependant
nous l'avons vu se développer sur l'espèce humaine,
sans que la santé en soit visiblement ou sensiblement altérée, mais, toute chose égale d'ailleurs, cet
état de choses ne change rien à la thérapeutique ;
qu'elle arrive à l'un ou à l'autre sexe, les traitements sont toujours les mêmes.

. Les symptômes qui font reconnaître l'ascite, sont
les suivants : le ventre est plus ou moins gonflé,
distendu, dur, rénitant, avec fluctuation que l'on
sent en frappant d'une main d'un côté et en appuyant l'autre main sur le côté du ventre ; la respiration est difficile ; un des symptômes les plus
caractéristiques de cette maladie, c'est le développement régulier et uniforme du ventre, qui est aussi
ordinairement insensible et sans douleur. Il faut
ajouter à ces symptômes, celui de la rareté des urines, qui sont quelquefois entièrement supprimées ;
ce dernier symptôme est souvent un sûr auxiliaire
pour reconnaître positivement l'ascite fortement
déclarée. On se tromperait, cependant, si on voyait
là la véritable cause de la maladie, car ce n'est assurément pas la suppression des urines qui détermine l'épanchement ascite, mais bien la formation

de cet épanchement qui cause la suppression des urines.

Il pourrait arriver que l'épanchement ascite fût causé par une maladie des reins, alors l'augmentation des urines aurait, dans tous les cas, de bons effets ; quoi qu'il en soit, il ne faudrait pas pour cela fatiguer l'estomac de l'animal, par l'emploi de trop forts et de trop longs breuvages diurétiques.

Cette maladie est dangereuse et souvent incurable ; l'emploi du trocar est toujours inutile ; du reste, les ponctions, en chirurgie vétérinaire, réussissent rarement.

Nous avons employé beaucoup de moyens pour guérir cette maladie ; la purgation seule nous a paru donner quelques résultats satisfaisants.

Voici les traitements qui nous semblent les plus rationnels et les plus efficaces : purgation tous les 3 jours, friction de tout l'abdomen et des reins avec l'eau-de-vie ammoniacalisée camphrée n° 1 ou 2, selon la force de l'animal ; grande quantité de lavements en savon, en tabac et diurétiques ; boissons d'eau nitrée camphrée, vin camphré ; peu de nourriture, mais des aliments substantiels ; longues promenades, si le temps est doux ; s'il fait froid, couvertures chaudes et forts bouchonnements. On peut aussi percer le dessous du ventre un peu en avant du fourreau, à 5 ou 6 places, avec des cautères en pointe ; cette opération nous a réussi deux fois admirablement, mais elle doit être faite méthodiquement. L'eau rouillée et la limaille de fer peuvent être données avec succès.

ATTEINTES.

Dans telle position que l'on place plusieurs chevaux qui doivent voyager ensemble, ils sont exposés à se donner des coups de pieds sur les jambes, sur les tendons ou sur les pieds.

Ces sortes de coups ou meurtrissures se nomment *atteintes*, lorsque le coup a été donné au-dessous du boulet, et *nerfs-ferrures* au-dessus. L'*atteinte* est *simple* alors qu'il n'y a que la peau d'entamée ; *compliquée*, quand les muscles ou autres parties sous-jacentes se trouvent divisées ; *encornée*, quand elle a pour siége le sabot.

Pour l'atteinte simple, il suffit d'appliquer sur la plaie, de la suie de cheminée détrempée en consistance d'onguent épais, dans de l'eau-de-vie camphrée, le tout maintenu par une bande de toile.

L'*atteinte compliquée* demande la diminution de la nourriture et deux ou trois lavements en son par jour, les fomentations de décoction de fleurs de su-

reau et l'application de la suie de cheminée détrempée dans l'alcool camphré.

L'atteinte encornée demande une saignée de la pince
du pied malade, le régime de la paille de froment,
le son mouillé, l'eau blanche, et 4 ou 5 lavements
par jour, le nettoiement de la plaie, et une égale
quantité de suie de cheminée et de vitriol bleu en
poudre, détrempé dans une quantité suffisante
d'alcool camphré ou d'eau-de-vie camphrée n° 1,
enfin, selon la gravité du mal, en consistance d'onguent appliqué sur la plaie.

Ce pansement doit se renouveler 2 fois par jour
pendant 6 jours, en ayant soin de bien nettoyer la
plaie à chaque pansement avec de l'eau vinaigrée;
au bout de 6 ou 7 jours de ces pansements, on continue à panser la plaie avec l'onguent de pied en
petite quantité.

En suivant les traitements que nous venons d'indiquer, on peut être certain de la parfaite guérison
des trois sortes d'atteintes, tant fortes soient elles,
pourvu, toutefois, qu'il n'y ait pas dislocation, car
alors la maladie perdrait le nom d'*atteinte.*

Les *atteintes* sont souvent aussi le résultat d'une
mauvaise ferrure, ou trop longue, ou trop large, ou
de celle qui fait prendre une mauvaise position au
pied.

Cette affection peut encore dériver de la faiblesse

des jambes. Il importe donc, avant tout, de rechercher la cause du mal et de la détruire immédiatement, s'il est possible.

AVANT-COEUR.

L'avant-cœur est une tumeur située au poitrial, qui
souvent acquiert un énorme volume, si on ne s'oppose promptement à ses progrès. Cette tumeur,
qui est formée par l'accumulation des liquides vi-
ciés, et repoussée de l'économie à cause de sa
qualité méphitique, doit être d'abord combattue par
la purgation plusieurs fois répétée ; mettre l'animal
au régime des bons aliments, mais en petite quantité ; l'eau blanche nitrée pour boisson et graisser
de suite la tumeur avec l'onguent basilicum, deux
ou trois fois par jour ; quelques jours après la formation de la tumeur, on y pratique sur le milieu
une incision longitudinale d'environ 5 à 6 centimètres, selon sa grosseur. On fait deux ou trois
points de suture, pour que les bords de la plaie ne
se renversent pas trop, et on met dans la plaie des
étoupes de basilicum, maintenues par les points de
suture. Enfin, il faut aussi, deux fois par jour au
moins, bien bassiner toute l'étendue de l'inflammation avec de l'extrait de saturne bien mélangé
d'un quart d'eau de rivière ou de toute autre eau.

Cette tumeur, si elle n'est pas traitée selon notre méthode, peut dégénérer en kiste ou en squirre.

Cette sorte d'affection est peu commune chez l'espèce chevaline.

Si l'on veut se dispenser de purger, il faut passer au moins deux sétons et les panser trois fois par jour.

AVIVES.

Inflammation plus ou moins subite des glandes, connues sous le nom *d'avives*, ou *parotides*, situées en haut de la ganache, à la jonction de la tête avec le cou.

Cette maladie est presque toujours la complication d'une autre, et elle peut aussi survenir à la suite d'une gourme mal guérie. Elle est toujours, enfin, un dépôt d'humeurs âcres et piquantes.

Pour la guérison parfaite de cette affection, il faut passer deux sétons à la poitrine, graisser deux fois par jour la partie gonflée avec de l'onguent basilicum, l'envelopper avec une peau de mouton et fendre la tumeur en croix. Quand on sent un peu de souplesse, on en fait sortir le pus qu'elle contient, par le moyen d'une douce pression.

L'ignorance des anciens maréchaux a long-temps donné le nom d'*avives* a des tranchées accompagnées d'une grande difficulté de respirer et d'uriner. La Guérinière croyant que la cause première de ces sortes de maux de ventre résidait spécialement dans les glandes parotides, ou avives, les écrasait, les arrachait même. Arracher les glandes solivaires pour guérir des douleurs d'entrailles et introduire du poivre ou un insecte dans le canal de l'urêtre dans l'espoir de faire uriner l'animal !! On comprend difficilement que de pareils moyens soient mis en action. On doit se borner à jeter sous l'animal quelques poignées de paille fraîche, le bouchonner, le bien couvrir et le promener.

AVORTEMENT.

L'*avortement* est un part prématuré qui peut arriver à toute époque de la gestation, par suite d'un coup, d'une chute, d'un écart, de violents exercices ou encore par un vice d'organisation. Tous les efforts des propriétaires doivent tendre à prévenir cet accident par les précautions voulues, et à en hâter la délivrance quand il n'y a pas d'autres ressources ; il faut, à l'apparition des premiers symptômes, s'assurer si le fœtus est encore vivant ; s'il existe, il faut pratiquer une demi-saignée et mettre l'animal dans une écurie, en liberté, à l'abri des trop grands froids ou des trop grandes chaleurs, lui faire une bonne litière, lui donner de l'eau blanche tiède pour boisson, de la paille de froment pour nourriture, et quelques poignées d'orge cassée, détrempée dans une petite quantité d'eau tiède; si la bête paraissait souffrir beaucoup, on pourrait lui donner quelques lavements de son, et attendre l'évènement.

S'il y avait certitude de la mort du fœtus, il faudrait pratiquer des frictions sèches sous le ventre, pour faciliter l'expulsion, promener la jument doucement, et se graisser la main et le bras avec une grande quantité d'huile, l'introduire dans l'utérus pour élargir le passage, ou retirer le corps devenu étranger, mais avec d'assez grandes précautions; on peut aussi, dans ce cas, pour faciliter la sortie du corps, donner un litre de vin, dans lequel on aura fait bouillir, pendant 5 minutes, une petite poignée de sauge.

Si la bête était ruinée, soit par l'âge, soit par l'effet d'une mauvaise nourriture, il faudrait, au lieu de la saigner, lui donner ce que nous avons dit cidessus, chercher à ranimer ses forces par le moyen de quelques poignées de bon froment et de quelques litres de vin sucré, etc. Si le poulain naît viable, il faut se conduire, tant en vers lui qu'envers la mère, comme dans le part naturel.

BARBES.

On prend quelquefois, pour des barbes, l'espèce de protubérance que forment les orifices des glandes maxillaires, quand elles sont un peu enflammées et que le cheval n'a pas son appétit ordinaire. Ce nom est insignifiant et ne peut être compris de personne, car, pour qualifier ainsi cette maladie, il faudrait qu'il y eût des excroissances de chair en forme de poils dessous ou dessus la langue ; c'est ce qui n'existe pas. Il vient sur la langue des animaux, principalement des vaches, des petits boutons que l'on nomme *aphtes* et que plusieurs praticiens nomment aussi *barbes*, improprement. Les empiriques, pour redonner l'appétit aux animaux ou pour les faire boire, coupent les protubérances naturelles à la langue. Par ce moyen, ils engendrent une maladie réelle pour en guérir une qui est imaginaire. (Voyez Aphtes).

BARRES BLESSÉES.

Les *barres* peuvent être *blessées* par l'action d'un

mauvais mors ou par celle d'une mauvaise main ;
il suffit, pour guérir cette petite plaie, de laisser
reposer le cheval et de lui mettre un billot de la
même manière que l'on met un mors, entortillé
d'une certaine épaisseur de linges vieux et blancs ou
d'étoupes trempées 5 ou 6 fois par jour dans de
l'eau-de-vie bien sucrée. Mais si l'os était à découvert ou qu'il y ait plaie de mauvaise nature et carie,
il faudrait cautériser la partie avec un fer chauffé à
blanc.

Ces sortes d'accidents sont très-rares.

BLEIME.

Presque tous les auteurs qui ont écrit sur la médecine vétérinaire, distinguent quatre ou cinq
sortes de bleimes ; mais comme les noms ne donnent pas de curation, et que les symptômes auxquels on peut reconnaître cette maladie sont toujours les mêmes, nous croyons inutile d'établir des
distinctions.

Quelques auteurs pensent que la bleime est ou
naturelle ou accidentelle ; nous sommes plus disposé à croire qu'elle n'est qu'accidentelle, parce
que jamais poulain n'a apporté de bleime en nais-
sant. Si le poulain peut naître avec des pieds dis-

posés aux bleimes, tous les pieds des chevaux sont également susceptibles d'en avoir, seulement, nous admettons la disposition de certains pieds à cette maladie. Les chevaux qui ont des talons bas et forts y sont bien plus exposés que les autres, mais les pieds disposés aux bleimes ne constituent pas des bleimes naturelles.

Nous distinguons seulement deux sortes de bleimes, la *bleime* proprement dite et la *bleime purulente*, mais toutes deux accidentelles.

La bleime proprement dite est une meurtrissure avec ou sans épanchement de sang, qui se forme sous la sole du talon ou plus souvent encore près du talon. Les causes de cette affection sont : un trop grand repos sur des cailloux ; la descente d'une montagne très-rapide étant chargé ; un tirage violent et continuel sur un chemin nouvellement chargé de cailloux ; la trop forte compression que peut produire le fer sur cette partie ; cette cause est plus ordinaire que les autres. La bleime s'annonce par une tache plus ou moins rouge ou noire, à la sole.

Pour guérir cette sorte de bleime, il suffit toujours de percer la partie malade à fond, et d'y jeter quelques gouttes d'essence de térébenthine.

La *bleime purulente* s'annonce de la même manière que la précédente, seulement il y a exhalation de sang, ou plus souvent encore suppuration, et les parties adhérentes sont ordinairement gâtées ; il faut, dans ce cas, enlever toutes les parties gâtées avec la feuille de sauge (instrument vétérinaire), et panser la plaie avec de l'alcool camphré, et ensuite avec de l'eau-de-vie camphrée nᵒˢ 1 ou 2, en ayant soin de compresser un peu pour éviter la formation de bourgeons ou cerises.

BLESSURES.

Les chevaux sont sujets à se blesser à une foule d'endroits, soit par l'effet de leur harnais ou autres causes accidentelles. Les blessures sous la selle, aux épaules, au poitrail, au jarret, à la gourmette, etc., peuvent être prévenues en observant bien ce qui a été dit sur la manière de soigner les chevaux ; quant aux blessures qu'on n'aurait pas pu éviter, il faut les panser aussitôt que l'on s'en aperçoit. Si elles sont légères, il suffit de les panser avec de l'eau-de-vie camphrée nᵒˢ 2 ou 3, et de tenir sur la partie, s'il est possible, un papier brouillard imbibé du même liquide et chercher à détruire la cause de la blessure.

Les blessures plus graves doivent être traitées comme les autres plaies. (Voyez *Plaies*).

BLESSURES AUX PIEDS.

Les chevaux peuvent être blessés aux pieds par l'effet de clous de rue, de tessons de verre ou de poterie, de chicots ou éclats de bois, par l'effet, enfin, de tous autres corps durs. Aussitôt que l'on s'aperçoit de l'accident, il faut extraire le corps étranger, mettre bien à découvert le fond de la plaie en enlevant la corne et la sole qui la recouvrent, et panser avec des étoupes imbibées d'eau-de-vie camphrée, deux fois par jour.

Si la blessure est profonde, il faut enlever assez de sole pour que l'on puisse bien découvrir le mal ; s'il y a formation de pus, chose qui arrive encore souvent lorsque le corps étranger est resté plusieurs jours dans le pied, ou que l'ayant retiré on n'a pas traité convenablement, il faut enlever toute la corne soulevée, et panser comme il est dit ci-dessus, en ayant soin d'attacher le fer à 4 clous très-minces de lame, et maintenir aussi les compresses par des éclisses. Il ne serait pas non plus inutile de graisser le sabot de l'animal avec l'onguent de pied. Cependant, si le corps vulnérant avait pénétré dans l'intérieur de l'articulation du petit sésamoïde, il conviendrait d'appeler son maréchal, qui a plus l'habitude de travailler le pied que le cultivateur, pour lui faire enlever la pointe de la fourchette de chair, afin de parvenir au fond de la plaie. Les pansements sont les mêmes que pour les autres genres de blessures ; seulement il faut, pendant les trois premiers jours, mélanger l'eau-de-vie camphrée de moitié d'eau.

BRULURES.

Les chevaux ne sont jamais exposés aux brûlures que dans le cas d'incendie, et alors ils périssent le plus souvent de suffocation, tant il est difficile et même impossible de les éloigner du danger ; si l'on parvenait cependant à les sauver, et qu'ils fussent atteints de brûlures, il faudrait de suite leur faire boire 15 à 20 litres d'eau mélangée d'un quart d'eau-de-vie, en un jour et une nuit ; appliquer de fortes compresses d'éther sulfurique sur les parties brûlées, après les avoir lavées tout doucement avec de l'eau camphrée ; renouveler ce pansement 6 fois au moins le premier jour, proportionnellement enfin à la gravité du mal, et aussi selon sa commodité. Nous croyons qu'il est inutile de faire observer pourquoi il ne faut pas, dans ces cas, donner à manger à l'animal. Si l'inflammation se déclarait et qu'il y eût des phlyctènes, il faudrait les ouvrir et les recouvrir de cérat, s'il y avait des eschares, il faudrait aussi les couvrir de cérat, et, quand elles seraient tombées, les panser comme des plaies qui suppurent. Enfin, au bout de deux ou trois jours de traitement, il est nécessaire de purger deux fois.

BUBON.

On appelle communément *bubon*, en médecine vétérinaire, une tumeur inflammatoire des glandes, qui vient assez souvent à la suite de la gourme ou de quelqu'autre maladie traitée selon la méthode scolastique, mais qui jamais n'apparaît, même sous le plus petit volume, à la suite d'aucune maladie traitée suivant notre méthode.

Toutefois, si l'on était appelé pour traiter cette affection, il faudrait purger l'animal deux fois au moins, et graisser la tumeur avec le basilicum et l'ouvrir quand elle serait en maturité.

On appelle *bubon* des tumeurs charbonneuses qui paraissent sous plusieurs formes et sur différents endroits du corps de l'animal. (Voyez *Charbon*).

CALLOSITÉ.

On appelle *callosité*, les bords durs et calleux de certaines plaies d'un mauvais aspect. Pour faire disparaître ces inconvénients, qui pourraient devenir funestes, il faut rafraîchir les bords de la plaie, c'est-à-dire amincir l'excroissance avec le bistouri, et cautériser subtilement avec un fer chauffé à blanc, et panser ensuite la plaie selon sa nature.

CAPELET.

Le *capelet* est une tumeur lymphatique, flottante, de la nature à peu près de l'œdème, qui se manifeste à la pointe du jarret le plus souvent. Cette tumeur vient ordinairement à la suite d'un coup ou d'un frottement violent et prolongé. Les chevaux de carrosse qui s'entredonnent des coups de pieds ou qui se frottent aux palonniers, aux piliers, aux barres de l'écurie, sont sujets aux capelets. Ce mal, à sa naissance, n'est pas difficile à guérir, il suffit de le frictionner plusieurs fois par jour avec de l'alcool camphré, et ensuite avec de l'eau-de-vie camphrée nº 2 ; mais si peu qu'il soit ancien, il faut y appliquer le feu en raies.

CARIE.

La *carie* est une ulcération des os ; il n'est pas rare de voir cet accident se déclarer quand le périoste a été entamé ou rongé par la qualité mordicante du pus d'un ulcère ou d'un abcès. Tous les ulcères, abcès ou autres maux semblables qui auront été traités selon notre méthode, ne peuvent jamais avoir de mauvaises suites.

Toutes les tumeurs humorales, tous les dépôts formés de matières épaisses ou purulentes, ou tous autres dépôts produits par des matières séreuses, quels qu'en soient le genre et le caractère extérieur, se terminent par un ulcère plus ou moins dangereux, selon la cause, et plus souvent encore, selon le traitement.

Lorsque l'on a à traiter un cheval qui a un os carié, il faut commencer par bien nettoyer la plaie, ensuite par bien l'éponger avec un linge blanc trempé dans de l'eau-de-vie ammoniacalisée camphrée nº 1, ayant soin de retirer toutes les esquilles près de tomber ; cela fait, on applique sur l'os carié un tampon d'étoupe trempé dans l'eau-de-vie et maintenu aussi bien que possible.

Il faut donner au cheval, pour toute nourriture, de la paille de froment et du son mouillé, et pour boisson de l'eau blanche froide, quelle que soit la saison ; au bout de quelques jours de pansement, on purge deux fois et on recommence autant de fois sur la fin du traitement. Il faut éviter de saigner, car cela ne pourrait servir qu'à faire faire des progrès à la gangrène, que l'on parviendrait difficilement à combattre.

Sur la fin du traitement, on peut panser la plaie avec de l'eau-de-vie, du vinaigre ou du gros vin.

CATARRHE OU RHUME DE POITRINE, BRONCHITE.

Ces maladies ont leur siége dans les membranes muqueuses qui tapissent l'intérieur des voies aériennes, et sont toujours le résultat des modifications qu'éprouve la vitalité de ces membranes. Ces affections sont caractérisées par une secrétion surabondante de mucosité par les naseaux, la gorge, les yeux et par un enrouement très-hautement marqué, par la perte de l'appétit, par la fièvre plus ou moins grande, par la difficulté de respirer et par la toux.

La cause la plus féconde de ce genre de rhume

est le passage subit du chaud au froid, et cette cause est plus ou moins puissante, selon que le sujet est plus ou moins prédisposé aux affections catarrhales, par le mauvais état des humeurs et aussi par celui de la santé générale.

Les autopsies que nous avons faites des chevaux morts de cette maladie, nous ont formellement démontré qu'il y a toujours dans ces affections une plus ou moins grande inflammation du poumon; occasionnée par une certaine abondance d'humeurs qui se portent vers les muqueuses, principalement sur celle qui enveloppe ce viscère. Les humeurs qui, quelquefois par leur qualité corrosive, détériorent les muqueuses, doivent-elles rester dans le corps de l'animal? Sont-elles utiles au rétablissement de la santé? Non, assurément; elles ne leur sont que fortement préjudiciables; donc, il faut chercher les moyens de les évacuer, et, à cet effet, il n'y a que les évacuants drastiques qui puissent remplir cette indication parfaitement. On n'a pas besoin d'être disciple d'Esculape pour comprendre ce raisonnement.

La marche rapide de cette maladie, ses progrès, ses causes, sa nature et l'état de chaque période suivant les expériences que nous en avons faites, expériences qui sont en grande partie la cause de cette publication, tels sont les motifs qui nous ont décidé à faire l'emploi des purgatifs drastiques, à cause de leurs effets prompts et sûrs et du rapport intime qu'ils ont avec la nature de l'animal.

Depuis que nous avons eu le bonheur de saisir les causes les plus probables des maladies, nous pouvons assurer que là où nous laissions mourir 100 bestiaux en suivant une autre méthode médicale, nous n'en perdons plus que 8 ou 10 avec notre méthode; c'est donc 90 bestiaux qui vivent et qui n'existeraient pas s'il en était autrement.

En admettant que chaque animal ne soit que d'une valeur de 300 francs, c'est donc 27,000 francs que nous conservons aux propriétaires.

Notre pays, qui a besoin de ressources, doit employer tous les moyens possibles pour conserver ses animaux domestiques, car ce sont évidemment eux qui constituent au moins la moitié de sa richesse et procurent au peuple la vie à bon marché. Les moyens que nous signalons ne sont donc pas à dédaigner, mais au contraire à mettre en pratique.

Traitement du Rhume de poitrine, ou Bronchite, ou Catarrhe de poitrine.

Lavement deux fois par jour en eau de savon n° 1 d'abord, et ensuite n° 2 ou 3, selon les circonstances ; frictionnement de toute la partie du cou avec l'eau sédative nᵒˢ 1 ou 2, 2 litres d'eau camphrée tiède tous les matins, à jeûn ; bouchonnement de tout le corps 2 ou 3 trois fois par jour, boissons tièdes, miellées et nitrées, à volonté, 30 grammes de sel de nitre peuvent suffire pour un seau ; il faut couvrir l'animal avec de bonnes couvertures de laine et le mettre dans une écurie chaude l'hiver, et à une température modérée l'été ; lui donner de bon fourrage pour nourriture, mais en petite quantité, pas de grains ; si le temps le permet, exercice modéré, et 3 fois par jour des fumigations en son, en orge ou en mauve, etc., etc.

Si le rhume paraissait être violent, il faudrait, en sus de ce que nous venons d'ordonner, purger l'animal deux fois, lui faire un long séton de chaque côté de la poitrine, et lui donner quelques lavements émollients (eau de son).

La pousse, le cornage, la pulmonie, etc., sont souvent une conséquence du catarrhe pulmonaire (rhume de poitrine), mais ayant été traitée exactement selon notre méthode, cette maladie ne peut avoir de suites fâcheuses.

CERISE.

La *cerise* est une excroissance de chair qui surmonte la sole de corne.

Si elle est à la chair canelée, il faut l'enlever avec la feuille de sauge et comprimer la place avec un tampon d'étoupe trempé dans de l'eau-de-vie camphrée n° 1. On renouvelle ce pansement tous les deux jours.

Si elle est à la sole charnue, elle est plus dangereuse, sans cependant présenter de gravité. Quand la cerise existe ainsi, il faut enlever une petite partie de la sole qui l'environne et enlever la cerise comme il est dit plus haut, la comprimer fortement. On pourrait même, si elle était fort grosse, se servir d'alcool camphré au lieu d'eau-de-vie.

Lorsque le cheval a quelque plaie au pied, il arrive assez souvent, principalement quand la compression n'a pas été forte et méthodique, des petites excroissances charnues, hémisphériques sur la surface de la plaie ; ces excroissances se nomment aussi cerises. Quand elles sont petites, et sur des plaies de bonne nature, elles disparaissent ordinairement par une compression méthodiquement faite.

Quand ces excroissances sont grosses, on les enlève avec la feuille de sauge ou tout autre instrument semblable, et on exerce ensuite, sur les plaies qui résultent de leurs excisions, une compression suffisamment forte pour prévenir de nouveaux développements. Quelquefois on est obligé d'enlever une petite portion de la corne qui les avoisine ; mais les traitements, pour l'une comme pour l'autre espèce, sont les mêmes. Ce qu'il faut surtout éviter avec soin, ce sont les caustiques violents.

CHAMPIGNON, voyez Castration.

CONSTIPATION.

La *constipation*, alors qu'elle ne tient pas à une maladie essentielle, est souvent le résultat d'une température froide et sèche, et encore celui de certaines circonstances hygiéniques, telles que, par exemple, si on laisse les animaux trop long-temps sur le fumier, si on les laisse continuellement dans une écurie peu aérée, si on leur donne trop abondamment une nourriture solide, si on leur fait faire de rudes et longs travaux, etc. Certains animaux sont aussi plus disposés que d'autres à la constipa-

tion. Il arrive encore, et c'est ce que tous les cultivateurs ont dû remarquer, qu'un cheval fiente 8 à
10 fois, quand son camarade ne fiente que 2 ou 3 fois,
mais cela ne signifie pas que celui-ci soit plus constipé que celui-là, attendu que cela peut être une
disposition naturelle du sujet.

La constipation qui tient aux causes que nous
venons d'énumérer ci-dessus, ne demande pour
curation que de l'exercice s'il y a trop long séjour
d'écurie, repos s'il y a trop rudes et longs travaux,
changement d'écurie si elle est sombre, basse, humide, etc., etc.

Le régime de la paille de froment, du son mouillé
avec de l'eau tiède, l'eau blanche nitrée tiède, mais
très-peu, les lavements en savon n° 1, ensuite n° 2,
et plus tard en son ; le bouchonnement de tout le
corps.

S'il y avait long-temps que l'animal fût constipé,
il serait utile de purger, attendu que le trop long
séjour des excréments dans les intestins n'aurait
pu manquer de troubler les fonctions digestives.

Mais si en dehors des causes ci-dessus indiquées,
et même en les admettant, le cheval était constipé,
que sa fiente soit de couleur noire, indépendamment
du fourrage qui aurait pu lui donner cette couleur,
d'une odeur forte, entortillée ou mélangée de matières glaireuses, il n'y aurait nullement à douter

d'un trouble général des fonctions digestives, et conséquemment une altération complète des fluides et des humeurs ; dans ce cas, la purgation est essentiellement le meilleur moyen thérapeutique à employer pour la curation prompte et certaine de cet état maladif ; il faut, de toute nécessité, si on tient au rétablissement complet de la santé de l'animal, purger au moins deux fois, donner plusieurs lavements en tabac et des lavements émollients, et, quant au reste, se conduire comme nous l'avons dit ci-dessus.

Quoiqu'en puissent dire certaines personnes, les coliques iliaques et les vertiges, sont souvent le résultat de la constipation, bien que les cultivateurs y fassent peu attention, mais on peut leur pardonner cette erreur, tandis que l'on ne peut pas être aussi indulgent pour les vétérinaires.

COUP DE BOUTOIR DANS LA SOLE.

Souvent, par inadvertance, les maréchaux en parant le pied d'un cheval, peuvent donner un coup de boutoir pénétrant jusqu'à la sole charnue ; quand cela arrive, il faut de suite mettre sur la plaie un bon tampon d'étoupes trempé dans de l'alcool camphré, en le maintenant par les moyens usités ordinairement; il faut surtout avoir soin de faire une compression assez forte, afin que la chair ne surmonte pas la sole de corne et ne produise une éminence que l'on appelle cerise. Il faut laisser le premier appareil (le premier tampon), 3 jours, en mettre un nouveau et le laisser 3 ou 4 jours, au bout desquels la plaie doit être guérie.

CONTUSION OU MEURTRISSURE.

Nous n'entrerons pas dans le détail des contusions qui peuvent arriver aux différentes parties du corps; nous nous bornerons seulement à dire qu'elles sont plus ou moins dangereuses, selon la violence du coup qui les cause et les parties du corps qui les reçoit.

Les contusions à la tête, à la poitrine, au ventre, dessous principalement, et aux testicules, sont certainement plus dangereuses que celles qui sont faites aux cuisses et aux jambes, à toutes choses égales d'ailleurs. La contusion diffère de la plaie en ce que la peau est entamée dans celle-ci, ce qui n'a pas lieu dans la meurtrissure simple.

Les saignées sont tout-à-fait interdites dans les contusions, attendu que le sang est le principal agent qui peut rétablir les parties meurtries par les coups ; le sang donne aux vaisseaux comprimés le ressort dont ils ont besoin pour se relever et favoriser la circulation. Les saignées, par leurs effets, font déposer dans la partie meurtrie une plus ou moins grande quantité de sérosité qui forme un dépôt, externe si la contusion est externe, interne si la contusion est interne, mille fois plus mauvais que celui qui aurait été formé par le sang, si le sang peut former un dépôt.

Les contusions proviennent toujours d'un coup ou d'une chute ; si elle est très-légère, il suffit de frotter la partie malade avec de l'eau-de-vie camphrée nᵒˢ 1 ou 2, 3 ou 4 fois par jour. Si l'extravasion est externe et très-forte, il faut (car alors tous les organes ont reçu une secousse), purger l'animal 2 fois et faire quelques incisions sur le gonflement, pour donner issue au sang et à la sérosité. Quant au pus, il ne s'en formera que très-peu si on a soin de purger comme nous le disons, et de faire quelques embrocations d'extrait de saturne, mélangé d'un tiers d'éther sulfurique et d'un tiers d'eau courante, en sus des lotionnements faits 3 fois par jour avec l'eau-de-vie camphrée.

Si quelques symptômes faisaient pressentir qu'il y ait contusion interne, il faudrait purger 4 fois et panser le coup externe, s'il est apparent comme une contusion simple, et donner à l'animal, tous les matins à jeûn, pendant 5 ou 6 jours, un litre ou deux d'eau camphrée (après les purgations), en lui faisant suivre ensuite, comme pour la contusion grave externe, un régime délayant, lavements de son et en savon, eau blanche nitrée, promenade 2 fois par jour, etc., etc.

Ni la gangrène, ni les abcès internes ne surviennent à la suite des contusions traitées selon notre méthode. Que nos antagonistes en soient bien convaincus.

CORNAGE, SIFFLAGE OU HALLEY.

Le cheval atteint de cette affection fait entendre en respirant un bruit plus ou moins sonore et particulier, ressemblant enfin au bruit de râlement, et cela à la moindre course ou travail qu'on lui fait exécuter.

Le *cornage* n'est pas, à proprement parler, une maladie spéciale, mais bien un symptôme particulier de plusieurs affections aiguës ou chroniques des voies et des organes respiratoires, de quelques défauts dans l'arrangement ou la disposition naturelle des voies de la respiration ou bien encore de la présence de quelque corps introduit dans ces voies. Si le cornage est le symptôme de quelque maladie, il disparaît avec elle, mais si l'inflammation aiguë qui constitue la maladie dont le cornage est le symptôme, passe à l'état chronique et laisse dans les tissus quelques points d'induration, ou une augmentation permanente de volume dans la partie affectée, l'animal peut rester corneur avec une apparence de bonne santé, et se trouver dans une position pareille à celle dans laquelle le cornage est dû à quelques vices de conformation des voies aériennes.

Le cornage n'étant pas le résultat d'une maladie aiguë, n'est pas ordinairement continu et n'affecte l'animal que pendant un exercice trop fatigant ou trop prolongé, alors il fait entendre le bruit du cornage, les naseaux sont dilatés, les flancs sont agités, l'animal est quelquefois même près de tomber, mais, en définitive, le bruit du cornage et le malaise dont il paraît être affecté, cessent quand le cheval est arrêté ou quelque temps après.

On peut se servir d'un cheval corneur, quand ce défaut est léger et que l'on ne le soumet pas à des travaux trop fatigants, trop prolongés, ou à des exercices trop précipités ; cependant nous ne voudrions pas nous en servir nous-mêmes, ni être la cause que d'autres personnes essaient d'en faire usage, car il peut en résulter des accidents fort graves, les animaux atteints de cette affection ayant

presque toujours des dispositions à l'apoplexie fou-
droyante.

On pourrait, par l'opération de la trachéotomie,
diminuer le danger, mais les suites de cette opération demandent des précautions tellement grandes, qu'il vaut presque toujours mieux sacrifier
l'animal.

Nous avons vu des chevaux menacés de l'affection
du cornage, se remettre à leur état normal par le
moyen de la purgation plusieurs fois répétée, mais
ce cas est rare et très-coûteux.

On peut, avec avantage, donner tous les matins,
à jeûn, aux chevaux corneurs que l'on fait travailler, 2 litres d'eau camphrée, et la poudre B deux
heures après, pendant 4 jours, et recommencer au
bout de 8 ou 10 jours, et ainsi de suite.

COR.

Le cor est une sorte de tumeur produite le plus
souvent par une selle, un bât, ou tout autre harnais
à peu près semblable, mal conditionné ou mal en
ordre; ces sortes de harnais portant plus particulièrement sur la partie latérale des côtés, c'est aussi
à ces endroits, et à une distance plus ou moins
grande des vertèbres, que se forment les cors. Lors-

qu'il n'y a qu'une enflure pure et simple, il faut se conduire comme il est dit pour les blessures sous la selle; si le gonflement, au lieu de céder, paraît vouloir prendre de l'intensité et dégénérer en abcès, et que la formation du pus soit évidente, il faut employer au plus vîte les maturatifs, c'est-à-dire graisser la partie avec le basilicum, et ouvrir la tumeur aussitôt que l'on pensera qu'il est temps de le faire, graisser la peau, transformée assez souvent en eschares, avec du beurre frais, et quelque temps après, enlever les parties mortes à l'aide d'un instrument tranchant. La plaie qui résulte de cette opération, très-minime en elle-même, ne réclame que le lotionnement d'eau-de-vie camphrée n° 3, mélangée d'un peu d'eau.

CORYZE, CORYZA, ou Morfondure, Enchifrènement, Refroidissement, Rhume de cerveau, Catarrhe nasal.

Nous distinguons trois sortes de *coryza*. Le *coryza proprement dit,* le *coryza intense* et le *coryza gangreneux.*

Le *coryza proprement dit* est tout simplement un rhume de cerveau ordinaire. Le cheval qui en est atteint est un peu triste, boit difficilement, à cause de la difficulté de respirer, il a les naseaux trèsouverts et enflammés, quelquefois même jusqu'à l'orifice; ils sont d'une couleur très-rouge, souvent mouillés d'une liqueur semblable à du blanc d'œuf; il a les flancs agités, sa fiente est sèche; il tousse peu, mais éternue souvent et éprouve à chaque fois une espèce de mécontentement; il a le front et les oreilles très-chauds, les yeux enflammés.

Comme moyen de guérison, il suffit de tenir l'animal chaudement l'hiver et à une température modérée l'été, de lui donner une faible quantité de fourrage, mais de bonne qualité, pas de grains; pour boisson, de l'eau blanche tiède en petite quantité; deux fois par jour, le matin et le soir, une cuillerée à café de vinaigre sternutatoire; fumigation émolliente, telle que orge, mauve, son, etc., une ou deux fois par jour. L'enchifrènement simple ne peut résister à ces traitements, bien que très-simples en eux-mêmes.

Voici comment on prépare et on emploie les fumigations émollientes; on prend 6 litres de son que l'on fait bouillir dans 10 litres d'eau; lorsque le tout est en ébullition, on le retire du feu; on met le tout dans un seau, on met le seau au fond d'un sac et la tête du cheval dans l'embouchure du sac, en ayant bien soin qu'il ne sorte pas de fumée entre le sac et la tête du cheval. On rapproche d'autant plus le nez du cheval du son, que la fumigation

refroidit. On fait encore des fumigations émollientes avec de l'orge, en la faisant bien cuire. On
peut faire des fumigations, mais non émollientes,
avec le genièvre, ou avec du sucre ; pour cela, on
met une couverture en laine sur la tête du cheval,
l'on met du feu dans une bassinoire, on y jette du
sucre en poudre avec ou sans genièvre, mais
très-peu de fleurs ; à cet effet, on met la bassinoire
sous le nez du cheval et on entortille bien la tête et
la bassinoire avec la couverture.

Le *coryza intense* est le rhume de cerveau et le
rhume de poitrine tout à la fois, avec inflammation
de presque toutes les parties de la gorge et des glandes de dessous la ganache, et souvent aussi des
parotides, communément appelées avives. Les conjonctives, c'est-à-dire le blanc des yeux, sont jau-
nâtres ou d'un rouge bleu, le front et les oreilles
sont très-chauds, le souffle ne l'est pas moins, la
bouche est mousseuse. L'animal est non chalant dans
ses allures, il se retire au bout de sa longe, rapproche ses quatre jambes plus près les unes des autres
qu'à l'ordinaire ; il a l'aspiration et l'expiration
courtes et plus ou moins entrecoupées, les flancs
plus agités qu'à l'ordinaire, sa peau est sèche ; il lui
sort par les naseaux une humeur d'abord peu abondante, mais qui augmente par la suite, et alors elle
tombe par flocons même sans éternuement, tantôt

cette sécrétion est blanche et très-liquide, tantôt plus épaisse, tantôt épaisse et plus jaune, quelquefois même un peu rousse; il tousse et éternue plus ou moins; la toux est aussi plus ou moins sèche, selon les degrés de l'inflammation des membranes muqueuses qui tapissent l'intérieur des voies aériennes.

Le plus grand inconvénient, pour la médecine vétérinaire, est que les quadrupèdes n'expectorent pas et qu'alors les humeurs attachées aux bronches se détachent très-lentement; si cependant il arrive qu'elles se détachent avec facilité, elles restent le plus souvent dans les passages ou refluent sur la membrane pituitaire, la détériorent, et la morve en est le résultat.

Quand un animal présentera la plus grande partie des symptômes ci-dessus décrits, il faudra de suite le mettre à la diète, le purger deux fois, lui donner ensuite de l'eau de son, de l'eau blanchie avec de la farine, paille de froment pour nourriture, gargarismes à l'eau salée; on pourrait aussi lui mettre un mastigadour trempé dans de l'eau salée, dans laquelle on aurait ajouté quelques gouttes d'ammoniaque liquide; on frotte 2 ou 3 fois par jour la gorge de l'animal avec de l'eau sédative, on peut lui donner, le matin à jeûn, un litre d'eau camphrée et des lavements. Le cinquième ou le sixième jour, on peut donner un peu de nourriture substantielle, en augmentant de jour en jour le volume de la nourriture, et se conduire, du reste, comme il est dit pour le coryza proprement dit.

Le *coryza gangreneux* est très-meurtrier, presque toujours incurable lorsque les traitements ne sont pas faits avec assez de rapidité.

Les symptômes qui l'annoncent sont à peu près les mêmes que ceux du précédent; seulement, dès le premier jour que le cheval est atteint de cette terrible maladie, il a les flancs énormément retroussés, une toux sèche, l'aspiration et l'expiration se font très-difficilement, il y a même danger de suffocation, il fait craquer ses dents, il mord le ratelier, comme si la faim le poursuivait à outrance; enfin, l'enchifrènement atteint le plus haut degré, l'inflammation de toutes les parties qui composent la gorge est très-considérable, les humeurs sont corrosives et volumineuses, leur travail est actif, et si on les laisse séjourner trop long-temps, elles peuvent enflammer promptement et corroder les parties qu'elles touchent, et rendre alors le coryza tout-à-fait incurable.

Les symptômes qui font présumer l'incurabilité du coryza, sont ceux-ci : l'animal se couche et se relève presque aussitôt; il sue abondamment, il a la bouche et la membrane du nez très-enflammées, le cœur bat d'une force extrême ou très-faiblement. Les sétons, vésicatoires, etc., ne prennent pas ou prennent très-peu, les urines changent souvent de couleur.

Les traitements de cette maladie sont les mêmes que ceux indiqués pour le coryza intense, il faut seulement plus insister sur l'emploi des purgatifs, du mastigadour, des fumigations, des sétons, des vésicatoires, de l'eau sédative, etc.

La cause la plus ordinaire de ces trois sortes de coryzas, est le passage subit du chaud au froid, mais cette cause est plus ou moins puissante, selon que le sujet est plus ou moins disposé aux affections catarrhales par le mauvais état des humeurs, ou par le mauvais état de la santé générale.

Nous ne pouvons nous dispenser de recommander aux personnes chargées de traiter les chevaux atteints du coryza, d'exécuter avec la plus grande attention et une prévoyance soutenue, les traitements indiqués pour la guérison de cette maladie, car du manque de soin peut naître la morve, la morve incurable.

Enfin, cette maladie ne dure ordinairement que de 15 à 25 jours, le coryza gangreneux dure beaucoup moins, car au bout de 8 à 10 jours un mieux existe, ou la mort vient frapper l'animal. Le coryza durant plus de 20 ou 25 jours, peut faire craindre les altérations organiques qui, comme nous l'avons déjà dit, constituent la morve.

Le coryza devenu chronique amène la morve ; il se manifeste par l'écoulement nasal avec disparition des symptômes inflammatoires.

Cette maladie est une de celles que j'ai étudiées avec beaucoup de soin. Dans le mois d'août 1840, M. Dionnet, fermier à Lamivoie, commune de Saint-Mards (Aube), eut trois chevaux atteints du coryza gangreneux, je leur ai porté tous les soins dont je suis capable ; malgré tout, un des trois a succombé, et je l'ai soumis à une sérieuse anatomie.

Le 16 septembre 1840, M. Morissat-Normand, propriétaire à Saint-Mards, eut aussi un cheval atteint de ladite maladie, et je l'ai sauvé par les mêmes moyens que ceux que j'avais employés pour ceux de M. Dionnet.

COURBATURE.

La *courbature* est, à peu de chose près, la même maladie que la pleurésie ou la pneumonie ; cette expression est vague et inexacte, et on l'emploie souvent pour désigner l'ensemble des symptômes des maladies de poitrine. Le mot courbature, pour nous, n'a pas d'autre signification que celle de fatigue plus ou moins grande ou intense. Voyez à cet égard *fortraiture, fatigue proprement dite, pleurésie, pneumonie, catarrhe.*

Autrefois l'on disait, bien mal à propos, quand ces maladies étaient aiguës, *courbature aiguë*; quand elles étaient chroniques, on les appelait *vieille courbature*, maladie qui a été maintenue au nombre des cas redhibitoires, par la loi du 26 mai 1838. Enfin, la *vieille courbature* est une grande fatigue non traitée ou plus souvent encore mal traitée.

COURBE.

La *courbe* est une tumeur osseuse qui entoure quelquefois le bas du jarret.

La courbe est plus ordinaire aux chevaux de charrette qu'aux autres, parce qu'ils fatiguent plus des jarrets. La courbe commence son apparition par un engorgement chaud, douloureux, accompagné d'une claudication qui ordinairement cède aux applications émollientes. Cependant quand cet engorgement a disparu, la tumeur osseuse seule persiste, fait des progrès, occasionne une boiterie intermittente d'abord et qui devient ensuite permanente.

Pour tenter la curation de la courbe, il faut y

appliquer des cataplasmes émollients, et quand il ne reste plus que la partie dure, il faut y mettre le feu en raies ; à notre avis, c'est le meilleur moyen, encore ne réussit-il pas toujours ; à plus forte raison les faibles moyens que l'on emploie journellement réussissent-ils.

COURONNÉ (genou).

Tout le monde sait ce que c'est que le *couronnement du genou* ou contusion, avec ou sans déchirure de la peau, résultant d'un coup ou d'une chute.

Si la peau n'est pas déchirée, il faut lotionner la partie blessée avec de l'eau-de-vie camphrée n° 1, dans laquelle on trempera des linges pliés ; on les appliquera sur la partie malade, en les maintenant à l'aide d'une bande de toile de deux mètres de long au moins et d'une largeur de 25 à 30 centimètres. Ces traitements doivent être continués pendant quelques jours, au bout desquels il faut faire marcher le cheval.

Si la peau est déchirée, qu'il y ait une plaie plus ou moins grave, il faut la seringuer le plus possible avec du vinaigre, 15 ou 20 fois avant d'y rien appliquer, et retirer toute la terre et les petits cailloux qui auraient pu entrer dans le genou, ensuite on bandera le genou comme il est dit ci-dessus, en ayant soin de serrer un peu fortement, tout en évitant de gêner la circulation ; ce pansement devra être renouvelé deux fois par jour pendant trois jours, au bout desquels on appliquera sur la partie malade deux fois par jour pendant trois autres jours, et une fois seulement ensuite, jusqu'à parfaite guérison, un cataplasme de suie de cheminée détrempée dans du vinaigre fort. Étant traitée de cette manière, la guérison sera radicale, et ne présentera plus aucun gonflement.

COURS DE VENTRE, DIARRHÉE, DÉVOIEMENT.

Le *cours de ventre* est une affection des voies digestives caractérisée par des selles fréquentes et liquides. Le cheval atteint de diarrhée, ressent quelques petites coliques peu sensibles, mais qu'un conducteur actif et prévoyant ne peut manquer de découvrir, principalement peu de temps après le repas de l'animal.

On remarque, dans les déjections alvines, des substances alimentaires n'ayant éprouvé que peu d'altération en traversant les organes de la digestion. Les animaux atteints de diarrhée sont souvent fort altérés, mais il ne faut pas satisfaire brusquement cette altération, on doit seulement leur donner à boire en petite quantité à la fois et répéter plus souvent, car autrement il est incontestable que l'on augmenterait la diarrhée.

La première indication pour détruire le cours de ventre, est d'en détruire la cause; donc il faut rétablir les fonctions digestives, et à cet effet le meilleur moyen thérapeutique, est la purgation précédée et suivie des adoucissants, la paille de froment pour nourriture. Cette affection disparaît souvent du jour au lendemain sans aucun traitement; d'autres fois il suffit, pour la faire cesser, de mettre l'animal à la paille de froment pour toute nourriture et à l'eau ferrée et rouillée pour toute boisson; on peut aussi donner la poudre B, et un ou deux litres d'eau camphrée, le matin à jeûn. On peut se dispenser de purger l'animal quand l'affection ne paraît pas très-grande, mais si l'appétit et les forces ne revenaient pas, il faudrait sans hésitation recourir à la purgation.

CRAMPES.

Les *crampes*, ou contractions musculaires involontaires, quelquefois extrêmement douloureuses, surviennent ordinairement tout-à-coup et durent peu de temps; elles attaquent plus particulièrement les membres postérieurs du cheval, et le font considérablement boiter. L'animal se trouve quelquefois dans l'impossibilité de fléchir la jambe attaquée.

Les causes les plus communes de cette maladie, sont les compressions, les blessures, les positions forcées et une plus ou moins grande quantité d'humeurs âcres, qui en irritant le système nerveux, le fait réagir sur la fibre musculaire.

Quand la maladie est produite par cette dernière cause, elle dure plus long-temps et revient plus souvent et à des époques à peu près fixes; dans ce cas, il faut purger l'animal convenablement; si au contraire on pense que les crampes soient produites par les compressions ou les blessures, il suffira de frotter les parties affectées avec un bouchon de paille sèche, et à rebrousse poils, ensuite avec de l'eau-de-vie camphrée ammoniacalisée; la promenade forcée pendant 5 ou 10 minutes, suffit quelquefois pour les faire dissiper quand elles ne sont pas encore tenaces; dans ce cas il ne faut pas avoir peur de donner de forts coups de fouet pour forcer l'animal à changer de place. Dans cette circonstance, les saignées sont tout-à-fait inutiles et peuvent devenir nuisibles; les sétons, qui peuvent produire un bon effet, doivent être posés dans l'endroit le plus opposé à la douleur.

Pour aider à la guérison de cette affection, on

peut employer avec beaucoup de succès les diurétiques, les eaux nitrées, par exemple, et la poudre B.

CRAPAUD, ou Fic.

Le *crapaud* est véritablement le cancer du pied et
il est plus ou moins difficile à guérir, selon que les
fluides de l'animal sont plus ou moins altérés. Peu
de personnes ignorent ce que c'est que le crapaud,
et presque tous les cultivateurs en ont entendu
parler d'une manière vague.

Le crapaud affecte la peau ou le tissu réticulaire
de la fourchette, dénature la corne en cet endroit,
altère horriblement le coussinet plantaire, se pro-
page quelquefois aux parties environnantes et désorganise insensiblement tout le pied.

M. Girard dit, dans son *traité du pied*, « que dès
» que cette affection se déclare, la fourchette est
» tuméfiée, sa corne et molle et filandreuse, une
» humeur noirâtre et d'une odeur fétide s'écoule
» des commissures du vide de la fourchette et de
» dessous les paquets fibreux de cette portion du
» pied. Au fur et à mesure que le crapaud fait des
» progrès, les talons s'écartent et se dévient, la
» muraille se dilate, se renverse en dehors et se

» désunit en plusieurs endroits d'avec la solé;
» l'excrétion de l'humeur du crapaud augmente, le
» dessous du pied présente un aspect hideux et
» exhale une odeur infecte; la paroi se dessèche et
» se désunit d'avec le tissu feuilleté; cette espèce
» de cancer pousse de profondes racines et attaque
» les cartilages latéraux ou le tendon perforant, ou
» l'os du pied, ou toutes ses parties en même
» temps.

» Le crapaud peut se compliquer de poireaux,
» d'eaux aux jambes et de javarts; dans quelques
» circonstances il est consécutif aux eaux des jam-
» bes et devient alors très-rebelle ou incurable, de
» même que quand il est très-ancien, inhérent à la
» constitution, et qu'il forme une sorte d'émonctoire
» qui ne saurait être supprimé sans inconvénient.»

En cela nous ne sommes pas d'accord avec
M. Girard, car le pied n'est pas un émonctoire naturel. Le cancer affecte de préférence certaines parties de l'animal, c'est le pied principalement, et telle
quantité d'humeur qui s'y établisse, telle source
humorale que l'on croie y voir, il n'y a nul danger
de tout supprimer. Si les humeurs n'étaient extrêmement abondantes et d'une nature viciée, corrosive
ou corrompue, elles ne pratiqueraient aucun émonctoire étranger. Détruisez cette masse humorale, le
mauvais levain des fluides, à l'aide de la purgation

17

répétée convenablement, et tous ces effets désorganisateurs disparaîtront plus ou moins promptement, selon le temps qui se sera écoulé et les ravages que le mal aura faits, car il est assurément plus facile de nettoyer un quartier de terre de ses mauvaises herbes quand elles commencent à naître, que d'en purger un arpent dont les racines des herbes nuisibles seraient déjà propagées dans la terre depuis plusieurs années.

Les chevaux élevés dans des pàturages bas et aquatiques, ou qui habitent des écuries humides, sont plus exposés, dit-on, à contracter cette maladie; on prétend aussi que le séjour des pieds dans l'urine, dans le fumier, dans les boues âcres, peut en occasionner le développement; ce raisonnement peut être juste, et si tous les manques de précaution que nous venons d'indiquer ne sont pas la véritable cause de la maladie, ils peuvent beaucoup contribuer à la développer.

Nous avons vu, en 1849, un cheval qui n'avait pas été élevé dans les marécages, qui n'avait jamais marché dans les boues âcres et n'était pas resté dans l'urine ; à l'époque où nous le vîmes, il n'était ni dans l'urine, ni sur un fumier trop épais ; enfin, il recevait tous les soins hygiéniques qu'un cultivateur peut donner à ses chevaux, cependant il était atteint du crapaud dans les deux pieds de derrière depuis plusieurs années ; cela ne pouvait donc provenir que d'un vice humoral. En effet, quand le cheval eut été soumis 6 fois au régime purgatif, quelques jours suffirent pour qu'une amélioration très-sensible se manifestât ; quoi qu'il en soit, nous ne pûmes le guérir radicalement. En sus des purgatifs, nous eûmes aussi recours à l'emploi de quelques moyens chirurgicaux qui n'auraient probablement produit aucun résultat si nous n'avions commencé par purger l'animal de ses humeurs corrompues.

Lorsque l'on veut tenter la curation de cette affection, il faut commencer par purger le cheval, et 3 ou 4 jours après la dernière purgation, le saigner au col et lui donner tous les matins, à jeûn, 15 grammes de poudre B, et commencer les traitements externes, qui consistent dans la section de la corne détachée, et l'amputation des parties filandreuses et fongueuses. On prépare un fer à dessoler, des éclisses et une traverse ; on pare le pied à plat, jusqu'à la rosée, on place une ligature dans le pâturon, on enlève la portion de corne décollée, en la coupant un peu au-delà de sa désunion, et l'on met à découvert toutes les parties fongueuses et filandreuses, que l'on coupe successivement avec une feuille de sauge bien tranchante ; on rattache le fer et on couvre toute la surface de la plaie de forts plumasseaux d'étoupes imbibés d'alcool camphré, mélangé d'une petite quantité d'ammoniaque liquide.

On place d'abord deux plumasseaux sur les côtés de la fourchette, puis de petits sur les plaies vives et l'on remplit tous les vides du pied avec d'autres plumasseaux secs, minces, doux, parfaitement unis, bien gradués et rangés de manière à établir la pression la plus uniforme possible; on fixe ensuite l'étoupade au moyen des éclisses et de la traverse. Au second pansement, qui doit se faire le troisième jour, il faut avoir soin de bien essuyer, et doucement, avec un peu d'étoupe fine, la matière puriforme qui recouvre la plaie; on enlève, sans effusion de sang, la pellicule blanche qui peut s'être formée; on couvre les points fongueux avec de petits plumasseaux chargés d'ægyptiac dans lequel on aura mis 5 grammes de poudre de sublimé corrosif, par 30 grammes, tandis que l'on n'en place que des secs partout ailleurs; et l'on se dirige, quant au reste, de la même manière que dans l'application du premier appareil. Tous ces pansements doivent se renouveler tous les jours, jusqu'à ce que la corne soit bien formée, et que les parties reprennent consistance; à cette époque ils doivent être moins fréquents et devenir toujours de plus en plus rares, jusqu'à parfaite guérison; il faut avoir soin, aussi, de bien essuyer la plaie, puis, enlever bien doucement, avec une feuille de sauge, les pellicules résultant des eschares, et les petites couches de corne qui sont soulevées par la sérosité, et, conséquemment peu adhérentes et pouvant se détacher facilement.

Si les fongosités persistaient, il faudrait mettre plus de sublimé que nous l'avons dit.

Pendant tout le temps du traitement, la poudre B est utile; sur la fin, on peut aussi donner un ou deux purgatifs.

Ce moyen nous a toujours réussi.

CRAPAUDINE, TEIGNES, PEIGNES, MAL D'ANE.

La *crapaudine* est une maladie de la couronne qui a du rapport avec la gale et avec la maladie connue sous le nom de *eaux aux jambes*.

Elle se montre le plus ordinairement sur l'os de la couronne, à un demi-pouce environ au-dessus du sabot, à la partie antérieure tant de la jambe de devant que de celle de derrière.

Les poils sont hérissés ou réunis en petits tas, entre lesquels suinte une humeur fétide.

L'animal éprouve une si grande démangeaison en cet endroit, qu'il se gratte avec son autre pied, jusqu'à se déchirer la peau.

Quand le mal est ancien, la peau se sépare de l'ongle, se tuméfie et devient ulcéreuse.

Il faut d'abord laver cette affection quatre ou cinq fois par jour, avec de l'eau de son, en ayant soin de raser le poil le plus près possible.

Quand la partie est suffisamment adoucie, on prend une brosse de chiendent et l'on brosse les parties malades, de manière à ne pas faire sortir le sang.

Quand l'engorgement et la douleur sont diminués, on prend des plumasseaux (tampons d'étoupe aplatis), fortement imbibés d'eau-de-vie camphrée ammoniacalisée; on les applique sur les parties malades et on les maintient à l'aide d'une bande de toile de deux mètres environ de longueur, et onze ou douze centimètres de largeur.

On renouvelle ce pansement tous les jours, pendant huit ou dix jours; on applique ensuite sur le mal, de la suie de cheminée seulement, maintenue comme il est dit plus haut.

CREVASSES.

Les *Crevasses*, *gerçures* ou *fentes*, se forment le plus souvent aux pâturons, chez les chevaux qui ont marché long-temps dans la boue sans que l'on ait eu le soin de leur tenir les jambes propres. Cette affection est fort douloureuse, attendu que les gerçures se trouvent dans le centre du mouvement qui est la jointure, et que la douleur doit se renouveler à chaque pas. Lorsqu'on s'aperçoit de ce mal, il est urgent de le laver plusieurs fois par jour avec de l'eau de son; quand la douleur et l'engorgement sont diminués, on délaye de la suie de cheminée dans de l'huile douce, en consistance d'onguent, et on l'applique sur la plaie, on maintient le tout à l'aide d'une bande de toile, comme il est dit pour la crapaudine. Cet appareil doit être renouvelé tous les jours.

S'il se produisait un vide de quelques millimètres sous la gerçure, et que l'on pût y introduire un stylet, ou tout autre objet semblable, et qu'il entre sans résistance dans ce vide, alors le mal serait beaucoup plus dangereux, et prendrait le nom de *mule traversière*. Il faudrait panser deux fois par jour avec des étoupes trempées dans de l'huile et maintenir le pansement comme il est dit plus haut. La plaie étant suffisamment adoucie, on substituerait à l'huile camphrée la suie de cheminée détrempée. On peut aussi, sur la fin du traitement, panser la plaie de temps en temps avec l'eau-de-vie camphrée n° 3.

Toutes ces sortes de maux n'existent pas quand

on a soin de panser les chevaux ainsi que nous l'avons indiqué.

DARTRES.

Les *dartres*, qui n'ont pas besoin de définition, sont des maladies de la peau affectant des formes très-variées. On les divise ordinairement en *bénigne* et en *maligne* ; il n'est pas rare de voir dégénérer les dartres malignes en ulcères d'une mauvaise nature. Les premiers symptômes qui en font supposer l'existence sont un poil hérissé, terne, presque déteint, toujours recouvert d'une crasse pulvérulente qui semble se renouveler à mesure que l'étrille la fait tomber. Des pustules de diverse nature se joignent quelquefois à ces premiers signes, ainsi que des boutons purulents, des croûtes sèches ou humectées d'une humeur corrosive, âcre et puante, et enfin, souvent l'ulcération de la peau et des démangeaisons si vives que l'animal s'écorche lui-même en se frottant contre tous les objets qui l'entourent. Ces derniers symptômes caractérisent presque toujours les dartres malignes.

Pour guérir les dartres légères, il suffit ordinairement de mettre le cheval à la paille de froment, à l'eau blanche nitrée, aux barbotages, et de graisser d'abord les dartres avec de l'eau de savon, 4 ou 5 fois par jour pendant 2 ou 3 jours, et ensuite avec l'huile anti-dartreuse une ou 2 fois en deux jours. Pour les dartres malignes, il faut mettre le cheval au régime ci-dessus pendant 5 ou 6 jours ; on le purge ensuite deux fois par jour, et deux ou trois jours après la dernière purgation, on graisse l'animal avec ce qui est prescrit pour la gale N° 1, une fois seulement ; il ne faut pas le faire travailler tant que la plaie n'est pas à peu près guérie, car il pourrait en résulter des accidents plus graves.

DÉGOUT.

Le *dégoût* est moins une affection particulière qu'un symptôme commun à toutes les maladies. S'il arrivait cependant qu'un cheval refusât les aliments sans donner aucun signe de maladie, il suffirait alors de le mettre au régime de la paille de froment et de l'eau blanche, de lui donner 5 ou 6 lavements en savon par jour, de la poudre, B, et de lui frotter les gencives, les lèvres et la langue avec du vinaigre salé ; on pourrait aussi lui mettre pendant une heure chaque jour, un mastigadour trempé autant de fois que les circonstances l'exigeraient, dans de l'eau salée mélangée de quelques gouttes d'ammoniaque liquide, 5 ou 6 gouttes par litre, par exemple

cette quantité doit être plutôt diminuée qu'augmentée.

DESSOLURE.

Dessoler, c'est enlever la sole de corne afin de
mettre à découvert une plaie de la sole charnue.
On dessole pour bien des cas, mais plus ou moins
à propos ; les cas les plus ordinaires sont pour les
clous de rue, les bleimes suppurées, les fics, etc. ;
quelle que soit la cause qui rende cette opération
nécessaire, voici la manière de la faire :

Un ou deux jours avant l'opération, on prépare
le pied en l'humectant avec de la bouse de vache
ou avec des cataplasmes de farine de lin ou bien
encore avec de la terre glaise bien imbibée d'eau
simple. Cette humectation a l'avantage de rendre la
sole plus souple et l'opération moins douloureuse.
Il y a des chevaux si doux, que l'on peut les dessoler à la main, mais par précaution on les met dans
le travail ou mieux encore on les jette par terre, à
la manière accoutumée, en ayant préalablement
paré la sole, surtout à la circonférence, afin de l'a-
mincir et de la rendre plus facile à détacher à cet
endroit. Cela fait, on présente et on essaie le fer
destiné à maintenir l'appareil ; il doit être étroit,

peu couvert, ayant peu d'ajusture, et les éponges droites; on dispose aussi les autres parties de l'appareil, consistant en 4 ou 5 clous courts et forts, quelques plumasseaux et une ligature pour serrer le pâturon avec une corde de 2 mètres de long et de la grosseur d'un cordeau d'horloge, afin d'éviter l'hémorragie; on s'arme du boutoir ou du bistouri si on a la main assez exercée, on détache la sole tout autour du sabot en laissant, toutefois, l'épaisseur d'une pièce de dix centimes; il faut avoir soin aussi d'amincir la sole tout autour, en commençant toujours en pince; ensuite, on introduit entre les deux soles, l'instrument nommé *lève-sole*, on le pousse avec assez de précaution pour ne pas déchirer la sole charnue, jusqu'à ce que la sole de corne soit détachée de moitié environ alors on prend des triquoises mousses, on saisit la portion soulevée et on achève de la détacher tout du long, en renversant sur la fourchette.

Après avoir détaché un côté, on passe à l'autre. Quand la sole ne tient plus qu'à la fourchette et aux talons, il n'est besoin que de tirer en droite ligne, de devant en arrière, pour achever de l'emporter.

Cette opération terminée, il reste tout autour de la sole charnue un cercle de corne qu'il faut couper, sans quoi il y aurait un trop grand espace à remplir de plumasseaux, ce qui échaufferait la sole charnue et empêcherait aussi de faire une égale compression, à cause de la quantité de plumasseaux qu'il faudrait employer.

Lorsque la sole est enlevée, s'il existe des chairs fongueuses, baveuses ou surabondantes, il faut bien se garder d'y mettre aucun caustique pour les guérir, car ce serait rendre le mal incurable ; il est préférable de couper, l'incision étant beaucoup moins douloureuse et moins dangereuse.

Si la dessolure a été faite pour une encastelure ou pour un clou de rue qui aurait blessé la fourchette, on la fend d'un bout à l'autre. S'il existe quelques bleimes, ou chairs meurtries, on leur donne quelques coups de bistouri ou de rénette ; ensuite on fait lâcher la corde qui serre le pâturon et on laisse saigner le pied convenablement ; on serre de nouveau la corde, on attache le fer et on pose plusieurs plumasseaux les uns sur les autres, dans toute l'étendue de la sole, afin de faire une compression égale et modérée ; on pose les éclisses, on recouvre le talon d'un plumasseau, retenu, ainsi que les éclisses, par une bande ; enfin, on ôte la corde du pâturon, on fait relever le cheval et on le place sur une bonne litière.

Les plumasseaux peuvent être secs ou humectés d'eau-de-vie étendue d'eau, selon les circonstances.

On peut laisser le premier appareil pendant quatre ou cinq jours, si rien n'exige qu'on le lève plus tôt.

Le rétablissement de l'animal nécessite un repos plus ou moins long, suivant l'état des humeurs des fluides du sujet.

Nous avons pour habitude de purger deux fois avant cette opération, et nous sommes convaincu que le rétablissement est bien plus prompt et que les accidents qu'occasionnent les saisons, arrivent plus rarement. On peut aussi se dispenser de purger, mais alors il faut choisir un temps doux pour faire cette opération ; les grandes chaleurs et les gelées ne sont pas favorables pour la réussite ; on doit faire tout son possible pour tenir l'opéré à une température douce.

DIABÈTE, DIABETÈS.

Le cheval atteint du *diabète* rend beaucoup plus d'urines qu'il ne prend de boisson. Nous avons vu un cheval diabétique rendre au moins 200 litres d'urine en un jour. Le diabète est une maladie d'une extrême gravité ; sur cent animaux qui en sont atteints, il en meurt 95.

La couleur des urines variant beaucoup, on ne

peut en ce cas en désigner aucune d'une manière précise. Un fait extraordinaire et que la pathologie ne peut définir positivement, c'est que successivement les urines ont un goût sucré et une amertume insupportable. Comment peuvent-elles changer de nature au point de fournir du sucre et successivement de l'amertume ? C'est une question que nous ne pouvons résoudre. Quoi qu'il en soit, les urines étant le produit des sécrétions rénales, on peut conjecturer que le diabète a son siége dans les reins et qu'il consiste dans une dépravation du travail de ces mêmes organes, puisque c'est, selon nous, le résultat de ce travail qui constitue le diabète. La cause prochaine de cette affection est inconnue, mais ce qu'il y a de certain et d'incontestable, c'est que les produits des sécrétions rénales ne peuvent subir d'aussi grands changements par le seul fait du travail des reins, alors il est supposable qu'il existe dans les matériaux de l'urine, dans le sang, dans les humeurs, un germe, un principe qui favorise et qui détermine ces morbides transformations. Quoique la cause prochaine du diabète soit inconnue, elle ne peut exister que dans les humeurs. Le moyen qui offre le plus de chances de succès, est la purgation plusieurs fois répétée, un litre ou deux d'eau camphrée tous les matins à jeûn, le frictionnement deux fois par jour de toutes les jointures, des reins et du dessous du ventre avec l'eau-de-vie camphrée n°s 1 ou 2, et pour nourriture, quelques poignées de foin de bonne qualité, d'une poignée de froment à tous les repas, de l'avoine en quantité raisonnable et pour boisson de l'eau rouillée ; le trèfle est une nourriture qui convient beaucoup dans cette maladie ; on peut en donner aux animaux atteints de diabète, trois fois par jour avec beaucoup de succès ; l'exercice modéré peut aussi être un moyen très-urgent après 8 ou 10 jours de traitement.

DIGESTIONS DÉFECTUEUSES, TROUBLE DES FONCTIONS DIGESTIVES.

Il arrive souvent, principalement chez les cultivateurs, des ventes ou des pertes de chevaux sans causes bien connues. Beaucoup de propriétaires s'étonnent que leurs chevaux mangent peu, mais d'un assez bon appétit, sont indisposés après le repas, ou même en mangeant, maigrissent sensiblement, perdent leur courage et leur force, sans symptômes que ceux-ci : l'animal est constipé ou relâché, il a le poil hérissé, la tête lourde, la conjonctive enflammée ou d'une pâleur prononcée, l'animal alors ne tarde pas à tomber en consomption.

La majeure partie des vétérinaires disent que cette maladie est une affection de poitrine tuberculeuse du poumon, un embarras gastrique. Nous croyons qu'elle serait mieux qualifiée *trouble des fonctions digestives*, attendu que c'est une maladie bien réelle du canal digestif, toujours occasionnée par une surabondance et une altération des humeurs et progressive.

Quand les meules et les bluteaux d'un moulin sont encrassés, il faut les nettoyer ; sans cette précaution, les meules finiraient par ne plus pouvoir écraser les grains et les bluteaux par mêler le son avec la farine. Quand les rouages d'une horloge sont encrassés, elle ne va plus ou elle va mal ; quand ils sont décrassés, elle marche bien. Le corps de l'animal a comparativement ses meules, ses bluteaux et ses rouages ; aussi, pour opérer la digestion des aliments qui forment sa subsistance et pour que l'opération digestive se fasse bien, il faut que tous les organes digestifs soient dans leur état normal et ne soient atteints d'aucun corps nuisible. Il est presque impossible que l'un ou l'autre des organes digestifs ne s'encrasse pas à la suite du temps ; il est donc urgent de les nettoyer tous.

Pour satisfaire cette indication thérapeutique, il n'y a que la purgation active et répétée convenablement, qui puisse être mise en pratique ; la diète de quelques jours et la paille de froment ensuite, pour nourriture; l'eau blanche un peu tiède pour boisson et 5 ou 6 lavements par jour. Les sétons ne sont pas nécessaires et les saignées sont souvent mortelles. Le frictionnement des membres, ,des reins et des lombes, depuis le garrot jusque sur la croupe, la poitrine et la gorge, avec de l'eau-de-vie camphrée n°s 1 ou 2, produisent toujours de bons résultats. On donne tous les matins, à jeûn, la poudre B, pendant 10 ou 12 jours et quelquefois plus, selon le temps.

EAUX AUX JAMBES.

On donne ce nom à une affection érysipélateuse qui attaque plus ou moins fréquemment la partie inférieure des membres des chevaux, principalement de ceux qui proviennent des pâturages gras et humides, car ils sont naturellement plus chargés d'humeurs que les autres et ont aussi les jarrets plus gros et plus chargés de poils; ceux qui sont mal soignés et qui marchent beaucoup dans les boues âcres, n'y sont pas moins exposés.

Les *eaux* sont d'autant plus difficiles à guérir, que les humeurs du sujet sont d'une qualité âcre et corrosive et aussi du temps qui s'est écoulé depuis que l'animal en est atteint.

Ce mal se fixe ordinairement sur le pâturon, et gagne plus ou moins lentement le boulet et le canon; il s'annonce par un gonflement douloureux, accompagné d'un suintement d'une humeur corrosive et puante qui augmente assez rapidement.

Quelquefois la peau se soulève et se gerce, et il peut, dans ce cas, survenir des arêtes, des grappes, des poireaux, et le sabot peut se détacher si on laisse trop vieillir la maladie.

Pour guérir cette affection, il faut d'abord couper les poils le plus ras possible, et bien laver les parties malades avec de l'eau de son pendant quatre jours, deux fois par jour, ensuite avec de l'eau de savon pendant quatre jours, deux fois par jour; on passe deux sétons au poitrail du sujet; on le met à la paille de froment pour toute nourriture, au son mouillé et à l'eau blanche pour boissons, et à partir de ce moment on donne la poudre B, tous les matins, pendant huit jours, au bout desquels on saigne à la veine jugulaire (*veine du col*); deux ou trois jours après, on graisse les parties affectées d'eaux, avec l'huile anti-dartreuse, trois fois en un jour, le lendemain deux fois, le surlendemain une fois; sept ou huit jours après on frotte les jambes avec de l'alcool camphré, à l'aide d'une vieille pièce de toile.

Les sétons doivent rester encore au moins douze ou quinze jours après tous ces traitements.

Les *eaux*, à moins qu'elles ne soient trop invétérées, ne peuvent résister à ce genre de traitement ; après avoir travaillé sans relâche à le découvrir, nous sommes heureux aujourd'hui de pouvoir le faire connaître.

Pour prévenir les rechutes, il faut éviter de faire marcher les animaux dans les trous, leur tendre souvent les jambes, les frotter de temps en temps avec de l'eau-de-vie camphrée n°s 1 ou 2, et purger deux ou trois fois sur la fin des traitements ci-dessus indiqués. On peut aussi poser quelques raies de feu sur la place où le mal a eu lieu.

ÉBULLITION.

On appelle *ébullition* une éruption presque subite de petits boutons et même de cloques plus ou moins larges, qui se manifestent sur le corps, mais plus particulièrement aux côtes de la poitrine, aux épaules et vers l'encolure. Ces boutons sont superficiels et viennent ordinairement après les grandes fatigues et les grandes sueurs ; les fourrages nouveaux peuvent d'autant plus y prédisposer que l'animal est plus chargé d'humeurs de mauvaise qualité. Ces boutons sont toujours sans danger ; un régime rafraîchissant et adoucissant et quelques lavements au savon, peuvent les faire disparaître sans peine, et sans que l'animal s'en trouve nullement gêné.

Une ou deux purgations ne sont jamais inutiles, mais elles ne sont pas indispensables.

ÉCART ou Effort de l'épaule.

L'*écart* est une boiterie provenant d'un tiraillement violent occasionné dans les parties qui attachent le membre antérieur au thorax, par suite d'une chute, d'une glissade, d'un faux pas ou de toute autre cause tendant à écarter l'omoplate de sa place.

Beaucoup de personnes se trompent sur l'écart, et placent souvent le mal dans l'épaule, bien qu'il soit dans le pied ou aux articulations inférieures de la jambe ; c'est pécher par ignorance ou par manque d'attention, de recherches ou de réflexions. Malheureusement cela n'arrive que trop souvent pour les cultivateurs et plus encore pour les pauvres animaux qui supportent inutilement des traitements barbares et sont encore obligés de vivre et de mourir avec leurs infirmités, n'en recevant pas moins pour cela d'horribles coups de fouet, quand ce ne sont pas des coups de bâton.

Cet accident ne laisse pas que de causer une perte notable au propriétaire, car un cheval boiteux de cette nature, perd en peu de temps au moins la moitié de sa valeur.

On reconnaît qu'un cheval s'est donné un écart, au gonflement douloureux, accompagné de chaleur, qui se manifeste dans la partie lésée ; à la difficulté qu'il éprouve à la mouvoir et à ce qu'il marche en fauchant.

Si l'on s'apercevait de l'accident à l'instant même et avant l'invasion des symptômes inflammatoires, il faudrait de suite appliquer sur l'épaule une grande quantité d'étoupes trempées dans un mélange d'é-gale quantité d'eau sédative n° 1 et d'extrait de saturne, le tout maintenu par un grand morceau de forte toile, convenablement arrangé, et renouveler ce pansement douze ou quinze fois en vingt-quatre heures ; le lendemain, en frictionnant la partie lésée avec de l'alcool camphré, six ou sept fois dans la journée ; le surlendemain, et les jours suivants, avec de l'eau-de-vie camphrée n° 3, trois ou quatre fois dans la journée ; on peut aussi passer un ou deux sétons au poitrail, et les laisser au moins un mois ; il faut autant que possible le laisser à l'écurie, ou le mettre en liberté dans un enclos sans inégalités ni fossés, ni haies trop basses.

Si l'inflammation était déclarée, il faudrait de suite saigner l'animal à la veine de l'ars et ensuite appliquer sur l'endroit malade des cataplasmes en son bouilli, arrosés de quelques cuillerées de vinaigre; les trois premiers jours, ces cataplasmes devront être renouvelés six ou sept fois dans la journée; quand l'inflammation a disparu à peu près, on emploie les moyens ci-dessus indiqués.

La purgation convenablement répétée peut être d'un grand secours, mais comme il coûte toujours aux propriétaires, aux cultivateurs, de purger les chevaux, il vaut mieux donner la poudre B.

L'*effort des hanches* est la même chose que l'écart, et demande le même traitement.

ÉCHAUFFEMENT DES POULAINS.

Les jeunes étalons qu'on laisse en liberté avec les femelles sont sujets à avoir la verge et les testicules enflés. Ce mal s'accroît généralement par la malpropreté.

Quand il en est ainsi, il faut approcher l'animal d'une jument, afin de lui faire sortir la verge du fourreau et la bien déterger en la lavant avec de l'eau de son tiède, additionnée d'un peu d'extrait de saturne. Si malgré ces traitements, l'inflammation ne se dissipait pas en quelques jours, il faudrait étuver soir et matin les parties malades avec une décoction de fleurs de sureau et de tilleul (une demi-poignée de chaque dans un litre d'eau, faire réduire à moitié) et mettre le sujet au régime de la paille de froment et de l'eau blanchie, avec moitié son et moitié farine ; lui faire prendre, si le temps le permet, des bains de rivière tous les jours à midi. S'il y avait émission de semence, ce qui ne pourrait manquer de le ruiner en peu de temps, il faudrait, en sus des traitements ci-dessus indiqués, laisser le cheval deux heures au bain et le purger deux fois. Il est bien entendu qu'on ne doit pas le mener au bain le jour où on le préparera à la purgation, ni le jour où elle lui sera administrée, ni les deux ou trois jours qui suivront les effets de la purgation. On pourra aussi lui donner de l'eau nitrée, dans dix litres d'eau blanche, pendant trois ou quatre jours seulement.

EFFORT du Boulet. Voyez Entorse.

ENCASTELURE.

L'*encastelure* est un resserrement de la muraille à la couronne, aux quartiers et aux talons, en un mot, un resserrement du sabot. L'encastelure est naturelle ou accidentelle, mais toujours incurable, toutefois le cheval peut rendre encore quelques services si on lui graisse souvent la corne avec l'onguent de pied et si on lui emplit la sole de terre glaise humide, si encore on a affaire à un bon maréchal, qui sache qu'il faut parer ces sortes de pieds à plat; ne pas laisser les talons hauts, mettre des fers courts, à lunette ou à éponges tronquées, etc. Nous faisons peu de cas des chevaux atteints de cette maladie, à cause des accidents qui peuvent en résulter.

ENCHEVRETURE.

Lorsque le cheval se gratte avec son pied de derrière à la tête, il se prend quelquefois le pâturon (ordinairement appelé cramponnière) dans sa longe, fait de grands efforts pour se retirer la jambe, et se fait une plaie, souvent considérable, dans la cramponnière. Il peut encore se prendre de bien d'autres manières. Il faut panser cette plaie les trois premiers jours avec du suif fondu, avec de l'eau-de-vie et ensuite avec de la suie de cheminée détrempée avec de l'eau-de-vie camphrée. L'un ou l'autre de ces onguents s'étend sur des étoupes et s'applique sur la plaie, et on maintient le tout à l'aide d'une bande de toile d'un mètre environ de longueur ; les trois premiers jours, on renouvelle l'appareil deux ou trois fois par jour, et ensuite (le pansement de la fin) une fois par jour seulement. Il faut avoir soin de bien nettoyer la plaie chaque fois qu'on la panse.

ENCLOUURE.

L'*enclouure* est à peu près la même chose que la piqûre, seulement, dans l'enclouure, le clou, au lieu d'être retiré, reste plus ou moins long-temps. On s'aperçoit qu'un cheval est encloué quand il boite et qu'il feint beaucoup en le pinçant à l'endroit où est le clou, et qu'en retirant le clou il en sort de la matière. Quelquefois la matière fuse jusqu'au haut du sabot, vers la couronne ; quand il en est ainsi, il faut parer un peu le pied partout et ensuite faire brèche à la corne pour pénétrer jusqu'au fond de la blessure et panser avec des étoupes trempées dans de l'eau-de-vie camphrée n° 3, étendue d'un quart d'eau, deux ou trois fois par jour, le tout maintenu par une bande. Si la matière avait fusé comme il est dit ci-dessus, il faudrait se hâter de lui donner issue par cette voie ; si au contraire elle avait fusé sous la face plantaire, il faudrait enlever la sole et panser avec des étoupes trempées dans de l'eau-de-vie camphrée mélangée d'un tiers d'eau, et renouveler ce pansement deux fois par jour pendant trois jours, ensuite une fois seulement pendant trois jours, et enfin une fois tous les deux jours jusqu'à parfaite guérison. Voyez *Dessolure*. Le discernement du propriétaire doit servir de guide pour le surplus du traitement.

ENGORGEMENT DES JAMBES. Voyez OEdème.

Le *gonflement des jambes* est assez commun chez les chevaux nourris dans des lieux humides, et aussi chez ceux qui restent trop long-temps à l'écurie. L'exercice, de bons et réguliers pansements de la main, les frictions d'eau-de-vie camphrée ammoniacalisée deux fois par semaine ou une fois seulement, peuvent prévenir cette affection. Le simple engorgement des jambes ne peut être l'avant-coureur, comme le disent plusieurs auteurs, des eaux ni des queues de rat, quand l'engorgement est simple, c'est-à-dire quand la circulation se fait lentement dans ces parties ; quand la sérosité ne joue pas son rôle normal sans autres causes que le trop long séjour à l'écurie ou l'habitation de lieux humides, etc., etc.

ENTÉRITE, GASTRO-ENTÉRITE.

L'*entérite* est un écoulement plus ou moins considérable de bile, qui se fait dans le canal intestinal; cette bile épanchée, qui est toujours de très-mauvaise nature, occasionne des coliques assez vives, selon la quantité et la corrosivité de la bile. Si l'écoulement est simple, c'est-à-dire peu abondant, l'animal perd l'appétit et ressent des douleurs de ventre; il a les flancs retroussés, fiente peu, a les yeux un peu jaunes, le pouls très-fort; son urine est jaunâtre ou roussâtre, et rare; quand il sue, la sueur sent la bile; le cheval est comme étourdi, et semble ne plus voir clair. A cause de la lenteur des coliques, le cheval peut être ainsi pendant plusieurs jours, maigrissant beaucoup; au bout de quelques jours, l'écoulement étant plus abondant et la résidence de la bile première ayant endommagé les parties quelle a touchées, l'animal ressent de très-vives coliques, qui ne manquent jamais d'amener promptement la mort.

Dès que l'on s'aperçoit de quelques-uns de ces symptômes, il faut mettre l'animal à une diète sévère, lui administrer une grande quantité de lavements en tabac, en savon et ensuite en son, lui donner six litres d'eau camphrée nitrée (5 grammes de sel de nitre par litre) en trois ou quatre heures et ensuite de l'eau de son fortement miellée, et le lendemain le purger, (purgation à l'huile de ricin), et recommencer le surlendemain des derniers effets de la première purgation.

Quand l'écoulement est très-grand et qu'il s'annonce d'une manière brusque et précipitée, il constitue l'entérite sur-aiguë, maladie mieux connue sous le nom de tranchées rouges.

L'animal qui en est atteint éprouve d'horribles douleurs de ventre; il a à peu près les symptômes ci-devant décrits, seulement ils sont beaucoup plus fréquents et plus forts. Enfin il s'agite continuellement, se tourmente sans cesse, frappe du pied, regarde son estomac, son ventre, gratte le sol, se couche et se relève précipitamment, il se livre enfin à toutes sortes de mouvements désordonnés. Sa respiration est fréquente et courte, ses naseaux sont très-dilatés, ses yeux sont tout-à-fait hagards, son corps se couvre de sueur, son cœur bat avec force. Il n'a pas d'évacuations stercorales, son urine est presque toujours rougeâtre et ne sort qu'avec peine; les douleurs qu'il ressent, enfin, sont plus violentes que dans toutes les autres coliques, elles vont toujours en augmentant et ne lui laissent aucun repos.

Quand, après avoir horriblement souffert, un calme apparent se manifeste, ce n'est souvent que le précurseur de la gangrène des intestins, et de la mort.

Il faut, aussitôt qu'on remarque quelques-uns de ces symptômes, faire ce que nous avons indiqué pour l'écoulement simple ; seulement, au lieu de six litres d'eau camphrée, n'en donner que douze en quatre ou cinq heures, et lui frictionner le dessous du ventre, les reins et toutes les articulations des jambes, et le front, avec de l'eau sédative n° 1. On peut mettre dans chaque litre d'eau camphrée un demi-verre de vinaigre, un quart seulement s'il est très-fort, et purger comme il est dit pour l'entérite simple. Nous avons obtenu de bons résultats des bains de vapeurs sous le ventre, bains composés de mauve et de son, et quelquefois avec de l'eau pure.

ENTORSE.

L'*entorse* est la suite d'un effort très-violent. Le pied du cheval pris entre deux pavés ou dans une position analogue, et ayant fait un effort pour l'en retirer, peut se froisser ou se meurtrir un tendon ou un ligament de quelqu'articulation, du boulet principalement. Les faux pas, les chutes, peuvent encore occasionner l'entorse. Cette affection est plus commune qu'on ne le pense, car bien souvent le cheval boite de cette maladie, sans que l'on en ait le moindre doute, et on s'en prend à des causes qui n'y ont pas le moindre rapport; on peut en découvrir la véritable çause, et éviter bien des erreurs, en se rappelant dans quelles circonstances l'animal a pu se trouver, et ce qui a pu déterminer cette maladie, traitée aujourd'hui avec tant de négligence.

Beaucoup de chevaux sont estropiés pour n'avoir pas été convenablement traités d'une entorse. On cherche souvent le mal ailleurs que là où il est.

L'entorse est plus ou moins forte ou sensible, selon la distraction des ligaments. Le gonflement peut être très-considérable, et alors le cheval boite beaucoup; si le gonflement est léger, on s'en aperçoit difficilement; le gonflement peut être presque insensible et occasionner cependant que le cheval boite beaucoup. Ainsi que nous l'avons dit, l'entorse est ordinaire au boulet, mais elle peut aussi survenir à toutes les articulations.

Quand on s'aperçoit qu'un cheval boite, il faut en chercher la cause attentivement; si l'on aperçoit de l'inflammation à une articulation quelconque, d'une sensibilité qui ne soit pas occasionnée par d'autres causes que celles qui font naître l'entorse, alors on peut être convaincu de l'évidence de la maladie.

Quand l'entorse existe au boulet, il faut aussitôt mettre le pied de l'animal dans un seau d'eau très-froide, pendant dix minutes à peu près, cinq ou six fois le premier jour ; le lendemain ou le soir même, on l'enveloppe d'étoupes fortement trempées dans de l'eau sédative, on recouvre le tout d'une bande de toile. Ce pansement doit être renouvelé autant de fois qu'il est nécessaire.

Si l'entorse est très-forte, ou qu'elle ne soit pas au boulet, il faut saigner à la pince du pied, du côté malade ; retirer à peu près un litre de sang, envelopper la partie atteinte avec des étoupes et une bande de toile, trempées dans du vinaigre bouilli, avec une petite poignée de fleurs de sureau et de tilleul. Si on ne peut l'envelopper, il faut la frotter sept ou huit fois par jour ; quand l'inflammation a disparu, on la frotte deux ou trois fois avec de l'eau-de-vie camphrée n° 1 et ensuite avec de l'eau sédative, jusqu'à parfaite guérison.

ÉPARVIN.

L'*éparvin* est une tumeur calleuse semblable à la

courbe, qui se forme à la partie inférieure du jarret
(Voyez *Courbe*). On nomme *éparvin mou*, une espèce
de tumeur molle, élastique, qui se forme ordinairement en dedans du jarret, et quelquefois en dedans et en dehors, à la suite d'un effort de cette
partie. Le feu est le meilleur remède. On nomme
aussi *éparvin sec*, mais improprement, une disposition qui fait harper le cheval, c'est-à-dire lui fait
fléchir le jarret en marchant, plus que d'habitude.
Nous avons souvent posé quelques raies de feu avec
succès.

ÉPAULES (Cheval pris des).

Il arrive trop communément, principalement aux
cultivateurs, de rentrer leurs chevaux à l'écurie
sans autres précautions que celles de leur donner à
boire et à manger, et sans faire attention s'ils sont
ou non en sueur. S'il arrive qu'on les rentre à l'é-
curie beaucoup trop échauffés et tout en sueurs, si
on les laisse reposer ailleurs que dans l'écurie assez
long-temps pour qu'ils se refroidissent, et sans les
bouchonner et les couvrir, la transpiration, coulant
de l'épaule le long des membres, s'y refroidit et
cause cette maladie. On est alors tout étonné, quelques heures après, quand on retourne à l'écurie, de

voir l'animal ne plus pouvoir bouger, et remuer seulement l'une ou l'autre des deux jambes de devant.

Certains cultivateurs nomment cette affection : *fourbure du train de devant*, et saignent eux-mêmes leur cheval ou le font saigner par leur maréchal, qui n'est souvent pas plus avancé qu'eux dans l'art vétérinaire. Par l'effet de cette saignée, et de médicaments plus ou moins ridicules, ils ne font qu'aggraver la maladie, quand ils ne la rendent pas incurable.

Symptômes : On reconnaît qu'un cheval est pris des épaules, à la raideur des membres, à la difficulté de les mouvoir et au mieux apparent qu'on aperçoit quand on le fait marcher pendant une demi-heure. A mesure que le cheval marche, ses jambes se dégourdissent, et quand on le rentre à l'écurie, il est difficile de s'apercevoir s'il en est atteint, mais quelques minutes de repos suffisent pour lui rendre la commotion extrêmement difficile. Dans cette maladie, le cheval a les pieds douloureux, ils s'attèrent et se resserrent facilement, et l'animal en est bien souvent estropié, quand on ne le pas traite convenablement. Quand on s'aperçoit du mal, il faut de suite déferrer le cheval, lui parer les pieds et lui appliquer en dessous des cataplasmes en son, bien chauds ; les renouveler cinq ou six fois le premier jour, deux ou trois fois le second, le bouchonner plusieurs fois par jour par tout le corps, mais principalement sur les parties malades. Cette opération terminée, on le couvre et on frictionne les membres affectés, six fois le premier jour et trois fois jusqu'à parfaite guérison, de la manière suivante : on prend deux poignées de fleurs de sureau que l'on fait bouillir dans six litres de gros vin, pendant quinze à vingt minutes, on passe le tout au travers d'un linge, et on ajoute à cette décoction deux litres d'eau-de-vie ammoniacalisée camphrée, premier degré; il faut ensuite remuer le tout et couvrir le vase hermétiquement. Quand on fait les frictions, on prend dans un vase la quantité voulue. Il est urgent de ne pas laisser refroidir les frictions sur les membres; à cet effet, il faut frotter jusqu'à ce que les poils soient presque secs. S'il survient de l'amélioration, il faut purger le sujet deux fois, pour empêcher une rechute toujours dangereuse, les humeurs étant encore de plus mauvaise nature qu'auparavant.

ÉRYSIPÈLE.

L'*érysipèle* est une maladie caractérisée par une inflammation de la peau, avec douleurs vives et piquantes, accompagnées d'une chaleur âcre et brûlante et de démangeaisons outrées. En prenant bien garde, il est facile de s'apercevoir que la peau est beaucoup plus rouge que d'habitude. Cette rougeur disparaît à la pression du doigt, et revient promptement aussitôt qu'on cesse de la comprimer; c'est là un des symptômes les plus certains de cette affection.

Il arrive souvent que la partie de la peau affectée se recouvre de vésicules phlycténoïdes qui deviennent volumineuses, suivant les circonstances.

L'érysipèle peut aussi se déclarer sous forme d'éruption milliaire.

Aux symptômes locaux ci-dessus énoncés, peuvent se joindre des troubles généraux quelquefois très-intenses, le dégoût, des mouvements fébriles, le délire. Il est cependant assez rare de voir tous ces symptômes réunis.

L'érysipèle peut être simple, phlegmoneux, œdémateux, ou gangreneux. Voyez ces *Maladies*. Tout d'abord l'érysipèle est simple, et il est possible de l'empêcher de prendre un caractère plus dangereux en suivant promptement les traitements ci-après indiqués : Dès que l'on s'aperçoit d'une éruption érysipélateuse, il faut éviter le froid et les coups de vents et mettre l'animal dans une écurie où la température soit douce, puis on le couvre, et on le met à une diète absolue pendant les deux premiers jours de la maladie; on lui donne de l'eau blanche nitrée, à volonté, pour boisson (30 grammes par seau), on bassine les parties affectées avec de l'alcool camphré, trois fois le premier jour, deux fois le deuxième, une fois le troisième, on lui fait une petite saignée dérivatrice, on le bouchonne bien, et le lendemain on le purge; une douzaine d'heures après les effets de la purgation, on lui donne une seconde purgation et on les active autant que possible.

L'érysipèle, si dangereux qu'il paraisse être, ne peut résister à ces traitements, et ne peut non plus se répercuter.

Si l'animal est sujet aux éruptions, il faut insister davantage sur la purgation, car en détruisant la cause du mal on en détruit naturellement les effets. Lorsque les purgations ont produit leurs effets, on peut donner tous les jours quelques lavements en son et de l'orge cassée, brouillée avec de l'eau un peu tiède, pour principale nourriture. On ne doit apporter aucun retard dans ces traitements, car l'animal peut mourir promptement.

Un de nos amis, célèbre praticien vétérinaire traite l'érysipèle ainsi : il fait deux saignées en trois heures, fait bouchonner l'animal modérément, le fait mettre à une température douce et frotte les parties affectées avec ce qui suit : il fait bouillir, dans deux litres d'eau, et pendant une minute, une poignée de fleurs de sureau et une poignée de fleurs de tilleul ; il passe le tout au travers d'un linge, il y ajoute deux grammes d'extrait de saturne et il délaie, dans cette décoction, une quantité suffisante de fiente de vache et en enduit toutes les parties affectées de boutons ; il renouvelle expressément deux fois par jour et pendant trois jours, ensuite il fait bouillir de la fleur de sureau avec du lait et en bassine deux fois par jour les parties malades, etc.

La personne dont nous parlons nous a plusieurs fois exprimé sa satisfaction au sujet de ce traitement.

ÉTONNEMENT DE SABOT.

L'ébranlement ou *étonnement de sabot* peut être occasionné par un coup donné sur le sabot, pour abattre le pinçon ou par un choc quelconque.

Cet accident se reconnaît à la difficulté que le cheval éprouve à s'appuyer sur le pied malade, à la chaleur de cette partie, à la sensibilité qu'il témoigne quand, frappant légèrement tout autour de la muraille, on arrive à l'endroit malade.

Aussitôt qu'on s'en aperçoit, il faut saigner le

cheval à la pince du pied malade, et deux ou trois heures après, le mettre dans un seau d'eau froide; on peut l'y laisser de dix à vingt minutes, et cela cinq ou six fois le premier jour; si le mal datait déjà de quelques jours, il faudrait, au lieu de lui mettre le pied dans de l'eau froide, l'enfermer dans un sac fait exprès, dans lequel on aurait mis environ deux litres de son bouilli dans une petite quantité d'eau additionnée d'environ un verre de vinaigre fort, et renouveler ce pansement quatre ou cinq fois le premier jour du traitement, le lendemain trois fois et ensuite deux fois jusqu'à parfaite guérison.

Il est toujours bon, dans ces sortes de maladies, de donner à l'animal un assez long repos.

La poudre B doit être donnée ici dans la proportion d'une dose tous les deux jours, comme dans toutes les circonstances où l'animal est obligé de rester long-temps à l'écurie.

ÉTRANGUILLON. Voyez Esquinancie.

FAIBLESSE.

Il n'est pas rare de voir des animaux rester long-temps faibles et valétudinaires, après une longue maladie, à la suite de grandes fatigues ou après différentes causes du même genre.

Pour les rétablir complètement, il faut les purger deux fois en six jours, en les y préparant cinq ou six jours à l'avance. Après les effets de la dernière purgation, on leur donne pendant quatre ou cinq jours, le matin, à jeun, deux lavements émollients, et trente ou trente-cinq minutes après, 2 litres de son infusé pendant un quart-d'heure environ dans un litre d'eau bouillante, et cela trois ou quatre fois par jour, et pour autre nourriture, de la paille de froment et quelques livres de bon foin, de sainfoin ou de luzerne. Au bout de ce temps, on leur donne du foin de bonne qualité ou tout autre bon fourrage, en petite quantité, en augmentant tous les jours, jusqu'à ce que l'on soit arrivé à la quantité suffisante et relative à leur constitution; de plus, il faut leur donner tous les jours une fois, pendant douze ou quinze jours, une cuillerée de limaille de fer dans une ou deux jointées de son légèrement mouillé, un litre de vin rouge sucré, en deux fois par jour, pendant à peu près le même laps de temps, et leur frotter pendant long-temps, une ou deux fois par jour, les jambes et les reins avec de l'eau séda-tive.

Ces sortes de frictions sont toujours indispensables pour les jeunes chevaux dont les jambes n'ont pas encore toutes leurs forces.

Pour cette maladie spécialement, les bons pansements de la main et un exercice modéré, sont de bons auxiliaires.

Nous devons faire observer aussi que les animaux, quelle que soit leur constitution, doivent être rationnés, ce qui n'a pas lieu chez les cultivateurs.

Les maladies de l'estomac surtout , réclament impérieusement de suivre cette méthode.

FARCIN.

Le *farcin* paraît sous différentes formes; parfois ce sont des boutons durs, gros comme des noix et ayant une certaine profondeur et situés ordinairement au cou, aux épaules et aux fesses de l'animal. D'autres fois ce sont des boutons de même grosseur, formant comme une espèce de corde coupée par des intervalles et semblables à un chapelet. Ces sortes de boutons occupent le devant du poitrail, entre l'articulation de l'épaule et du bras, se continuent jusqu'aux genoux et même jusqu'à la couronne. Ce genre de farcin vient aussi aux plats des cuisses, depuis les aines jusqu'au bas, ainsi

qu'aux joues, aux lèvres, aux naseaux, au-dessous
de la ganache.

D'autres fois enfin, le farcin paraît sous forme de
gale; une infinité de petits boutons se forment et
se réunissent par l'effet de la suppuration, et produisent une plaie très-large. Cette sorte de boutons
occupe toute l'habitude du corps, mais plus particulièrement le dessus du dos, depuis le garrot
jusque sur la croupe, la partie externe de la jambe,
au-dessus du jarret et souvent le jarret même.
Quelquefois aussi, le farcin occupe les glandes des
aines, les glandes lymphatiques, etc. Ces boutons
sont plus gros que les autres et forment plus difficilement abcès; quand ils sont percés, les bords
des plaies qui en résultent se renversent et forment
le champignon. Ce genre de farcin s'appelle communément : *farcin à cul de poule.*

Quelle que soit la forme des boutons, la place
qu'ils occupent ou la dénomination qu'on leur
donne, la thérapeutique ne peut toujours être que
la même et la maladie le résultat de l'épaississe-
ment et de l'adhérence des humeurs non filtrées et
arrêtées; par l'effet d'un trop long séjour à l'écurie, après un grand travail; une nourriture trop
abondante, après une maladie, ou encore par l'effet
des coups, des plaies négligées, mal pansées. L'a-
voine et le fourrage nouveau, en quantité, la négli-

gence apportée dans les pansements de l'étrille et de la brosse, sont encore des causes qui déterminent le farcin. Les chevaux peuvent en être atteints par contagion. Le farcin naît aussi par la seule cause de l'altération des fluides et des humeurs, dont les causes ne sont pas bien connues.

En observant les soins hygiéniques, on évite cette maladie, dont la guérison doit être prompte, pour éviter qu'elle se confonde avec la morve et devienne incurable.

Aussitôt que l'on s'aperçoit qu'un cheval est atteint du farcin, il faut le séparer des autres, le mettre dans une écurie bien aérée, mais toujours de manière à y pouvoir entretenir une douce chaleur, l'hiver notamment; ne le laisser communiquer avec aucun animal, le promener quand il est nécessaire, dans les endroits non fréquentés par d'autres animaux. Quand on a des égratignures aux mains ou aux poignets, il faut éviter de panser des chevaux farcineux; autrement, on ne court aucun danger; les précautions suivantes sont cependant bonnes à prendre : chaque fois que l'on va panser un cheval atteint du farcin, on a soin de couvrir ses vêtements d'une blouse qui reste à l'écurie jusqu'à ce que la maladie soit guérie. On doit laver ses mains avec un peu d'alcool camphré avant de commencer les traitements, et ensuite dans du vinaigre, après l'opération. C'est une bonne précaution de toujours avoir un petit morceau de camphre dans sa bouche, pendant tout le temps que dure le pansement.

Il faut commencer les traitements par le régime suivant : Pendant dix jours, on met l'animal à la paille de froment, à l'eau blanche et au son mouillé une fois par jour seulement, à midi; tous les matins, à jeun, on lui fait boire un litre d'urine de vache vêlée depuis deux mois au moins; une heure après la prise de l'urine, on lui donne la poudre B; une demi-heure après, deux lavements en savon, et ensuite de la paille. Au bout des dix jours, on purge le cheval deux fois, et pendant les deux ou trois jours qui suivent les effets de la dernière purgation, on lui donne quelques poignées de bon foin et de l'eau de son miellée à volonté ; s'il ne voulait pas en boire, il faudrait lui en faire prendre de force, au moins quinze ou vingt litres par jour, et toujours des lavements trois fois par jour. On ouvre ensuite les boutons avec un instrument tranchant et on les brûle avec un fer pointu bien rouge. Il faut que le fer soit rouge blanc. Quand les boutons sont nombreux, et petits, on les brûle seulement jusqu'au fond, avec un fer rouge et d'une grosseur proportionnée à celle des boutons, le lendemain on lotionne toutes les parties brûlées avec de l'alcool camphré, trois fois par jour, tantôt avec de l'eau-de-vie ammoniacalisée camphrée, on lui fait boire tous les matins, à jeun, un litre d'eau camphrée, on lui donne de bon fourrage à volonté, de l'eau blanche, de bonne avoine; et tous les soirs deux litres d'eau dans lesquels on aura mis de huit à quinze gouttes d'ammoniaque liquide, une heure après, deux lavements en savon, et tous les jours, à midi, on lui frotte toutes les jointures des jambes et les reins avec de l'eau sédative; on peut aussi frictionner, avec la même eau, les parties qui environnent les plaies.

Pour la curation de cette maladie, l'exercice étant indispensable, il faut promener le cheval deux ou trois fois par jour, une demi-heure au moins à chaque fois et une heure au plus. Comme les grandes chaleurs et les grands froids sont contraires, il est nécessaire, l'été, de le promener le matin avant la force du soleil, et le soir, quand il commence à baisser. L'hiver, au contraire, il faut le promener quand le soleil donne, ou si malgré cela il fait encore trop froid, on le promène dans une bergerie ouverte et sans moutons, depuis plusieurs heures, on ferme toutes les ouvertures, à l'exception d'une ou deux portes, et on le promène une demi-heure seulement, deux ou trois fois par jour.

Pendant que l'animal est dehors de son écurie, on ouvre tout pour assainir et on nettoie.

Il faut éviter la pluie et le brouillard, notamment quand l'habitation est située près des ruisseaux ou des rivières.

Quand il y a une grande amélioration, on peut commencer à faire travailler le cheval pendant quelques heures, dans la matinée seulement, pour arriver progressivement au travail d'une journée entière.

Si le farcin n'est pas invétéré, il ne peut résister à ces traitements, pendant lesquels il faut donner la poudre B.

FATIGUE PROPREMENT DITE.

La *fatigue proprement dite* est un état de lassitude bien moins grand que celui de la fortraiture ; il est peu grave dès le principe, mais s'il est négligé, il peut faire naître des complications fâcheuses. Pour obvier à tout inconvénient, il faut déferrer le cheval, lui nettoyer les pieds, graisser les sabots avec l'onguent de pied ou avec du saindoux seulement, le mettre à la diète, à l'eau blanche et lui frotter les quatre jambes, les reins, la poitrine avec de l'eau sédative n° 1, et le mener à l'eau jusqu'au dessus des jarrets, deux fois par jour ; dans le cas d'impossibilité, on lui frotte les jambes pendant un quart-d'heure avec un bouchon de paille trempé dans de l'eau fraîche, trois fois par jour, et on le promène sur le fumier pendant un quart-d'heure après le frottage.

On lui donne quatre lavements par jour, deux le matin à jeun et deux le soir, avant d'aller se coucher. On peut, pendant deux ou trois jours, lui donner la poudre B.

FIÈVRE.

La *fièvre*, chez les quadrupèdes, est moins une maladie qu'un symptôme qui la précède ou qui l'accompagne, principalement lorsqu'il s'agit de l'affection des organes digestifs.

Beaucoup d'auteurs ont écrit sur la fièvre des quantités de volumes qui sont spécialement consacrés à la définition de cette maladie ; avec beaucoup moins de lignes qu'il n'y a eu de volumes écrits sur ce sujet, on pourrait, d'une manière précise, définir la fièvre et ses causes.

Nous demandons à nos lecteurs et à nos antagonistes, la permission de leur présenter quelques réflexions sur cette matière. Notre but étant d'être simple, succinct, précis, compréhensible et juste dans notre thérapeutique, nous ferons tout notre possible pour ne pas nous écarter de cette voie.

Autrefois on admettait une grande quantité de fièvres différentes; aujourd'hui le nombre en est diminué, et il est cependant encore trop considérable, car généralement toutes les fièvres sont l'effet des mêmes causes, avec la différence du degré de putréfaction, de détérioration ; sans doute c'est ce qui a fait donner à la fièvre un aussi grand nombre de dénominations, car en définitive, qu'est-ce donc que la fièvre, sinon autre chose qu'un effort du sang pour combattre l'humeur qui s'oppose à sa circulation naturelle.

Or, ce qui constitue la *fièvre éphémère*, c'est lorsque le sang, au bout de 12, 24, 48 ou 72 heures de lutte avec l'humeur, ou avec la mauvaise qualité des glaires, se trouve le plus fort, qu'il s'est débarrassé des entraves que lui opposaient toutes ces parties morbifiques.

Ce qui cause la *fièvre quotidienne*, c'est quand le sang est continuellement en lutte avec son ennemi.

La *fièvre tierce* est occasionnée par la lutte, pendant deux jours, du sang avec les humeurs. Le sang cherche à vaincre et à se débarrasser des embûches que lui présentent les humeurs. Le repos qu'on remarque dans cette espèce de fièvre est le résultat des travaux défensifs du sang et des humeurs, il en est de même pour les fièvres dites *quartes quintes, doubles tierces, tierces doublées, etc.*, etc.

Le retour et la durée des accidents fébriles composent ce qu'on appelle l'*accès*, qui ordinairement présente trois époques ou stades : l'accès de froid, de chaleur et de sueur ; ce qui constitue le froid, c'est l'emport qu'a l'humeur sur le sang ; ce qui constitue la chaleur sans sueur, ce sont les grands travaux et les grands mouvements défensifs du sang et des humeurs ; ce qui constitue les sueurs, c'est l'emport qu'a le sang sur les humeurs et sur la bile ; ces derniers étant tout-à-fait maîtrisés, rejetés avec plus ou moins de force par l'effet de la bonne qualité du sang, sortent abondamment par les pores qui leur sont propres. Généralement, par l'effet de ces sueurs ou par la diminution d'humeurs, le malade se trouve mieux et quelquefois même les accès retardent d'un jour ou deux et souvent davantage.

Il arrive qu'une sueur abondante suit un frisson, parce que le sang étant maîtrisé et anéanti par l'excès de la mauvaise qualité des humeurs, avait pour un instant perdu sa force, son énergie et par un redoublement de vigueur et de violence, il repousse, chasse et maîtrise à son tour son impitoyable ennemi et l'oblige à prendre la fuite.

La *fièvre typhoïde* a les mêmes causes ; seulement, dans cette dernière, il y a abondance de glaires, et les humeurs sont dans un état de corruption outrée qui engendre une grande quantité de vers qui ne peuvent manquer de détruire ou endommager gravement les organes essentiels à la vie. Tous ces ennemis de la santé cherchent à détruire le sang ; quand ils réussissent, le sang ne pouvant plus suivre son cours ordinaire, reflue vers le cerveau et constitue une maladie cérébrale incurable, ou vers les poumons ou ses plèves, et cause une fluxion de poitrine ou une pleurésie, également incurables.

Nous croyons donc qu'il est facile de comprendre que la cause de la fièvre, quelle qu'elle soit, réside tout entière dans les débats du sang avec les humeurs, etc., dans les humeurs non filtrées et arrêtées, dans les différentes parties du corps, où elles forment par leur séjour des obstructions qui, s'opposant à la libre circulation du sang et des esprits, occasionnent l'élévation et la fréquence du pouls, la chaleur et la sécheresse de la langue, la chaleur et l'aridité de la peau ; c'est là un signe qui peut empêcher toute méprise, ainsi que la tristesse, l'inquiétude, l'abattement, la grande chaleur de l'haleine, l'inflammation des yeux et la perte du sommeil et de l'appétit.

S'il en est ainsi, les émissions sanguines sont donc incontestablement contraires, puisque diminuer la quantité de sang, c'est arracher la vie du sujet; vouloir enlever ou paralyser le bras d'un lutteur, au moment de la lutte, ce serait vouloir le faire écraser par son adversaire. Qui fait exister, mouvoir la machine animale? Sans contredit, c'est le sang. Qui corrompt et détruit le sang? Ce ne peut certainement pas être quelque chose de sain et de vivifiant; ce sont les humeurs et les fluides altérés, piquants, corrosifs, et pour ainsi dire putrifiés.

Encore une fois, retirer du sang, c'est évidemment retirer la vie, et s'il arrive que la fièvre cesse sous l'influence des émissions sanguines, c'est parce qu'on a retiré toutes les forces du sang, et alors il n'existe plus de travaux défensifs, de combats; les humeurs et les mauvais fluides sont seuls maîtres du corps de l'animal; on a fait cesser un symptôme et on a engendré une maladie réelle et mortelle.

Si la fièvre n'était accompagnée d'aucuns symptômes qui puissent faire supposer l'existence d'une maladie sérieuse, si l'animal était atteint de fièvre seulement, il faudrait lui donner beaucoup de lavements en savon, et ensuite extraire, dans six litres d'eau de fontaine ou de rivière, le jus de dix beaux citrons, et en faire prendre à l'animal un litre toutes les demi-heures, ayant soin de mettre dans chaque litre une petite cuillerée à café d'éther sulfurique. Il faut exposer le cheval à une température douce et le bouchonner.

Le cheval atteint de fièvre est abattu, chancelant sur ses jambes, il baisse la tête, il a les yeux tristes et larmoyants, il éprouve des frissons et des sueurs chaudes et froides.

FORME.

La *forme* est une grosseur qui survient à la couronne, sur le devant ou sur les côtés, et plus particulièrement aux pieds de devant.

La forme est plus accidentelle que naturelle; c'est une erreur de croire qu'elle soit héréditaire; des expériences ont démontré le contraire.

Les causes de ce mal sont nombreuses : travaux rudes dans la jeunesse, de violents efforts, les sauts de force, des voltes d'une extrême diligence, des courses précipitées, des coups reçus, les humeurs séjournant trop long-temps dans les vaisseaux de la couronne, les suites de quelques maladies de pied mal traitées, etc., en peuvent être les principales causes.

Comme la mauvaise qualité des humeurs contribue beaucoup aux ossifications, nous conseillons de rafraîchir le malade pendant quelques jours et de le purger ensuite deux fois ; trois ou quatre jours après les effets de la dernière purgation, on pose le feu en raies sur la forme ; il faut faire en sorte de faire descendre les raies de feu jusque sur le sabot. Pendant deux ou trois jours on graisse les raies de feu avec de l'essence de térébenthine, et ensuite avec du basilicum. S'il ne sort pas d'humeurs, on nettoie la plaie et on la fomente trois fois par jour avec de l'eau-de-vie camphrée premier degré, pendant cinq ou six jours, ensuite avec de l'alcool camphré, et enfin avec de l'eau-de-vie camphrée mêlée d'eau. Sur la fin du traitement, on peut purger encore deux fois, cela contribue toujours à une curation plus parfaite. On peut cependant s'en dispenser en faisant manger à l'animal de la poudre B pendant huit ou dix jours avant l'opération. Le purgatif n'est pas de première nécessité.

FORTRAITURE ou Fatigue outrée.

La *fortraiture* se reconnaît aux signes suivants : Le cheval éprouve une lassitude générale, il a les lombes et les membres raides, il est abattu et reste inactif; les parois abdominales sont tendues et raccourcies; les voies respiratoires irritées.

Les fluides étant trop fortement échauffés, et fatigués par des causes quelconques, font ressortir les symptômes ci-dessus, qui constituent cette maladie.

Curation : un repos absolu et pendant deux ou trois jours, une nourriture rafraîchissante, en petite quantité; huit lavements par jour, les deux du matin en savon et les autres en son, de l'eau blanche à volonté. Pendant les trois premiers jours, frotter les jambes de devant, depuis la couronne jusqu'au dessus des genoux, et celles de derrière depuis le même endroit jusqu'au-dessus des jarrets, avec de l'eau sédative premier degré; les reins et la poitrine deux fois par jour pendant trois jours; ensuite le frottement des jambes ne doit plus se faire qu'une ou deux fois et les reins une seule fois, jusqu'à parfaite guérison. Au bout de huit jours de traitements, on peut faire une petite saignée à la jugulaire (veine du cou), et deux jours après, purger.

Continuer les frictions quatre ou cinq jours après les effets de la dernière purgation, donner ensuite un peu plus à manger, et augmenter tous les jours la quantité de nourriture, jusqu'à ce que l'on soit arrivé à la ration ordinaire.

On est quelquefois obligé de continuer le régime de l'eau blanche et des lavements pendant un certain temps.

Les grandes fatigues peuvent engendrer beaucoup de maladies mortelles, telles que la morve et le farcin.

FOURBURE.

La *fourbure* est toujours causée par la suppression des sueurs et par une certaine quantité d'humeurs viciées ou de fluides de mauvaise nature.

Le cheval qui a marché long-temps sur un terrain dur et caillouteux, et qui a fait de grands efforts, éprouve une grande transpiration, accompagnée de fortes sueurs qui sont souvent arrêtées par la trop grande quantité des humeurs corrosivés et par un séjour trop prolongé à l'air froid, sans autres précautions que de l'abandonner à lui-même. Un trop long séjour à l'écurie laisse également les humeurs séjourner à la même place ; l'appui trop prolongé du poids du corps sur un seul pied, quand l'autre est malade ; la mauvaise ferrure, qui fatigue le cheval et qui l'échauffe beaucoup ; les humeurs et les fluides ; les boissons froides pendant les grandes chaleurs, etc., etc., sont les causes les plus ordinaires de cette maladie. Si cependant les humeurs et les fluides étaient de bonne qualité, le cheval ne deviendrait pas fourbu. Beaucoup de chevaux ne le deviennent que par cette seule cause.

Le cheval fourbu a les jambes raides, marche très-difficilement, reste volontiers en place. Il porte presque tout le poids de son corps sur les jambes qui ne sont pas malades, les sabots sont très-chauds, les muscles du bras et de la jambe tremblent quelquefois.

On distingue ordinairement trois sortes de fourbures : la fourbure simple, la chronique et l'aiguë.

Dans la fourbure simple, les symptômes sus-indiqués n'existent qu'en partie; l'animal éprouve seulement de la difficulté à marcher, et cette difficulté porte souvent à croire qu'il a la sole entamée.

Comme moyen curatif, une saignée à la jugulaire et des frictions de vinaigre fort et d'essence, suffisent ordinairement; on peut cependant mettre l'animal dans les bains d'eau courante.

Après avoir déferré les pieds malades, on les pare, on rattache les fers, à quatre clous; on retire un litre de sang et on laisse ainsi une demi-heure; pendant ce temps, on met dans une terrine deux litres de vinaigre fort, on y mêle un demi-litre d'essence de térébenthine ; on remue le tout, on prend un linge trois ou quatre fois large comme la main, on le trempe dans ce mélange, et on frotte fortement les jambes malades, depuis la couronne jusqu'au-dessus du genou ; pour les jambes de devant, jusqu'au-dessus du jarret, pour celles de derrière, et ensuite les reins, mais moins fortement que les jambes ; quand le frictionnement est terminé, on promène l'animal s'il ne tombe pas d'eau, ou s'il ne fait pas trop froid ; rentré à l'écurie, on le bouchonne fortement par tout le corps, avec de la paille de seigle ou de froment, bien tordue. Deux ou trois heures après le bouchonnement, on peut réitérer la saignée, si l'animal est robuste, s'il a les yeux et les muqueuses des lèvres très-rouges. On peut le frictionner cinq ou six fois dans la même journée, et ensuite deux fois, jusqu'à parfaite guérison. Sept ou huit heures après la dernière saignée, on peut le mener dans l'eau jusqu'au-dessus du jarret, et l'y laisser une demi-heure, deux fois par jour au moins. Si la maladie a l'air de résister aux premiers traitements, il faut mettre l'animal à la diète et lui donner de l'eau blanche nitrée pour boisson ; on peut cependant lui donner de la paille de froment le lendemain, si la maladie est diminuée sensiblement.

Les lavements en savon et en son, alternativement, ne peuvent être inutiles.

Il arrive quelquefois que *la fourbure tombe dans les sabots* ; pour obvier à cet inconvénient, voici ce qu'il faut faire : on frictionne la couronne avec de l'essence pure, ensuite on délaye une grande quantité de suie de cheminée dans du vinaigre camphré. On met une quantité suffisante de cette espèce d'onguent dans un sac de forte toile, fait exprès, on met dedans le pied du cheval et on lie le haut du sac avec un ruban au pâturon (cramponnière) ; on renouvelle ce pansement toutes les huit ou dix heures ; on peut aussi en mettre en cataplasme sur la couronne, maintenu par une bande de toile, ce qui n'empêche pas de lui mettre les pieds dans des sacs, comme nous venons de le dire.

Le cheval ne pouvant aller à l'eau ayant les sacs aux pieds, on l'y mène quand on les lui retire pour le panser. Ces sortes de pansements peuvent se renouveler souvent.

La fourbure la plus rebelle ne peut résister à ces traitements si elle est prise à son début.

Beaucoup de chevaux sont souvent estropiés à la suite de cette maladie, faute de soins. En suivant exactement les traitements que nous venons d'indiquer, on sera certain de les sauver.

La *fourbure chronique* est celle qui existe déjà depuis quelque temps. Pour le traitement, il faut débuter par les mêmes moyens que ceux indiqués pour la *fourbure simple* et s'abstenir de conduire l'animal à l'eau ; trois ou quatre jours après le début des premiers traitements, purger l'animal deux fois.

Dans des fourbures excessivement rebelles, nous avons quelquefois été obligé de purger quatre fois, et nous en avons obtenu de très-bons résultats.

La *fourbure aiguë* est toujours accompagnée de fièvre et de dégoût. Il faut aussi employer les traitements indiqués pour la fourbure simple, excepté les bains d'eau courante, et purger avec activité. La purgation empêche toujours d'arriver les accidents qui surviennent souvent à la suite des fourbures chroniques et aiguës.

FOURCHETTE ÉCHAUFFÉE, POURRIE.

On nomme ainsi la fourchette d'où suinte une humeur noirâtre, d'une odeur forte et désagréable ; on appelle *fourchette pourrie* la même affection, parvenue au point de désorganiser cette partie du pied et d'amener l'exfoliation de la corne.

Les chevaux qui ont continuellement les pieds dans des boues âcres, dans l'urine ou dans toute

autre malpropreté, et qui ont la fourchette peu serrée, sont plus exposés à cette maladie que les autres. Lorsque l'affection est légère, que le cheval
ne boite pas encore, il suffit de mettre dans la fente
de la fourchette des étoupes trempées dans de l'eau-
de-vie camphrée, premier ou deuxième degré, deux
fois par jour ; au bout de quelques jours, on y met
de la suie de cheminée sèche, que l'on recouvre
d'un peu d'étoupes, et la guérison est prompte.

Si la fourchette était déjà pourrie, il faudrait enlever avec un bistouri, ou tout autre instrument
tranchant, toutes les parties gâtées, mettre la plaie
tout-à-fait au vif et la panser comme il est
dit précédemment. La fourchette pourrie trop
négligée, dégénère souvent en crapaud.

Pour éviter ce nouveau mal, il est nécessaire de
bien panser les pieds des chevaux, de les tenir
très-propres à l'écurie, et de ne pas les laisser trop
long-temps sur le fumier.

FOURMILLIÈRE.

La *fourmillière* est une sorte de décollement par
suite duquel il se produit un vide entre la chair du
pied et la muraille.

Les causes ordinaires de cette maladie sont : un violent heurtement du sabot, un dessèchement de cette partie occasionné par un fer chaud laissé trop long-temps sur le pied.

Cette maladie peut encore provenir d'une altération du sabot à la suite d'une fourbure. L'écartement entre la muraille et la pince de l'os du pied est rempli par un tissu de nature cornée et d'une espèce de pus noirâtre.

Curation.

Déferrer le cheval, parer le pied et enlever toutes les parties mortes ; laver la partie malade avec du vinaigre pour bien nettoyer et mettre un tampon d'étoupes trempé dans de l'alcool camphré ; referrer ensuite l'animal, en ayant soin de mettre une plaque sous le fer pour maintenir l'appareil (le tampon d'étoupes) ; on peut renouveler ce pansement deux ou trois fois, y mettant au lieu d'alcool de l'eau-de-vie camphrée.

GALE, RIPPE, ROGNÉ, GRAS-COU.

La *gale* est une maladie éruptive, contagieuse, qui se communique par l'attouchement des har-

nais. Un cheval sain peut être atteint de la gale
auprès d'un cheval qui en est affecté, en le touchant
tant soit peu. Il est dangereux aussi de mettre des
chevaux dans une écurie où il y a eu des galeux
pendant quelques semaines.

Les causes de la gale ne sont pas bien connues;
toutefois les chevaux qui ne sont pas bien pansés
ou qui habitent des lieux bas et humides, ceux que
l'on nourrit avec le foin des marais, ou que l'on
maltraite en travaillant, ceux que l'on fait jeûner
trop fortement, y sont beaucoup plus sujets que les
autres, surtout au commencement de chaque saison, si l'on n'a pas le soin de les purger. Tout ce qui
peut produire de mauvais fluides ou qui peut les
altérer, est sans aucun doute la principale cause de
cette maladie.

On a beaucoup discuté sur la cause du bouton de
la gale. Quelques médecins l'attribuent à la présence d'un insecte microscopique qu'ils appellent
acarus scabiei; cet insecte existe incontestablement,
nous nous en sommes convaincu, mais nous disons
aussi qu'il n'est qu'un effet de la maladie, attendu
que dès la naissance du bouton il n'existe pas, et
que ce n'est qu'après quelques jours que cet insecte
commence à se former. On peut très-bien s'en convaincre avec de la patience et à l'aide du microscope.

Quelle que soit la cause de la gale, il est toujours utile de commencer et de finir les traitements par les évacuants ; d'abord, pour avoir une guérison plus prompte et plus sûre, et ensuite pour obvier aux inconvénients qui peuvent survenir après des frictions aussi énergiques que celles que nous avons vu pratiquer, et qui ne peuvent manquer de faire rentrer le virus des boutons dans le corps de l'animal, et d'être la cause, tôt ou tard, d'une maladie.

Curation.

Purgez le cheval deux fois, rafraîchissez-le ; frottez les parties malades deux ou trois fois par jour, avec de l'eau de savon, et le surlendemain avec la composition qui suit : mettez dans un pot de terre vernissé trois litres de lait de beurre, un litre d'huile de chènevis, un demi-kilogramme de sel gris bien égrugé et 90 grammes de tabac à fumer. Faites bouillir le tout très-doucement pendant un quart-d'heure, ajoutez au mélange 100 grammes de poudre de chasse et 500 grammes de fleurs de soufre, et faites encore bouillir pendant quinze ou vingt minutes, en remuant continuellement le mélange, après quoi vous retirerez le vase du feu et remuerez toujours jusqu'à ce que le mélange ne soit plus que tiède; alors vous ajoutez 60 grammes de cantharides en poudre, vous remuez à droite et à gauche pendant un quart d'heure, pour bien effectuer le mélange, vous couvrez ensuite le pot, pour vous servir du mélange le lendemain ou plus tard.

Quand on se prépare à graisser l'animal, on fait tiédir la graisse, on frotte fortement avec un bouchon de paille et ensuite on applique la graisse; dix ou quinze minutes après, on saupoudre toutes les parties graissées avec de la fleur de soufre. On peut aussi faire rougir une pelle à feu, on approche des parties graissées sa pelle à feu rougie à blanc, cela fait entrer la graisse davantage et produit un fort bon effet. Nous avons souvent employé ce moyen. On peut promener le cheval tous les jours, deux fois quand il fait beau.

Au bout de huit ou dix jours, on lave les parties graissées avec de la lessive forte, et on recommence le lendemain; on le purge ensuite, et quelques jours après on peut le faire travailler.

La gale la plus invétérée ne peut résister à ce traitement.

Si elle n'est pas ancienne, on peut employer les moyens suivants, qui nous ont toujours réussi : on met dans un vase que l'on puisse boucher hermétiquement, deux litres d'eau-de-vie camphrée ammoniacalisée, premier degré, deux verres d'essence de térébenthine, deux onces de tabac, quatre onces de fleur de soufre; on laisse infuser le tout pendant trois ou quatre jours, et après avoir laissé reposer et rafraîchir le cheval, on lui lave deux fois par jour les parties affectées de gale.

Un remède qui n'est pas nouveau et qui réussit généralement bien, est celui-ci : On met dans un pot de terre vernissé trois litres d'huile de chènevis et trois livres de sel gris égrugé, on le bouche hermétiquement et on le met dans du fumier de mouton ou de cheval pendant huit ou dix jours, et on graisse les parties malades plusieurs fois. — Purgatifs avant et après.

En somme, quelque soit la graisse qu'on emploie, il faut toujours donner du repos à l'animal, le rafraîchir et achever les pansements par l'emploi de la lessive, pour lavages.

Nous ne saurions trop défendre les saignées ; il y a du danger à employer ces moyens anti-rationnels.

GANGLION.

Le *ganglion* est une tumeur dure et quelquefois volumineuse, qui se forme le plus souvent sur le nerf du canon, à la suite d'un coup, d'une chute ou d'un effort de cette partie. Le ganglion fait boiter le cheval.

Quelques raies de feu posées sur le mal, suffisent ordinairement pour dissiper le ganglion; tous les autres remèdes seraient inutiles et ne feraient que donner le temps au ganglion de faire des progrès qui pourraient devenir incurables.

GANGRÈNE.

On appelle *gangrène* la mortification des parties vivantes non séparées du corps, quelle que soit la cause et l'étendue de cette mortification.

Les parties gangrenées sont ordinairement gonflées, gorgées de fluides présentant une teinte rouge, livide, qui passe au violet et au noir à mesure que le mal fait des progrès; quelquefois il s'y forme des phlyctènes ou vésicules remplies d'une sérosité corrosive, roussâtre. Les plaies se recouvrent de chairs baveuses, de taches noires qui en peu de temps se réunissent et s'élargissent, jetant un pus assez liquide, noirâtre et répandant une odeur cadavérique.

Les chairs qui sont arrivées au degré de putréfaction se détachent par lambeaux; la sensibilité locale s'éteint à mesure que les autres symptômes se développent, et elle cesse entièrement quand la mortification est arrivée au dernier degré.

La gangrène intérieure est le plus souvent la suite d'une maladie putride. On peut reconnaîre cet état gangreneux à la couleur noire et à l'odeur infecte des excréments, quand on sait l'animal atteint d'une maladie susceptible d'amener cette affection.

Lorsque la gangrène commence à se déclarer, il n'y a pas un instant à perdre pour tâcher d'en arrêter les progrès. Pour la gangrène extérieure il faut mettre promptement l'animal au régime délayant et rafraîchissant, lui donner quatre lavements par jour, deux en savon et deux en son ou en mauve; appliquer sur les parties malades, huit ou dix fois par jour, des étoupes trempées dans de l'eau-de-vie ammoniacalisée camphrée, premier degré, et nettoyer la plaie à chaque pansement avec de l'essence de térébenthine; lui faire boire trois litres d'eau camphrée par jour, un le matin, l'autre à midi, et le troisième au soir. Quand la gangrène est invétérée, il faut purger. C'est le meilleur moyen de la détruire sûrement.

La gangrène intérieure est sans remède ; il faut avoir la précaution, si on ne fait pas tuer l'animal

immédiatement, de l'éloigner des autres et de l'enfouir dans un trou profond quand il est mort.

GOURME, FAUSSE GOURME.

Nous croyons pouvoir nous dispenser de nous
étendre longuement sur cette affection, que tous les
cultivateurs connaissent.

Les chevaux nés en France sont presque tous sujets à la gourme, tandis que ceux qui naissent dans
les pays méridionaux y échappent. La nature du climat et celle des aliments en sont la principale cause.

Quelques vétérinaires disent : « Qu'il ne faut jamais contrarier la marche de cette maladie; qu'il
faut, au contraire, l'aider à sortir par l'endroit
qu'elle choisit, quel qu'il soit, le cheval dût-il en
être estropié et rendu impropre au service. » C'est
une grave erreur qu'il importe de ne pas laisser se
propager.

Il n'est pas rare de voir sortir la gourme par les
naseaux et souvent causer la morve, par les parotides, par les glandes maxillaires et former des
abcès qui durent souvent des mois entiers; par les
rognons, et affaiblir cette partie au point de mettre
le cheval dans toute impossibilité de porter de
lourds fardeaux; par un jarret, et affaiblir ce mem-

bre au point de rendre l'animal boiteux ; par les
bourses, et former des abcès toujours dangereux ;
par une épaule, et en détruire le libre mouvement ;
par un pied, qu'il faut souvent dessoler et panser
pendant long-temps, sans que pour cela on puisse
éviter les mauvais résultats.

Telle issue que choisisse l'humeur gourmeuse
pour s'échapper, elle ne peut manquer de faire des
ravages.

Cette humeur, contractée dans la jeunesse de l'a-
nimal, ne fait d'aussi grands ravages, selon nous,
que parce qu'étant tout-à-fait nuisible à sa santé,
la nature fait de grands efforts pour s'en débarrasser, et la pousse avec violence vers la partie la
plus faible du corps, afin qu'elle puisse y pratiquer
un passage. Si les forces de l'humeur sont beaucoup au-dessous de celles de la nature, le cheval
s'en trouve peu gêné ; mais si l'humeur est considérable, il s'établit une lutte qui souvent cause la
mort.

En aidant la nature dans son action, elle se dé-
barrassera de son ennemi par les émonctoires naturels, sans lui laisser le temps de se venger sur la
santé ; pour y parvenir, il faut purger l'animal trois
fois successivement, en cinq ou six jours, et lui
donner ensuite du bon fourrage en petite quantité
et de l'eau miellée tiède pour boisson. On peut ajou-

ter un peu de sel de nitre aux boissons. On lui donne tous les matins, à jeun, de la poudre B, et un quart-d'heure après, deux lavements en savon; le soir, deux lavements, mais en son ou en mauve; on lui bouchonne fortement tout le corps, on le couvre légèrement si c'est en hiver, et on le promène deux fois par jour, s'il fait beau, dans le cas où on ne le ferait pas travailler.

Malgré toutes ces précautions, s'il survenait un abcès, il faudrait le graisser avec l'onguent basilicum et l'ouvrir avec un instrument tranchant, aussitôt qu'on le croirait un peu mûr, et mettre dans le trou des étoupes enduites de basilicum; le tout doit être recouvert d'une peau d'agneau ou d'une toile garnie d'étoupes.

La gourme que nous venons de traiter vient aux chevaux de l'âge de deux à quatre ans.

Quand ils n'ont pas bien jeté la gourme dans leur jeunesse, il leur en vient une autre de six à douze ans, appelée *fausse gourme*, qui se manifeste à peu près comme la première, à l'exception qu'elle est ordinairement plus mauvaise, attendu que la nature n'a plus la même vigueur et que les humeurs qui sont restées ont augmenté et se sont putréfiées.

Le traitement est le même; on donne seulement deux litres d'eau camphrée par jour, un litre le matin, après la poudre B et les lavements, et l'autre vers midi.

Un exercice modéré est nécessaire, mais par un temps chaud et sec.

Cette maladie étant contagieuse, il faut séparer l'animal malade, quand il jette, de ceux qui sont sains.

En la traitant, dès son début, selon notre méthode, elle se dissipe facilement et ne devient pas contagieuse, attendu que l'animal ayant été purgé, le pus qu'il jette n'est pas de mauvaise nature et ne peut avoir de suites fâcheuses.

Les frictions à toutes les jointures, avec de l'eau sédative, premier ou deuxième degrés, donnent aussi de très-bons résultats.

Si l'animal jetait par les naseaux, il faudrait exciter l'écoulement par le moyen des fumigations émollientes, deux fois par jour au moins, et injecter les naseaux avec de l'eau de son miellée, et provoquer l'éternuement une fois par jour si les humeurs paraissent épaisses, une fois tous les deux jours, si elles sont fluides (Voyez *coryza*, pour les préparations des fumigations).

Si le cheval jette la gourme, quand il fait beau, et qu'elle ne paraisse pas dangereuse, on peut s'en tenir aux moyens ordinaires et se dispenser de purger; mais il faut donner la poudre B.

GRAS FONDURE ou Dyssenterie.

Dans cette maladie, la membrane veloutée des intestins est très-chargée de glaires altérées ; les rudes travaux et la forte nourriture mettent en mouvement tous les organes, tous les viscères, et les échauffent, ainsi que les glaires et les humeurs ; il se forme dans les glaires une grande quantité d'helminthes qui les font détacher ; cette quantité est quelquefois si grande, qu'elle obstrue les boyaux, et les efforts que fait l'animal contribuent à l'écoulement de la bile ; le tout, mêlé, irrite les intestins au point de les faire saigner.

L'animal atteint de gras-fondure fiente avec peine, et ses excréments sont mélangés et recouverts de glaires sanguinolentes. Une fièvre ardente le dévore ; il regarde ses flancs qui battent avec violence ; il perd sa vivacité, son appétit, son embonpoint, dépérit promptement si on le laisse dans cet état.

Quand le cheval jette par les naseaux une humeur de couleur rouge ou jaunâtre, le mal est presque incurable, et la morve en est souvent la suite.

Aussitôt que la maladie est déclarée, on doit mettre l'animal à une température douce, lui donner beaucoup de lavements en savon et en son, le purger, lui frotter le dessous du ventre avec de l'eau-de-vie camphrée n° **2**, les reins et les jointures avec l'eau sédative n° 2 ; quand la purgation a produit son effet, on lui donne des boissons fortement miellées ; le troisième jour, on le saigne au col, et le quatrième ou le cinquième, on le purge.

On doit continuer les lavements et les boissons miellées pendant quelque temps; et quand il va mieux, on le promène deux fois par jour si le temps est doux.

Si la maladie dure plus de dix à douze jours, il est à craindre qu'elle se termine par la mort.

HÉMATURIE ou Pissement de sang.

Les races chevaline, bovine et ovine sont très-sujettes à cette maladie, principalement dans les grandes chaleurs et les temps orageux.

Les animaux qui en sont atteints ne ressentent pas ordinairement de grandes douleurs et n'ont jamais de fièvre; mais lorsque cette évacuation de sang par les voies urinaires est causée par la présence d'un calcul, ils éprouvent de grandes douleurs de reins et de grandes difficultés pour uriner. Dans le premier cas, le repos, la diète, les lavements, de l'eau blanche à volonté, et quelques litres de décoction de graine d'orties (une poignée de graine bouillie dans quatre litres d'eau) suffisent ordinairement pour ramener l'urine à son état normal. Dans le deuxième cas, il faut avoir recours immédiatement à la purgation, convenablement répétée, et se conduire, quant au reste, comme dans le premier cas.

HÉMOPTYSIE, ÉPISTAXIS, HÉMORRHAGIE.

L'*hémoptysie* est une perte de sang par la bouche, avec toux et sans apparence de fièvre. Les grandes courses, surtout par les fortes chaleurs, les inflammations de poitrine, la mauvaise nourriture, l'épuisement complet, déterminent l'hémoptysie.

Pour mettre fin à cette espèce d'hémorrhagie, il faut seringuer de l'eau fraîche dans la bouche de l'animal, et ensuite l'attacher au ratelier pour qu'il ne baisse pas la tête; quelques minutes après, on lui fait respirer la vapeur du vinaigre jeté sur une pelle de fer bien rouge; on lui donne ensuite six lavements en six heures, et on lui fait boire, entre le premier et le deuxième lavements, un litre de décoction d'absinthe camphrée (1) et un litre d'eau camphrée, entre deux lavements. Douze ou quinze heures après la déclaration de la maladie, on doit purger.

Les moyens que nous indiquons sont très-efficaces contre l'hémoptysie.

L'*épistaxis* est une perte de sang par les naseaux, sans apparence de fièvre. Les causes connues de cette hémorrhagie sont les coups, les contusions, les matières âcres introduites dans les naseaux, les coups de soleil et les courses trop longues ou trop rapides.

Pour éviter tous les inconvénients dangereux qui pourraient survenir, il faut mettre sur les naseaux des linges imbibés d'eau très-froide, additionnée d'un peu d'alcool camphré. Si l'épistaxis ne s'arrêtait pas à la suite de ce traitement, il faudrait toucher brusquement les testicules (les mamelles chez les juments), le fourreau et les reins avec un linge fortement imbibé d'eau froide, l'attacher au rate-

---

(1) On prend dix verres d'eau, on y met une poignée d'absinthe et on fait bouillir pendant un quart-d'heure; on passe le tout au travers d'un linge et on ajoute deux cuillerées d'alcool camphré. On met le tout dans un litre et on remue un instant.

lier, lui boucher les naseaux le plus avant possible avec des étoupes trempées dans de l'huile camphrée additionnée de quelques gouttes d'alcali volatil, et lui donner des lavements en savon et ensuite en tabac. On peut le purger quand on croit la digestion faite; si on ne le purge pas, on lui fait avaler quelques litres d'eau nitrée camphrée, et on lui donne plus de lavements qu'on n'en donnerait si on purgeait.

L'*hémorrhagie* provenant de l'ouverture d'un vaisseau déchiré ou coupé, cesse aussitôt que le vaisseau est remis dans son état normal. La déchirure se rétablit au moyen d'une ligature faite ordinairement avec du fil de soie ciré.

On peut encore arrêter l'hémorrhagie à l'aide du cautère chauffé à blanc. On pratique cette opération de la manière suivante : on présente le cautère au bout du vaisseau coupé ou déchiré. S'il est facile de passer une bande de toile sur l'endroit où l'hémorrhagie a lieu, on comprime le vaisseau avec les doigts et on applique une poignée de suie de cheminée recouverte d'un morceau d'amadou large et épais; on serre fortement avec une seconde bande de toile. Quelques heures après que l'hémorrhagie est arrêtée, on desserre un peu la bande et encore davantage le lendemain. On laisse les choses dans cet état pendant trois ou quatre jours, au bout desquels on peut panser la plaie (Voyez *Plaie*).

Au début de la maladie, on peut faire une saignée sans inconvénient, si on est certain que l'opération de la digestion soit faite.

HYDROTHORAX ou Hydropisie de poitrine.

L'*hydrothorax* est un amas d'eau dans la cavité de la poitrine.

On reconnaît cette maladie aux signes suivants : le cheval respire avec peine au moindre exercice, ses côtes se soulèvent avec force, sa respiration est courte et fréquente ; en percutant la poitrine, on a pour résultat un son mat. Cette affection est souvent accompagnée d'œdème ; les membranes muqueuses sont pâles ; il jette par les naseaux, il regarde sa poitrine, se relève et se couche tantôt d'un côté, tantôt de l'autre. Cette maladie est souvent le résultat d'une décomposition de sang, de l'inflammation des parties contenues dans la poitrine, telles que les plèvres, etc.; elle est presque toujours mortelle. La ponction ne réussit que rarement; le mieux est de l'éviter quand il est possible (Voyez *Pleurésie*).

INDIGESTION DE MANGER.

L'*indigestion* est toujours le résultat d'une mauvaise élaboration des aliments, qui deviennent corps étrangers. L'indigestion tient à deux causes : la première est une disposition des organes, l'autre est accidentelle ou fortuite.

C'est une erreur de croire que l'indigestion provient toujours de la grande quantité ou de la mauvaise qualité des aliments, car bien souvent un cheval mange 5 à 6 kilogrammes de foin à son repas sans être incommodé, lorsque d'autres fois il aura une indigestion en en mangeant moitié moins, et cette indigestion peut être mortelle. La cause principale est donc plutôt dans la disposition des organes et dans les évolutions des fluides.

Les causes accidentelles ou fortuites sont : un fort coup de fouet au moment du manger, un saisissement, une peur, précédée ou suivie d'action. La joie causée par la vue d'un autre animal dont il pourrait être amoureux, un travail trop fatigant, après le repas, et toutes circonstances capables de troubler les fonctions de l'estomac, pendant le travail digestif, peuvent causer une indigestion. Les causes les plus fréquentes sont cependant la mauvaise nature des aliments, ou la trop grande quantité, ou encore la privation de boisson après le manger ; les aliments ordinaires des chevaux ne contenant aucun liquide, ne peuvent être détrempés que par l'eau qu'ils boivent, ce qui facilite beaucoup la digestion.

Les indigestions sont quelquefois accompagnées de vertiges ; elles déterminent même, chez certains sujets, des attaques d'apoplexie.

Le cheval atteint de cette maladie se roule de tous côtés, et a par instants de fortes sueurs, *qu'il faut bien prendre garde de laisser rentrer;* il fiente ordinairement très-mou, a le ventre tendu, gratte et frappe la terre de son pied, regarde son flanc et son estomac; les sueurs deviennent froides; enfin, il tombe et éprouve de violentes convulsions.

Curation.

Dans un litre d'eau un peu chaude, faites dissoudre 30 grammes de sel de nitre, ajoutez-y un demi-litre de forte eau-de-vie et faites avaler le tout à l'animal. Bouchonnez-le, couvrez-le, donnez-lui une grande quantité de lavements en savon, quelques-uns en tabac; promenez-le très-vite, faites-lui une bonne litière de paille fraîche, et ne laissez aucun courant d'air dans l'écurie.

Les symptômes de vertige qui pourraient survenir disparaissent ordinairement avec la maladie; si ces symptômes continuaient, pour le traitement, voyez *Vertigo*.

Dans le cas d'attaque d'apoplexie, il faut d'abord continuer le traitement de l'indigestion, et après la guérison, reprendre celui de l'apoplexie. (Voyez *Apoplexie*).

Si l'indigestion est plus forte qu'on ne l'avait supposé, on fait bouillir pendant dix minutes, dans un litre et demi de vin blanc, ou de cidre de poires, ou d'eau, une poignée de thé; on passe au travers d'un linge et on ajoute à la décoction 60 grammes de sel de nitre, six verres d'eau-de-vie, une cuillerée de poivre moulu et 30 grammes d'aloës hépathique en poudre; on remue le tout et on administre cette boisson tiède, en deux fois, de quart-d'heure en quart-d'heure, et après faites boire en quatre fois, dans l'espace d'une heure, deux litres d'eau miellée; à chaque fois on aura soin de mettre dans chaque litre une cuillerée à café d'éther sulfurique, et quant au reste, on se conduira ainsi que nous l'avons dit plus haut.

L'indigestion la plus forte ne peut résister à ce traitement, à moins que les organes de l'estomac soient beaucoup affaiblis.

INDIGESTION D'EAU FROIDE, INDIGESTION D'EAU.

Les *indigestions d'eau* sont très-rares ; souvent on donne aux tranchées venteuses ou vermineuses, le nom d'indigestion d'eau. Le cheval auquel on présente de l'eau qu'il n'a pas l'habitude de boire, ou de l'eau très-froide, lorsqu'il a très-chaud, est susceptible d'avoir cette indigestion, car les fluides étant échauffés par la fatigue, et les organes étant dans leur plus grand mouvement, se trouvent glacés et reçoivent un saisissement tel, que les organes en éprouvent des chocs quelquefois meurtriers.

L'eau bue en plus grande quantité que les forces de l'estomac en peuvent supporter, devient corps étranger, et produit l'indigestion.

Le cheval atteint des tranchées d'eau froide a les yeux tristes et larmoyants, les extrémités très-froides, ainsi que le reste du corps, il tremble et a des envies d'uriner qu'il ne peut satisfaire ; il se tord, se roule et trépigne.

Les tranchées d'eau froide ne sont généralement pas dangereuses.

Curation.

Faites bouillir pendant dix minutes, dans deux litres d'eau, une pincée de fleurs de sureau et une poignée de thé; passez au travers d'un linge, ajoutez à la décoction deux verres d'eau-de-vie, une cuillerée de poivre moulu et un morceau de sucre de la grosseur d'un œuf; faites avaler tiède et en deux fois, à dix minutes d'intervalle. Bouchonnez, couvrez suffisamment, et donnez quelques lavements en savon premier degré; promenez l'animal à une température douce, et ayez soin qu'en le rentrant à l'écurie il n'y ait aucun courant d'air. Ce traitement suffit pour guérir les coliques occasionnées par l'eau froide.

Le cheval peut aussi se trouver gêné pour avoir bu trop d'eau : un fourrage altérant, une trop longue course, un temps trop long sans boire, et l'absorption d'une trop grande quantité de liquide après cet intervalle, sont les causes qui déterminent le plus souvent cette sorte d'indigestion.

Curation de cette sorte d'indigestion.

Faites bouillir pendant un quart-d'heure, dans

22

un litre et demi d'eau ou de vin blanc, une pincée de fleurs de sureau, autant de sommités d'absinthe et une poignée de sauge; passez au travers d'un linge et ajoutez à la décoction deux verres de bonne eau-de-vie, une cuillerée ordinaire de poivre moulu et 2 grammes de nitrate de potasse (sel de nitre); remuez le tout et faites avaler en deux fois, comme il est dit ci-dessus; pour le surplus, suivre les indications prescrites pour les tranchées d'eau froide, qui ont beaucoup d'analogie avec l'indigestion.

JARDON.

Le *jardon* est une tumeur dure, calleuse, qui vient ordinairement à la partie inférieure externe du jarret. Si cette tumeur est accidentelle, on peut la guérir à l'aide du feu posé en raies; si elle est héréditaire, il n'y a rien à faire.

JAVART.

On distingue quatre espèces de *javarts* : le *javart cutané*, le *javart tendineux*, le *javart encorné* et le *javart cartilagineux*. Les fluides et les humeurs sont souvent la seule cause de cette affection, quelquefois difficile à guérir.

Les boues âcres, le séjour trop prolongé des pieds dans l'urine, l'humidité et la malpropreté, peuvent être la cause du *javart cutané et tendineux*. Les coups, les atteintes, le pus qui souffle au poil dans quelque maladie de l'intérieur du pied, peuvent produire le *javart encorné et cartilagineux*.

Le javart cutané vient ordinairement au pâturon, mais plus souvent aux pieds de derrière qu'à ceux de devant; il se déclare assez communément au côté du pâturon. C'est une espèce de furoncle qui a son siége dans la peau et se termine par suppuration.

Quand le cheval boite, si on porte la main sur le pâturon et que l'on sente du poil mouillé d'une sérosité puante, et qu'en pressant cette partie avec les doigts l'animal éprouve de la douleur, c'est un signe certain qu'il a cette maladie. Il faut alors purger le cheval deux fois et appliquer sur l'endroit malade un cataplasme émollient tous les jours pendant quatre jours. Mettre ensuite des emplâtres de basilicum, faire marcher le cheval, et quand le bourbillon sera sorti, panser la plaie avec des compresses trempées dans du gros vin chaud. Quand le bourbillon du javart cutané n'est pas entièrement sorti, et que la peau est fermée, ce reste de bourbillon corrode et creuse en dedans; il forme une assez grande quantité de pus qui pénètre jusque dans les gaînes tendineuses des articulations inférieures du membre, et cause de vives douleurs à l'animal. Ce reste de bourbillon et les effets qu'il produit s'appellent *javart tendineux*. Il faut donner de suite issue à la matière, afin de prévenir l'exfoliation du tendon. On emploie la fleur de sureau bouillie avec de l'eau de son dans laquelle on trempe des étoupes qu'on applique un peu chaud sur la partie malade, deux ou trois fois par jour; quand l'inflammation est à peu près dissipée, on ouvre l'abcès, pour en expulser toute la matière purulente, et on panse la plaie avec de l'eau tiède additionnée d'un peu d'eau-de-vie, deux ou trois fois par jour. Au début de la maladie, et pour hâter la guérison, il faut purger deux fois au moins pendant huit jours, et après la guérison, panser les jambes de l'animal, surtout celles qui ont été affectées de javart.

Le *javart encorné* présente les mêmes symptômes, seulement le javart cutané vient indistinctement, depuis la couronne jusqu'au boulet, tandis que le javart encorné ne vient ordinairement que sur la couronne, à l'endroit où commence le sabot, et fuse quelquefois en dessous. Cette espèce de javart, quand elle est bien traitée, n'est pas dangereuse.

Afin de détruire l'une des principales causes de cette maladie, et éviter qu'elle ne dégénère en javart cartilagineux, il est nécessaire de purger deux fois au moins et de faire une ouverture à l'endroit où le mal a son siége et d'y appliquer des étoupes enduites de basilicum trois fois par jour; quand le bourbillon est sorti, on met dans la plaie de la suie de cheminée détrempée dans de l'alcool camphré, deux fois par jour, jusqu'à parfaite guérison.

Le *javart cartilagineux* est plus rare que les autres, mais beaucoup plus dangereux. On peut cependant l'éviter, en purgeant, dans les maladies qui sont susceptibles de l'engendrer. A défaut de purgatifs, il est nécessaire d'employer les dépuratifs, tels que la poudre B, deux fois par jour, suivant la gravité de la maladie. Le javart cartilagineux provoque les grandes douleurs qui occasionnent la fièvre. On reconnaît cette affection au gonflement douloureux de la couronne et à la présence de fistules qui laissent échapper une matière puriforme parsemée de parcelles verdâtres et d'une odeur forte et désagréable. Pour la curation, il faut recourir à la purgation, convenablement répétée, et à l'opération qui consiste à enlever le quartier du sabot, soulever la peau qui recouvre le cartilage, sans la déchirer, et à emporter avec l'instrument tout le cartilage et même les parties *de l'os du pied atteintes de carie*. Cette

opération bien faite, précédée et suivie de la purgation, peut produire une guérison parfaite en peu
de temps.

L'exercice contribuant beaucoup à la guérison de
tous les javarts, il est de toute nécessité de faire
marcher les chevaux qui en sont atteints, de les
faire travailler s'ils le peuvent, de ne pas les laisser
à l'écurie trop long-temps.

JAUNISSE OU ICTÈRE.

La *jaunisse* est un trouble dans le travail du foie,
et il est bien reconnu que la marche de ce viscère
étant tant soit peu suspendue, le sang reste chargé
de tout ce qui forme la bile ; *ce fluide ne passe pas* dans
le sang, comme beaucoup le croient ; mais les matériaux qui le forment restent, et c'est ce qui est la
cause de la coloration.

Les signes qui caractérisent cette maladie sont :
une teinte jaune très-prononcée dans le blanc des
yeux et sur toute l'étendue de la muqueuse des naseaux, de la bouche et des lèvres ; l'urine est d'un
jaune brun très-foncé, la fiente dure et sèche. L'a-
nimal est constipé, triste, lourd, abattu ; il perd
l'appétit et ressent des maux de ventre aigus.

Aussitôt que la maladie est déclarée, il faut purger deux fois, mettre l'animal à la paille de froment et au son mouillé, lui donner de temps à autre quelques poignées de bon foin, et tous les matins, à jeun, deux litres de jus de carottes rouges et la poudre B; le soir, le plus tard possible, deux heures au moins après son repas, la même quantité de jus de carottes que le matin. Dans la journée, lavements en savon et en son, alternativement; après quelques jours de traitement, si la guérison n'avait pas lieu, il faudrait donner tous les matins et tous les soirs, pendant douze ou quinze jours, une cuillerée de limaille de fer dans une jointée de son humecté.

Quelques auteurs prétendent que cette maladie est contagieuse; quoique nous ne soyions pas complétement de leur avis, nous conseillons cependant de prendre toutes les précautions nécessaires contre la contagion, en séparant les animaux bien portants de ceux qui sont malades, ne serait-ce que pour la tranquillité de ces derniers et pour la commodité de la personne chargée de les soigner.

Les saignées sont contraires et peuvent être meurtrières au bout de dix jours.

KYSTES.

Le *kiste* est une cavité membraneuse, sans ouverture, renfermant un liquide dont la nature et la composition purulente sont de différentes variétés : telles que séreuses, muqueuses, cartilagineuses, osseuses, etc., etc. Ces sortes de tumeurs dépendent toujours d'un vice local occasionné par quelques contusions ou par quelques vices de la masse humorale.

L'extirpation seule peut amener la guérison. Quand le kiste (ou loupe) est ôté, on applique sur la plaie une quantité égale de vitriol bleu et de suie de cheminée détrempée dans de l'alcool camphré, en ayant soin de laver avant la plaie avec de l'eau et du vinaigre. Une bande de trois mètres environ de longueur doit maintenir l'onguent de suie. Cette bande ne doit pas être trop serrée.

Le kiste résiste quelquefois aux traitements que nous venons d'indiquer, mais lorsqu'ils sont précédés et suivis de la purgation convenablement répétée, on peut être certain de la guérison.

LANGUE COUPÉE.

La longe laissée par mégarde dans la bouche du cheval peut, s'il vient à tirer dessus, lui couper la langue ; cet accident peut encore arriver par l'effet d'un mauvais mors. Si le mal n'est pas grave, il faut bassiner la langue avec du vin camphré tiède et laisser reposer le cheval ; mais si la langue était par trop coupée pour qu'on ne puisse pas en espérer la réunion, il faudrait alors achever de l'enlever, afin de prévenir toute mortification. Recoudre la langue, comme on l'essaie quelquefois, est une opération sans succès, car il peut arriver qu'une mortification plus ou moins grande en soit le résultat. Cependant si la langue était coupée très-avant dans la bouche, il faudrait essayer de la recoudre et panser la plaie avec du vin et de l'eau sucrée, et ensuite avec du vin pur sucré.

LOUPE.

La *loupe* est une tumeur d'abord molle et indolente, qui le plus souvent, se forme entre la peau et les muscles, aux environs des parties membraneuses. Les loupes deviennent souvent très-volumineuses, fixes et adhérentes. Le traitement est le même que pour le kiste. (Voyez *Kiste*).

LUNATIQUE (cheval), FLUXION PÉRIODIQUE DES YEUX.

La *fluxion périodique sur les yeux* est presque incurable, nous ne l'avons jamais vu guérir radicalement.

Tout ce que notre méthode peut faire, c'est d'empêcher le cheval de devenir aveugle.

Cette maladie est plus commune chez les jeunes chevaux élevés dans les marécages, que chez les autres. Quelques auteurs pensent, et en cela nous sommes de leur avis, que cette maladie est héréditaire, elle revient à des époques plus ou moins éloignées, les chevaux qui en sont atteints ont les yeux couverts d'un nuage obscur, leurs paupières sont gonflées, rouges et presque toujours fermées.

Curation.

Aussitôt que la maladie se déclare, il faut laisser reposer le cheval, le mettre à la paille de froment, au son mouillé clair, lui donner tous les matins la poudre B, 5 ou 6 lavements au moins par jour ; au bout de trois ou quatre jours de ce régime, il faut le purger deux fois, le laisser reposer une dizaine de jours, pendant lesquels on doit le nourrir avec un peu de bon fourrage ; le remettre ensuite au régime de la paille et recommencer à le purger deux fois. La nourriture qui lui sera donnée ensuite devra être confortable et en petite quantité. On peut lui laver les yeux de temps à autre avec de l'eau un peu tiède faiblement camphrée et poser deux sétons à la poitrine. Un mieux notable se manifeste quand on suit ces traitements exactement. Nous conseillons même de recommencer les purgatifs le mois suivant, puisque les effets en sont satisfaisants.

MALANDRES.

La *malandre* est une sorte de crevasse qui se forme au pli du genou et qui fournit une humeur âcre et corrosive. Ce mal est quelquefois très-long à guérir, à cause des mouvements continuels du genou, qui empêchent de faire la réunion des lèvres. Mêmes traitements que pour les crevasses (Voyez *Crevasses*).

MAL DE CERF, OU TÉTANOS.

Le *tétanos* est une des maladies les plus terribles et les plus meurtrières. Elle présente comme symptômes caractéristiques : une contraction spasmodique et permanente des muscles, d'une ou de plusieurs parties du corps, causée le plus souvent par une douleur vive et prolongée, par la lésion ou la compression d'un nerf, par une plaie grave qui suppure mal, quelquefois par une suite de la castration par bistournage ou par les cassaux. L'impression d'un air froid le corps étant en sueur, le pied piqué d'un clou, assez fortement, sont des causes qui peuvent déterminer le tétanos.

Cette maladie est moins commune en France que dans les pays méridionaux, surtout dans certaines contrées tropicales : on n'en constate presque pas de cas dans les provinces septentrionales. Le tétanos commence ordinairement par la contraction des muscles de la mâchoire (les mâchoires sont tellement serrées, qu'il est presque impossible de les ouvrir). Les muscles ainsi retirés ne peuvent plus reprendre leur extension naturelle. Le cheval est frappé d'une immobilité générale ou partielle, et finit par tomber pour ne plus se relever. La mort est prochaine quand on voit les muscles de l'œil en contraction, et que l'œil tourne sans cesse dans son orbite, quand l'onglet s'élève jusque dans la cornée transparente. Le tétanos est aussi appelé *mal de cerf*, de ce que le cheval qui en est atteint est aussi raide que le cerf au moment où il vient d'être forcé. Cette maladie réclame des moyens prompts et énergiques, tels que : une grande quantité de lavements en savon, premier degré, frictions à tous les membres et à toutes les jointures du corps avec de l'huile camphrée, et quand on suppose la digestion faite, purgation active. Comme le serre-

ment des dents pourrait présenter quelques difficultés pour l'introduction de la purgation, on se
sert d'un entonnoir au bout duquel on adapte un
tuyau de bois de la grosseur du pouce et de la longueur de 35 centimètres environ ; on met le bout
de ce tuyau sur la langue et on verse la purgation
dans l'entonnoir. Quelque temps après, on donne
quelques lavements en tabac, deuxième ou troisième degrés, pour activer les effets de la médecine ; si au bout d'un certain temps la médecine
n'agissait pas, il faudrait donner une seconde purgation et alternativement des lavements en tabac,
en savon et en son. Si la maladie était occasionnée
par des plaies, il faudrait les charger souvent de
basilicum, pour établir une suppuration abondante :
les boissons devront être nitrées-camphrées (voyez
la formule de cette eau). Pour nourriture, on devra
donner de la paille et de l'orge cassée suffisamment
humectée d'eau tiède. Nous mettons ordinairement
quatre sétons, deux aux fesses et deux à la poitrine.
Il faut frictionner toutes les jointures avec l'huile
camphrée, trois ou quatre fois par jour au moins.

MAL DE TAUPE ou de Nuque.

La *taupe* est une tumeur phlegmoneuse qui vient

au sommet de la tête du cheval et qui s'étend quelquefois très-loin, le long de la crinière. La cause de cette maladie est presque toujours un coup reçu sur la tête, ou le frottement réitéré sur cette partie; enfin, tout ce qui peut froisser et meurtrir les tissus, peut être la cause de ce mal, ainsi que la dépravation des humeurs qui cherchent à sortir.

Cette maladie est appelée aussi *mal de taupe*, parce qu'elle trace fort avant, le long de la crinière du cheval.

La taupe est facile à reconnaître, à cause de sa position et de son travail. Ce mal vient toujours sur le sommet de la tête, derrière les deux oreilles, avec inflammation et sensibilité, selon la violence du mal.

L'inflammation est presque toujours en fusée le long de la crinière, s'il y a une ouverture il en sort du pus qui donne une odeur désagréable. Cette tumeur est ordinairement de la grosseur du poing, et remplie d'eau rousse ou de sang extravasé.

Curation.

Aussitôt la maladie déclarée, il faut saigner l'animal au col, le nourrir de paille de froment, d'orge cassée humectée, lui donner tous les matins à jeun, pendant trois ou quatre jours, la poudre B et de l'eau nitrée pour boisson. Ouvrir ensuite la tumeur, en faire sortir le pus et bassiner la partie malade deux ou trois fois par jour, avec de l'eau-de-vie ammoniacalisée camphrée , deuxième ou troisième degré, selon la violence du mal. Si l'humeur avait fait quelque désorganisation, il faudrait enlever toutes les portions d'os ou de tendons cariés et aller jusqu'au fond de la tumeur, à l'aide d'un bistouri ou d'un rasoir, et bassiner la plaie comme il est dit ci-dessus, et la panser ensuite avec du gros vin sucré, additionné d'un peu d'essence de térébenthine, (quatre cuillerées par litre).Purgation et lavements en savon. Quand il y aura un mieux notable, on pourra panser la plaie avec l'eau anaplérotique, premier ou deuxième degré, etc.

MAL DE GARROT.

Les meurtrissures occasionnées par la compression de la selle ou de tout autre harnais, sur le garrot, produisent ce mal, qu'il faut éviter, à cause des graves inconvénients qu'il présente.

Curation.

Si la meurtrissure est légère, on la lotionne avec de l'eau-de-vie camphrée additionnée d'un peu d'huile; si elle a produit beaucoup de dégât, on graisse la partie malade pendant quelques jours avec du saindoux, le plus vieux possible; ensuite, s'il y a de la matière, on lui donne issue en ouvrant la grosseur dans la partie la plus déclive, et on enlève avec un instrument quelconque, toutes les parties gâtées et on panse la plaie avec de l'eau-de-vie ammoniacalisée camphrée, additionnée d'un peu d'huile, et on la recouvre avec des linges très-propres.

Quand les chairs sont aux trois quarts revenues, on dessèche la partie avec de la crasse de cheminée bien pulvérisée et arrosée d'un peu de vinaigre fortement salé. On emploie l'eau anaplérotique si on le juge nécessaire.

MAL DE TÊTE, CÉPHALALGIE.

La sérosité en arrivant au crâne, s'y dépose et provoque une douleur très-aiguë à laquelle on a donné le nom de *céphalalgie*, (*violent mal de tête*).

Cette maladie est toujours accompagnée de fièvre, et d'un abattement général. Le cheval a la tête
lourde et le front très-chaud; il est souvent triste.
On ne peut confondre cette maladie avec le *vertigo*.

Curation.

Diète absolue et quelques lavements en savon,
1er degré, et ensuite une assez grande quantité en
son; faites une saignée à la queue, ou mieux au plat
des cuisses, frottez le front, 5 ou 6 fois le 1er jour,
et deux fois les jours suivants, jusqu'à parfaite guérison, avec de l'eau sédative premier et deuxième
degrés, alternativement. Pour éviter une rechute,
purgez l'animal deux fois à la fin du traitement.
Quatre litres de sang retiré au plat de chaque cuisse
et à la queue produisent un grand soulagement. On
peut en tirer un ou deux litres de plus; dans ce cas
il faut frictionner la saignée. Mais la quantité de 4
litres nous a toujours suffi. Pour pratiquer cette
saignée, il faut être assuré que la digestion soit faite.

MAUX DE REINS.

Les coups, les chutes, les charges trop pesantes,
peuvent occasionner un effort de reins. On recon-

naît cette maladie à la marche du cheval, à la sensibilité qu'il éprouve en lui appuyant la main sur le dos; à sa faiblesse quand on le tire par la queue, et à la difficulté ou à l'impossibilité de se coucher et de se relever.

Curation.

Saignez d'abord le cheval au col, frictionnez-lui les reins trois fois par jour avec de l'eau-de-vie ammoniacalisée camphrée premier degré, et ensuite avec le n° 2, au deuxième degré. Donnez-lui quelques lavements en savon et en son, mettez-le à la paille de froment et à l'orge cassée. Cette maladie est toujours dangereuse quand elle est négligée.

Les chevaux naturellement faibles des reins doivent être traités avec beaucoup de soins; on doit leur donner une nourriture substantielle, sans pour cela les échauffer; leur frictionner les reins et les jointures des quatre jambes avec de l'eau sédative deuxième ou troisième degrés, selon leur force, toutes les semaines au moins, suivant le genre de travail auquel on les assujettit.

MAL DE TÊTE CONTAGIEUX.

Ce mal n'est autre chose qu'une fièvre charbonneuse, et par conséquent toujours dangereuse, on pourrait même dire mortelle et contagieuse. L'animal atteint de cette affection a la tête brûlante, enflée ; il a les yeux larmoyants, il sort aussi une matière jaunâtre de ses naseaux. On reconnaît enfin tous les symptômes d'une des plus grandes fièvres, et le mal se termine, quelquefois en peu de temps, par la mort (voyez *Charbon, anthrax*).

MALADIES DES YEUX.

Nous ne passerons pas en revue toutes les affections du globe de l'œil. Nous parlerons seulement des maladies les plus fréquentes. Quels que soient les symptômes que présente une affection de la vue, on peut toujours employer la purgation comme nous l'indiquons. (Voyez manière d'administrer les purgatifs)·

Rougeur de l'œil.

Le cheval peut avoir l'œil extrêmement rouge, sans inflammation ni douleur, par le fait seul de la plus légère contusion. Avec un demi-litre d'eau claire, mêlée de pareille quantité d'eau-de-vie, on bassine l'œil malade plusieurs fois par jour; si au bout de quelques jours cette rougeur ne se dissipait pas, il faudrait mettre l'animal à la diète, lui donner de l'eau blanche un peu nitrée, pour boisson, et le saigner deux fois en quatre jours, au plat de chaque cuisse et à la queue; il ne faut pas retirer plus de trois litres de sang à chaque fois, il vaut mieux en retirer moins.

Larmoiement.

Les animaux ont quelquefois les yeux chargés de larmes dont l'écoulement se fait sur la peau des joues. Ce larmoiement peut tenir à la surabondance des sécrétions, ou bien encore à l'engorgement du canal ou conduit lacrymal, etc. Quelle qu'en soit la cause, il est nécessaire de purger deux fois avec des pilules et de bassiner les yeux deux fois par jour au moins, avec deux verres d'eau courante dans lesquels on verse deux cuillerées d'extrait de saturne; plus tard on en met quatre cuillerées, et sur la fin du traitement on emploie la décoction de fleurs de sureau dans laquelle on met deux cuillerées d'eau-de-vie camphrée par verre. Si le larmoiement ne paraît pas être le résultat de quelque cause grave, on peut se dispenser de purger. On peut, au milieu du traitement, faire une petite saignée à la queue.

Ophthalmie.

L'*ophthalmie* est une maladie de l'œil caractérisée par une rougeur intense et étendue, toujours accompagnée d'un gonflement considérable et aussi par l'impression douloureuse que la lumière paraît produire sur cet organe. Si l'inflammation est considérable, les paupières se renversent, la cornée transparente paraît enfoncée au milieu d'un bourrelet que forme la tuméfaction de la conjonctive du globe oculaire; alors, les paupières sont continuellement fermées, et si on cherche à les ouvrir, on voit le globe de l'œil se renverser pour fuir la lumière, dont l'impression est douloureuse. Les sécrétions de l'organe oculaire sont aussi modifiées, augmentées quelquefois, et tellement âcres, qu'elles excorient la peau des joues où elles se répandent; d'autres fois les larmes sont supprimées et l'œil est totalement sec. Cette maladie est très-douloureuse.

Aux symptômes locaux ci-dessus se joignent assez souvent de vives douleurs de tête et d'autres accidents généraux qui peuvent déterminer la mort, ou au moins la perte de la vue.

L'ophthalmie présente de nombreux degrés; elle est quelquefois si légère, qu'elle disparaît sans aucun traitement; d'autres fois elle est si rebelle, que la vue s'altère malgré tous les traitements.

Les affections ophthalmiques peuvent provenir des causes externes, telles que l'introduction dans l'œil d'un corps étranger, comme la poussière de terre, de plâtre, de chaux, de graine de fourrage. L'exposition à une lumière trop vive, d'autres fois à des causes internes, telles qu'un vice constitutionnel, une altération des fluides; quelles que soient les causes de l'ophthalmie, la purgation est toujours utile. Il faut d'abord mettre l'animal au régime de la paille de froment, à l'orge cassée, à l'eau blanche nitrée, lui donner des lavements en savon, en son ou en mauve, garantir l'œil du contact de l'air, en l'enveloppant d'une bande de toile fine, le saigner au plat des cuisses, deux fois la même journée, appliquer sur l'œil des compresses d'eau camphrée vitriolée. On fait dissoudre dans un litre d'eau courante et camphrée, 2 grammes de sulfate de zinc au vitriol blanc, et on seringue de cette eau trois ou quatre fois par jour dans les yeux du cheval, on y trempe un linge et on l'applique sur les yeux, maintenu par une bande. Au bout de six jours, on met 3 grammes de sulfate de zinc, au bout de douze jours on en met 4, et continuer ainsi quelques jours, et ensuite on les lave avec un peu d'eau-de-vie camphrée, et puis après avec une décoction de fleurs de sureau, comme il est dit pour le larmoiement.

Si l'ophthalmie paraissait être grave, il faudrait purger l'animal deux fois au moins en sus des traitements indiqués. Souvent la poudre dépurative remplace les purgations.

Taie sur l'œil.

Un brin de paille, de sainfoin, de luzerne, de bois ou autre chose semblable, s'étant introduit debout dans l'œil, peuvent déterminer une taie sur l'œil.

La taie est une tache blanchâtre, qui occupe quelquefois toute la capacité de l'œil et en obscurcit la cornée.

Quand la taie est récente, on la fait disparaître en la saupoudrant avec du sucre candi et un grain de sel pulvérisés. Quand elle paraît intense, il faut saigner l'animal au plat des cuisses et appliquer sur l'œil des compresses indiquées pour l'ophthalmie. Il peut arriver qu'il reste une petite tache qui finit par disparaître. On peut encore employer une dissolution de sulfate de zinc (vitriol blanc), deux grammes dans un verre d'eau. Nous avons peu de confiance dans ce remède.

MÉMARCHURE. Voyez Entorse.

MOLETTE.

La *molette* est une tumeur molle qui vient au boulet sur le tendon, plus souvent encore entre le tendon et l'os du canon. Quand'il y en a une de chaque côté du canon, elles sont appelées : *molettes chevillées.* Quand elles sont récentes, on peut en tenter la résolution, au moyen de quelques lotions résolutives fortement astringentes, l'application d'un vésicatoire; mais le plus sûr est le feu mis en raies.

Les chevaux fins sont beaucoup plus exposés à cette maladie que les autres. Les molettes qui viennent de vieillesse, sont incurables.

MORFONDURE. Voyez Coryza.

MORSURE DES BÊTES VENIMEUSES.

Les chevaux de la campagne, que l'on fait travailler dans les bois, dans les marécages ou dans les endroits où séjournent les reptiles ou d'autres animaux ou insectes venimeux, sont exposés à être mordus ou piqués.

Le mal s'annonce par une tuméfaction douloureuse accompagnée d'une inflammation assez considérable pour occasionner la fièvre.

Lorsqu'un cheval a été mordu ou piqué, on doit chercher à extraire le dard, s'il en reste un, élargir la plaie piquée à l'aide d'un instrument tranchant, la cautériser avec un fer chauffé à blanc et mettre ensuite sur la plaie des compresses d'alcool camphré et d'ammoniaque liquide, en quantité égale, purger l'animal, et activer la purgation par tous les moyens possibles.

Les compresses devront être renouvelées d'heure en heure, selon la gravité du mal. Le lendemain de ce traitement, on appliquera sur la plaie une grande quantité de basilicum mélangé d'un dixième de poudre de cantharide et d'euphorbe. Cet emplâtre sera levé au bout de douze heures, remplacé par un autre de même nature; on nettoiera la plaie avec de l'eau tiède additionnée de quelques gouttes de vinaigre, et on la pansera trois fois par jour avec du basilicum, en la nettoyant à chaque pansement.

Ces sortes d'affections présentant le caractère de

malignité du charbon, il ne faut rien négliger pour détruire le venin dont les chairs s'impreignent.

Dans le cas de morsure de la part d'un animal enragé, il faut cautériser à fond les plaies et promener le fer, chauffé à blanc, partout où on aperçoit des égratignures, et les frotter ensuite avec de l'ammoniaque liquide mélangé comme il est dit ci-dessus, avec de l'alcool camphré; s'il n'était pas possible d'y faire tenir des compresses, il faudrait les éponger souvent, avec ce mélange; purger convenablement et donner pour boisson de l'eau nitrée les jours intermédiaires. On peut aussi, tous les matins, et pendant tout le temps de la maladie, donner la poudre **B**.

Si l'on ne pouvait exécuter de suite toutes ces prescriptions, à cause de l'éloignement de toute habitation, il faudrait, en rentrant à la maison, donner trois ou quatre litres d'eau camphrée, et faire ensuite ce que nous venons d'ordonner (voyez *Charbon*).

MORVE.

La *morve* est une ulcération de la membrane pituitaire, qui se complique quelquefois d'une affection analogue des poumons. Le cheval, atteint de cette terrible maladie, jette par les naseaux, mais plus souvent par un seul, une certaine quantité de mu-cosité gluante, jaunâtre, verdâtre, purulente, striée quelquefois de quelques filets de sang.

Si le cheval jette des deux naseaux, il a les deux glandes sous-maxillaires gonflées, tuméfiées, sensibles et adhérentes à l'os maxillaire; si l'écoulement ne se fait que par un seul, il n'y a qu'une glande d'engorgée, et du côté même du naseau qui jette.

Quand la morve est confirmée, aiguë, le flux est abondant et si gluant qu'il s'attache à l'orifice des narines; la membrane qui revêt l'intérieur des cavités nasales est remplie de chancres de différentes grandeurs. Les yeux sont chassieux et les vaisseaux de la face de chaque côté très-gorgés; les tables osseuses des os qui forment la base du chanfrein sont notablement gonflées; il y survient aussi quelquefois de petites hémorrhagies.

Un des signes caractéristiques de cette maladie, c'est que le cheval ne tousse pas, à moins pourtant qu'il y ait complication de phthisie pulmonaire, il ne perd ni l'appétit, ni sa vivacité habituelle; toutefois, quand la maladie est parvenue à son dernier période, l'appétit est nul, l'abattement extrême, la toux fréquente; les jambes enflent, les flancs se retroussent, et le cheval meurt de consomption.

Les vétérinaires qui ont eu occasion de traiter

plusieurs animaux morveux, et qui ont suivi le cours de cette maladie, ont sans doute remarqué un cás qui n'existe pas chez tous les animaux morveux, nous voulons parler d'une éruption presque subite, de nombreux boutons à la peau et qui s'abcèdent presque successivement. Cela n'arrive qu'un jour ou deux, ou trois au plus avant la mort du sujet. Nous avons fait cette remarque chez un bélier, une brebis et un cheval que nous avons gardés jusqu'à ce qu'ils tombent en consomption.

Les causes de cette affection sont le farcin, le coryza, etc.

On appelle communément *morve commençante* un écoulement qui tient à une cause tout-à-fait particulière, et qui n'a aucun rapport à la morve; on guérit cet écoulement, et on croit avoir guéri un cas de morve, c'est une erreur des plus grandes. La morve de quinze jours est aussi difficile à guérir que la morve de trois mois; la morve réelle est incurable et le sera toujours, à cause de la difficulté de rétablir la membrane pituitaire détériorée.

Cette maladie est très-contagieuse et se communique facilement à tous les genres de quadrupèdes, (excepté à l'espèce bovine) et à l'homme, qui pourrait s'inoculer le virus de la morve, et contracter ainsi une maladie dangereuse et souvent mortelle.

On doit cependant prendre toutes les précautions possibles : par exemple, il ne faut pas soigner des animaux morveux, ayant des égratignures aux mains, aux bras ou au visage, ni toucher à aucune nourriture sans avoir eu soin de se laver toutes les parties exposées au contact de l'air, avec de l'eau camphrée additionnée d'un peu de vinaigre. On doit éviter aussi toute communication avec d'autres animaux avant d'avoir changé de vêtements ; ce manque de précaution suffirait pour déterminer la maladie en peu de temps chez les animaux sains.

MUSARAIGNE. Voycz Charbon.

NERF-FERU, ou Nerf-Férure.

La nerf-férure est un gonflement de la région tendineuse du canon, toujours occasionnée par un coup sur cette partie. On pourrait, avec raison, nommer cette maladie : atteinte du boulet, puisque les coups donnés plus bas se nomment *atteintes*.

La nerf-férure est toujours le résultat d'un coup donné sur le boulet ou sur le canon ; elle est simple alors que la peau n'est pas entamée ; composée, lorsqu'il y a plaie, meurtrissure sensible ou inflammation considérable. Pour la première, il suffit de

la fomenter avec du vinaigre fort, dans lequel on aura fait bouillir une poignée de fleurs de sureau et un peu de fleurs de tilleul, deux ou trois fois par jour, jusqu'à parfaite guérison. Pour la seconde, qui est plus dangereuse, il faut saigner l'animal à la pince du pied de la jambe malade et fomenter ensuite la partie malade comme il est dit ci-dessus, et de plus y mettre de temps à autre des compresses d'eau sédative troisième degré. Il ne faut jamais laisser la nerfférure sans traitements, car elle pourrait donner naissance aux ganglions.

OEDÈME.

On donne le nom d'*œdème* à un gonflement d'une partie du corps produit par une exsudation séreuse qui s'infiltre dans le tissu cellulaire sous-cutané et intermusculaire. L'œdème se reconnaît par sa tuméfaction molle et froide.

La peau est soulevée et dépourvue d'élasticité ; en appuyant le doigt dessus, la pression reste marquée, et ne s'efface que lentement.

L'œdème se montre le plus souvent sous la poitrine, sous le ventre, au scrotum, au fourreau. L'œdème qui résulte d'une contusion, d'une opération chirurgicale, d'une compression, se dissipe de lui-même alors que la cause ne subsiste plus. Toutefois on peut favoriser sa disparition en le frictionnant plusieurs fois par jour avec du vinaigre camphré dans lequel on met fondre du blanc d'Espagne. La promenade est salutaire et aide beaucoup à faire disparaître tous les œdèmes, le frictionnement du bouchon de paille est aussi urgent.

L'œdème se remarque encore dans des circonstances diverses, par exemple à la suite de longues maladies, pendant le cours des affections chroniques, et après une disette trop absolue. On le voit aussi chez les juments pleines, chez les vieux chevaux, et après un repos trop prolongé. L'œdème des juments pleines n'exige aucun traitement; voici les moyens curatifs prescrits pour les autres.

L'œdème provenant de l'altération et de la décomposition des fluides se déclare particulièrement depuis les testicules jusque entre les deux jambes de devant; c'est le seul qui exige des traitements internes; l'animal est triste, abattu, et mange sans appétit.

Curation.

Purgation deux fois et tous les matins pendant huit jours une cuillerée de limaille de fer, comme pour le traitement de l'anémie, et ensuite la poudre B, frictionnement des parties gonflées avec le mélange ci-dessus indiqué, et une nourriture très-substantielle ; deux purgatifs à la fin du traitement.

OGNONS.

L'*ognon* est une grosseur qui vient entre la sole et le petit pied, ou un vice de l'os du pied dont la partie concave est devenue convexe. Une mauvaise ferrure, un reste de fourbure ou une meurtrissure peuvent en être la cause. Une ferrure à proximité de cette maladie est le seul remède. Quelques auteurs conseillent cependant de dessoler le cheval et d'enlever l'ognon avec une feuille de sauge, et de panser la plaie comme à un cheval nouvellement dessolé. Nous préférons lui mettre un fer couvert et bombé à l'endroit de la tumeur ; il faut avoir soin de parer très-légèrement la sole en cet endroit.

OREILLE (mal d').

Il se forme quelquefois dans l'intérieur de l'oreille, une tumeur qui obstrue le conduit auditif.

Quand cette tumeur est assez mûre, il faut la percer et injecter dans la plaie, à l'aide d'une petite seringue, de l'eau-de-vie camphrée troisième degré.

PIQÛRES D'INSECTES. Voyez Morsures.

PISSEMENT DE SANG. Voyez Hématurie.

PIQURÉ DE CLOU.

On nomme ainsi un clou mal chassé et qui pénètre dans la chair cannelée. Il est nécessaire de mettre dans le trou qu'a fait le clou, quelques gouttes d'alcool camphré et d'huile, et un peu d'étoupes. On applique le tout sur l'orifice du trou et on ferre, sans préoccupation de l'accident qui a pu survenir.

PLAIES.

Les plaies sont plus ou moins graves, selon l'endroit du corps qu'elles occupent, le corps qui les a produites, leur profondeur et la complication du coup.

Quelle que soit la gravité d'une plaie et quelle qu'en soit la cause, il faut de suite raser le poil tout autour, presser les bords pour en faire sortir le sang caillé ou extravasé, laver ensuite la partie malade avec de l'eau additionnée d'alcool camphré, ou mieux encore avec de l'eau-de-vie camphrée n° 3. S'il existait de l'inflammation, on laverait avec une décoction de fleurs de sureau et de tilleul, trois fois par jour.

Il faut avoir soin d'enlever la terre et les autres corps étrangers qui pourraient avoir pénétré, et ménager les lambeaux de chair ou de peau que l'on pourrait espérer rétablir, et couper ceux qui seraient trop meurtris et déchirés pour être conservés. Si la plaie est profonde, on peut la sonder, afin de s'assurer qu'il n'y reste aucun corps étranger et qu'il n'y a pas d'os attaqué. Si, par la rupture de quelques vaisseaux, il y avait hémorrhagie, il faudrait d'abord s'occuper de l'arrêter et ensuite rapprocher et remettre en place tous les lambeaux conservés. Si les lambeaux étaient longs ou larges, on les recoudrait avec du fil plat ciré, en ayant soin de graisser avec du cérat les endroits recousus.

Si une plaie paraît grave, il faut recourir à l'emploi des évacuants, qui tout en purgeant la masse et l'âcreté des humeurs et des fluides, afin qu'ils ne viennent pas engloutir la plaie de leur venin, en accélèrent la guérison.

Quelle que soit la gravité d'une plaie, il ne faut pas

y attirer la suppuration ; il vaut beaucoup mieux chasser les humeurs par les émonctoires naturels, à l'aide de la purgation, et panser la plaie avec de l'eau-de-vie camphrée dans laquelle on peut faire fondre du miel. Il est très-dangereux d'attirer ou de laisser arriver la suppuration, car elle est désorganisatrice. Si la plaie a été faite par un instrument aigu, il faut tâcher de faire entrer dans le trou une quantité égale d'huile douce et d'eau-de-vie camphrée premier degré.

Si la propreté est exigible dans tous les traitements, elle l'est bien plus encore dans le traitement des plaies.

PLEURÉSIE.

La *pleurésie* a son siége dans la membrane séreuse nommée plèvre. Dans l'état normal de cette membrane, il n'y a pas de liquide entre les deux feuillets pleureaux, ils sont seulement lubrifiés par une sécrétion onctueuse qui en facilite les glissements. Dans la pleurésie, au contraire, il se forme une collection de liquide entre les deux feuillets de la plèvre.

Les causes les plus fréquentes de la pleurésie, sont : un arrêt subit de la transpiration, l'eau froide bue pendant un moment de sueur, la disparition subite et accidentelle d'une maladie cutanée, les coups sur la poitrine, etc.

La pleurésie est souvent compliquée de la pneumonie, c'est l'affection qu'on nomme *pleuro-pneumonie*.

Les signes particuliers qui font reconnaître la pleurésie sont : une toux sèche, la respiration est entrecoupée, l'inspiration courte et douloureuse, l'expiration lente et prolongée; le cheval témoigne une vive douleur quand on lui appuie la main sur la région de la poitrine; de temps en temps il la regarde, il a quelquefois des frissons, la tête lourde et très-basse, le nez appuyé dans l'auge. Il a un côté de la poitrine plus sensible que l'autre; si l'on provoquait l'éternuement, l'animal s'en trouverait fortement gêné.

L'épanchement pleurétique déforme le côté de la poitrine dans lequel il a son siége; il augmente l'ampliation et la rend visible en fixant bien les deux côtés de la poitrine.

A l'autopsie des chevaux morts de cette maladie, nous avons trouvé jusqu'à vingt-cinq litres de liquide séro-purulent dans la poitrine, surtout du côté le plus malade; nous avons aussi remarqué que l'organe pulmonaire est tellement comprimé, qu'il devient aussi sec que du gros carton.

L'épanchement pleurétique constitue ce qu'on

appelle hydrothorax, hydropisie de poitrine ; l'opération que l'on nomme *empyème*, qui consiste dans une ouverture que l'on fait pour vider la poitrine, afin de prévenir la suffocation, réussit rarement chez les animaux.

La guérison de la pleurésie n'est pas toujours suivie du rétablissement de toutes les parties à leur état normal ; il reste des brides d'adhérence entre les deux feuillets pleureaux. Le poumon n'a plus son élasticité première et ne revient jamais à son volume primitif. Enfin, cette maladie peut engendrer une infinité d'accidents quand elle est traitée selon la méthode usuelle.

En suivant exactement les moyens que nous indiquons ci-après, on peut éviter ces accidents.

Curation.

Aussitôt qu'un cheval est atteint de cette maladie, il faut le mettre à une diète absolue, le couvrir, le mettre dans une écurie bien close, mais cependant pas trop chaude, le bouchonner, lui donner quelques lavements en savon, premier degré, et quand on sera assuré de l'opération de la digestion, on le saignera au col (la première saignée peut être de trois litres), on peut réitérer la saignée encore deux ou trois fois après la première, mais ne pas retirer plus d'un litre de sang à la fois ;

les saignées réitérées dépendent essentiellement de la force de l'animal. Enfin, on lui passera deux sétons, un de chaque côté de la poitrine, on en activera la suppuration par les moyens que nous avons indiqués, et deux ou trois heures après la saignée, on lui donnera, en une heure et demie, trois litres d'eau tiède ainsi composés : eau tiède, 1 litre ; faites dissoudre 15 grammes d'émétique ; agitez le litre, et au moment de faire prendre cette boisson, ajoutez-y une cuillerée d'alcool camphré. Frictionnez toutes les parties du cou avec de l'eau sédative 2 fois par jour ; donnez des lavements en savon, en son ou en mauve, de l'eau miellée tiède à volonté. Purgation le lendemain de la saignée, et 12 ou 15 heures après les derniers effets de cette purgation, donnez-en une autre ; il est très-utile d'en activer les effets par une grande quantité de lavements. On doit observer une diète très-sévère pendant la durée de la maladie, et ne donner à manger qu'au moment où la maladie touche à sa fin. La nourriture se composera de paille de froment de bonne qualité ou de quelques poignées de bon fourrage. Pour éviter une rechute, il ne faut pas faire travailler l'animal avant qu'il soit entièrement rétabli, et partager en deux portions égales sa nourriture habituelle ; comme boisson, de l'eau miellée, et ne pas le changer de régime trop brusquement.

La quantité d'eau miellée est au moins celle-ci :
cinq litres, et dans chaque, cinq grammes de sel de
nitre ; il faut faire écumer le miel, sans quoi les
boissons seraient échauffantes, et donner de l'eau
tiède à volonté.

PLEURO-PNEUMONIE.

La *pleuro-pneumonie* est une complication de la
pleurésie et de la pneumonie (voyez ces deux maladies).

PNEUMONIE, ou Fluxion de poitrine.

La *fluxion de poitrine* est un épanchement de sang
qui se fait dans le tissu aréolaire du poumon. Voici
les principaux symptômes : vives douleurs dans la
poitrine, respiration pénible, précipitée, toux prolongée, l'expiration est courte et pénible, l'animal
se plaint quand on lui élève la tête ; il tient les
membres antérieurs écartés, refuse de se coucher
et de se mouvoir, a plus ou moins de fièvre, son
urine est rouge et rare, la respiration est gênée, et
la physionomie de l'animal exprime la douleur. Le
danger de la suffocation est imminent.

La rapidité avec laquelle ces symptômes se déclarent, varie selon que l'inflammation occupe un

des côtés seulement du poumon ou les deux à la fois. La douleur que le cheval ressent à la poitrine lorsqu'on y appuie la main, tient sans doute à la complication de l'affection pleurétique, car il est rare qu'une pneumonie ne soit pas compliquée de la pleurésie.

Un des signes les plus caractéristiques de la pneumonie ou fluxion de poitrine est l'humeur jaunâtre ou roussâtre qui sort par les naseaux.

Le phénomène que l'on nomme *râle crépitant* est également un signe qui a beaucoup de valeur; c'est le guide certain des changements qui s'opèrent dans les parties qui sont le siége de la maladie.

Le râle crépitant est un bruit particulier que produit l'air pendant toute la respiration; il permet d'apprécier les progrès ou la diminution du mal.

La fluxion de poitrine est une maladie grave, et quelquefois mortelle. Les causes qui la déterminent sont les refroidissements et les boissons froides lorsque le corps est en sueur. On ignore encore pour quelle raison le froid détermine une pleurésie chez un sujet et une péripneumonie chez un autre. Mais en somme, il arrive très-souvent que les maladies de poitrine, chez les chevaux, proviennent du manque de précaution de la part de ceux qui les conduisent ou qui les soignent.

Les traitements sont les mêmes que ceux indiqués pour la pleurésie (voyez cette maladie).

Quand on met trop de lenteur à traiter cette affection, la suppuration devient générale et cause la mort ; si elle n'est que partielle, l'animal tombe dans un état connu sous le nom de *vieille courbature*.

POUSSE.

La *pousse* est un engorgement ou une obstruction du poumon et de la trachée artère ; l'hydropisie ou la phthisie sont quelquefois la suite de cette maladie, qui s'annonce par le battement irrégulier des flancs, une grande gêne dans la respiration, une toux sèche, quinteuse et sans rappel, par un écoulement de mucosité épaissie et blanchâtre par les naseaux.

Le signe le plus caractéristique est le soubresaut qui se fait remarquer, surtout dans l'expiration ; le mouvement d'abaissement du flanc est à peine commencé qu'il s'arrête subitement, s'interrompt pour recommencer et s'achève tranquillement. C'est surtout pendant l'action de manger l'avoine, que ce phénomène est plus facile à saisir. Quand la maladie est à son plus haut degré, l'animal maigrit tout en conservant l'appétit et toutes les apparences de santé ; le ventre devient volumineux ; les côtes se dessinent fortement sous la peau.

Lorsque cette maladie est invétérée, elle est incurable; quand elle ne fait que commencer, on peut la guérir ou l'empêcher d'augmenter ; on commence par mettre le cheval à la paille de froment, à l'orge cassée, mouillée, on lui donne tous les matins à jeun, pendant huit jours, la poudre B, un quart de double décalitre de navets coupés par petits morceaux, et quelques lavements émollients. Au bout de huit jours de ce régime, on le purge deux ou trois fois et on le nourrit ensuite de bon fourrage, mais en petite quantité; la paille de froment, le sainfoin ou la luzerne et l'avoine doivent être donnés pour nourriture, mais jamais de son. Il faut éviter aussi de donner du foin. Le cheval poussif ainsi traité, pourra rendre d'aussi bons services qu'un autre, en le ménageant, toutefois, par les grandes chaleurs, et notamment dans les montées rapides, car la suffocation pourrait être le résultat du manque de précautions qu'on aurait eues. La poudre B, donnée tous les deux mois, pendant dix jours, peut produire de bons effets.

PUSTULES. Voyez Dartres.

QUEUE DE RAT. Voyez Arête.

RAGE.

Le cheval atteint de cette terrible maladie à la suite d'une morsure d'un animal enragé, mord sa mangeoire, cherche à mordre tout ce qui l'approche, paraît furieux et s'agite d'une manière extraordinaire, ses yeux sont enflammés, sa bouche est écumante, il refuse la nourriture et surtout les boissons; quelquefois, au contraire, il boit à outrance (voyez pour le traitement, *morsure des animaux venimeux*). Notre méthode médicale peut prévenir la rage, mais quand elle est déclarée, il faut tuer l'animal et désinfecter son écurie.

REINS (Inflammation des).

Les chevaux sont souvent atteints de cette maladie, qui est très-dangereuse et même mortelle. On la reconaît aux signes suivants : la région des reins est très-chaude et sensible, le train de derrière est faible et comme disloqué, les testicules rentrent et sortent très-fréquemment; le rectum est chaud. Si on met la main sur la vessie, on s'aperçoit bientôt qu'elle est vide. L'animal se campe souvent pour uriner et ne rend que quelques gouttes de mucosités sanguinolentes; il trépigne des pieds de derrière, regarde ses flancs avec inquiétude. Il se déclare souvent aussi des sueurs générales ou partielles et d'odeur urineuse. Le pouls devient mou, lent, insensible, de petit, dur, accéléré qu'il était. A défaut de prompts secours, la mort vient rapidement.

Les premiers soins sont de tenir continuellement de la paille fraîche sous le ventre du cheval, de le bouchonner tout doucement, de le couvrir peu, de lui donner beaucoup de lavements émollients, de lui mettre souvent sur les reins de forts cataplasmes de son bouilli, de le saigner plusieurs fois au col (trois fois en six ou huit heures, et lui retirer deux litres de sang à chaque fois). Pour boisson, de l'eau de son miellée et nitrée, et lui frictionner de temps en temps les reins et le dessous du ventre avec de l'eau sédative premier ou deuxième degrés, etc.

RÉTENTION D'URINE.

La *rétention d'urine* tient à trois causes : à un état

de spasme du col de la vessie, à un rétrécissement du canal de l'urètre, à la présence de pierres ou graviers. Le cheval atteint de cette maladie est tourmenté, agité, se roule, se couche tout étendu, se plaint beaucoup, se relève et se recouche brusquement, n'urine que goutte à goutte ou pas du tout. Quand la présence du gravier existe, l'urine est mélangée de sang, accompagnée de quelques petits graviers. Si l'on pensait que la vessie fût trop pleine, on pourrait s'en assurer en portant la main, par le rectum, sur la vessie, en ayant soin de ne pas la comprimer trop fortement, car on augmenterait la violence du mal. Si la fièvre se déclare fortement, l'animal meurt en peu de jours, quelquefois même en peu d'heures.

La rétention d'urine est ordinairement la suite des maladies du ventre, rarement elle est seule. On doit donc commencer par traiter la première maladie; si la rétention d'urine est seule, on donne beaucoup de lavements émollients, on le bouchonne, on couvre l'animal, on lui fait une bonne litière de paille fraîche que l'on remue souvent, et on le met dans une bergerie, après en avoir remué le fumier; si, dans l'intervalle, le cheval n'urinait pas, il faudrait lui faire avaler 60 grammes de colophane en poudre et 30 grammes de sel de nitre dans une bouteille de vin blanc. Ce remède nous a toujours bien réussi ; si, deux heures après avoir donné le remède, l'animal n'urinait pas, il faudrait le saigner au col et ne lui donner, pendant sa convalescence, que de la paille de froment, de l'orge cassée humectée d'eau, pour nourriture, et de l'eau blanche pour boissons.

Il est toujours avantageux de purger deux fois, après la maladie, avec des pilules seulement ; les bons effets que produisent ces pilules sont presque prodigieux.

Autre remède pour la rétention d'urine proprement dite.

Dans deux litres d'eau tiède, mettez deux verres d'eau-de-vie, trois cuillerées d'essence de térébenthine et 60 grammes de sel de nitre. Le tout étant bien fondu et mêlé, faites-le boire à l'animal, en deux fois, à une demi-heure d'intervalle, et donnez ensuite une grande quantité de lavements en son ou en savon. Les bons effets de ce remède sont incontestables, mais il vaut mieux agir plus doucement et n'employer les moyens extrêmes que très-rarement.

RHUMATISME.

Le *rhumatisme* ressemble beaucoup à la névralgie ; dans ces deux maladies, la partie affectée est caractérisée par la douleur seulement, sans rougeur de la peau, et sans gonflement appréciable. Quelques auteurs prétendent que les douleurs rhumatismales ont leur siége dans les tendons; les gaînes des muscles et les aponévroses; d'autres considèrent ces affections comme des inflammations des muscles; nous pensons qu'il est impossible de résoudre cette question d'une manière positive; ce qu'il y a d'incontestable, c'est que cette maladie consiste d'abord dans des fluxions d'humeurs viciées, altérées, toutes les causes capables d'arrêter la transpiration, comme aussi l'humidité froide, peuvent produire des rhumatismes chez les animaux, mais seulement si les humeurs et les fluides sont de mauvaise nature. Certains chevaux ou bœufs sont tellement affectés de douleurs, qu'ils ne peuvent travailler.

Le meilleur moyen de combattre les rhumatismes, est la purgation avec des pilules. On répète ce traitement selon la gravité du mal; on fait aussi des frictions d'eau-de-vie ammoniacalisée camphrée avec une pièce de laine. Le séjour d'une écurie saine et tempérée, et un bon pansage de la main, sont très-utiles.

RHUME. Voyez Morfondure, Coryza.

ROUVIEUX.

Le *rouvieux* est une sorte de gale invétérée. Les

gros chevaux mal soignés ou habitués à une nourriture échauffante et de mauvaise qualité y sont
plus sujets que les autres. Le traitement de cette
affection est le même que celui indiqué pour la
gale, seulement il faut plus insister sur l'emploi de
la purgation.

Des dépuratifs tels que la poudre B ou poudre
dépurative et deux sétons sont souvent utiles.

SEIME

La *seime* est une fente qui se fait à la muraille,
depuis la couronne jusqu'en bas. Il y a deux sortes
de seimes ; celle qui vient aux quartiers, communément aux pieds de devant, s'appelle *seime quarte*,
celle qui vient en pince, aux pieds de derrière, le
plus souvent, s'appelle *seime en pied de bœuf*. L'une
et l'autre proviennent de la sécheresse de la peau,
de la couronne et de la muraille. Lorsque la muraille
est desséchée et qu'elle a perdu l'humidité et la souplesse nécessaires à toutes les parties, elle se gerce
profondément et forme des seimes. La sécheresse
de la muraille vient souvent de ce qu'on a trop paré
le pied ou râpé le sabot. En procédant ainsi, on
ouvre les pores qui portent la lymphe nourricière
à la sole et à la muraille, et on l'expose au contact

immédiat de l'air, qui en enlève toute l'humidité et pompe aussi cette espèce de rosée qui nourrit le pied et la muraille.

Il est du reste assez concevable qu'une trop grande sécheresse fait fendre la majeure partie des corps.

Ces deux maladies se traitent de la même manière. Quand la seime est récente, superficielle seulement, il suffit de graisser le pied avec de l'onguent de pied, pour la faire disparaître ; mais s'il se manifeste la moindre résistance pour la guérison, il faut diminuer l'épaisseur de ses bords avec la râpe, nettoyer la fente et enlever une petite portion de corne au bord supérieur de la muraille, près la couronne, et purger ensuite l'animal deux fois, afin d'expulser la partie mordicante des humeurs, qui presque toujours est le plus grand obstacle à la curation et souvent la cause même des maladies, car nous pensons que la mauvaise qualité des humeurs et des fluides est la cause principale de la seime. L'expérience nous a démontré qu'en purgeant convenablement au début de la maladie, elle ne dure que peu de temps, qu'il n'y vient jamais de matière sous la muraille, et que l'opération, — qui est toujours assez difficile pour ceux qui n'ont pas fait de la médecine vétérinaire leur occupation spéciale,— qui consiste à l'enlèvement total des bords de la seime est fort inutile, puisque les causes qui ont déterminé cette opération n'existent pas. La purgation a l'avantage aussi de prévenir le développement des cerises, qui viennent ordinairement avec tant de facilité sur les plaies des seimes. Si les traitements intérieurs sont nécessaires, on ne doit pas négliger pour cela les traitements extérieurs ; il faut donc graisser plusieurs fois par jour le pied du cheval avec l'onguent de pied et mettre dans la fente des étoupes trempées dans une partie égale d'alcool camphré et d'huile d'olive, deux fois par jour pendant quinze jours, ensuite y mettre du suif de veau, deux fois par jour, en ayant bien soin de nettoyer la partie malade à chaque pansement.

Quand la maladie est arrivée sous la muraille, qu'elle y reste trop long-temps, elle engendre des accidents très-graves ; elle carie même assez souvent l'os, chose dont on peut s'assurer par le moyen de la sonde. Si on avait à continuer un traitement commencé par d'autres personnes, et que le cheval ait l'os carié, il faudrait mettre une pointe de feu sur la carie, pour favoriser l'exfoliation et panser la plaie comme il est dit ci-dessus.

SEMENCE (écoulement de). Voyez Echauffement des Poulains.

SOLANDRES.

Les *solandres* sont au pli du jarret, ce que la malandre est au genou (voyez *Malandres*).

SOLE BATTUE, FOULURE DE LA SOLE.

Le pied ayant été trop paré et se déferrant ensuite, la sole peut se trouver foulée, battue par le pavé, par des cailloux et quelquefois aussi par de la terre dure ; des corps étrangers s'introduisant dans le pied, peuvent aussi produire cet effet.

Curation.

Déferrer le cheval et lui mettre sur la sole un cataplasme de suie de cheminée détrempée dans une quantité égale de vinaigre et d'eau-de-vie camphrée, en ayant soin d'ôter à chaque pansement les parties de sole mortes.

Si la sole était battue au point de former de l'humeur et de l'inflammation, il faudrait purger une ou deux fois et faire quelques incisions légères à la sole, pour faire sortir l'humeur, le sang extravasé, et appliquer des cataplasmes émollients pendant quelques jours, et ensuite des cataplasmes en suie de cheminée.

SOLE BRULÉE.

Lorsque sans précautions, le maréchal fait porter trop long-temps le fer à chaud sur la sole de corne, ce qui arrive fréquemment, il la brûle, et la sole charnue peut s'en ressentir beaucoup.

Le feu fait crisper les vaisseaux lymphatiques qui alimentent la corne, et une fois resserrés, la lymphe ne peut plus circuler. On peut aussi enlever toute l'humidité du pied, le dessécher, l'enflammer, et les résultats en sont très-dangereux.

Quand ces accidents arrivent, le cheval boite, la fièvre survient; elle peut être même très-violente et mettre l'animal en danger. Il y a eu des exemples de mortalité.

Curation.

Si le mal est léger, il faut commencer par enlever avec le boutoir ou tout autre instrument à peu près semblable, la sole grillée, et mettre le pied dans un cataplasme de son arrosé d'extrait de Saturne. Si le pied est enflammé, il faut purger deux fois ou bien saigner une fois au col, et le surlendemain purger une fois, enlever toutes les parties brûlées et panser la plaie deux fois par jour avec des étoupes trempées dans de l'eau camphrée et graisser le sabot avec l'onguent de pied, mettre ensuite l'animal au régime de la paille de froment et à l'orge cassée mouillée, et à l'eau blanche pour boisson. Si la brûlure est légère, il suffit de déferrer le cheval, de lui mettre le pied dans un petit sac rempli de son bouilli, arrosé de vinaigre, et cela autant de fois qu'il le faut pour obtenir un mieux notable.

SUEURS OU DIAPHORÈSE.

Quand le cheval est en bonne santé, les sueurs ne produisent aucun effet sur lui, à moins de fatigues ou d'exercices forcés. Si les sueurs sont abondantes et fréquentes, elles constituent une véritable maladie. Il est donc de toute nécessité de détruire la cause de cette affection, car, en supposant que l'animal n'en souffre pas, il pourrait se trouver dans un cas où les sueurs se trouveraient supprimées, comme cela arrive assez souvent par la négligence des conducteurs, et il pourrait en résulter des accidents graves, attendu que les sueurs surnaturelles ne tiennent le plus souvent qu'à la nature des humeurs, qu'à un vice, à un mauvais levain que l'économie expulse ou cherche à expulser. La purgation est donc le seul moyen thérapeutique. Il faut d'abord donner quelques jours de repos à l'animal, le mettre au régime de la paille de froment, à l'orge cassée mouillée pendant huit jours et le purger ensuite avec des pilules, et le soumettre, pendant quelques jours, au régime de la poudre B.

SUPPURATION. Voyez Plaie.

SUROS.

Le *suros* est une tumeur dure, arrondie sur l'os du canon. Les suros viennent aux jambes de devant, sur la partie latérale interne de l'os du canon, à côté de la tête de l'os stiloïde ; le suros a la forme d'une pièce de 2 francs, ou celle d'une navette de tisserand ; mais il est beaucoup moins gros. Cette dernière forme de suros s'appelle *suros fusée*. Il peut y en avoir des deux côtés de l'os, mais cela ne rend pas le mal plus dangereux que s'il n'y en avait que d'un côté.

Les suros fusées, osselets, etc., demandent l'emploi prompt et réitéré des résolutifs les plus actifs. Le feu en raies convient bien dans ce cas; l'onguent mercuriel double, les pommades ammoniacales et autres moyens thérapeutiques sont plus nuisibles qu'utiles.

Quand tous les moyens échouent, et que la santé du cheval n'est pas altérée, il faut se résigner à le garder tel qu'il est, car, en supposant que les tumeurs soient placées de manière à faire boiter l'animal, il est encore possible de s'en servir.

TAUPE. Voyez (Mal de).

TEIGNES. Voyez Dartres, Gale.

TÉTANOS. Voyez Mal de Cerf.

TOUX.

La *toux* est une irritation du larynx ou de la glotte, et peut être causée par une maladie de la poitrine (voyez ces diverses maladies). Pour le premier cas, il suffit ordinairement de faire prendre à l'animal trois ou quatre litres d'eau de son dans lesquels on met une cuillerée d'alcool camphré. Ces traitements doivent être continués quatre ou cinq jours. Nous avons eu plusieurs fois l'occasion de voir des toux qui n'étaient dues ni à l'irritation du larynx ni à des affections pulmonaires, ou à des phthisies, mais à des maladies des organes digestifs, disparaître promptement sous l'influence des évacuants en pilules et de notre dépuratif. (Poudre B).

TRANSPIRATION ARRÊTÉE.

L'arrêt de la transpiration constitue souvent une maladie particulière que les symptômes font bien reconnaître. Les chevaux étant souvent exposés à cet accident, qui est une des causes fréquentes de leurs maladies, on doit prendre toutes les précautions nécessaires pour l'éviter. Quand un cheval est rentré à l'écurie, et que l'on sait qu'il a eu une sueur rentrée en route, il faut le bouchonner, le couvrir, prendre un litre de bon vin rouge, y faire fondre 250 grammes de miel et ajouter au tout de deux à quatre cuillerées d'alcool camphré, et lui faire prendre ce remède en deux fois, à dix minutes d'intervalle. En prenant ces précautions, on évite les accidents qui suivent ordinairement l'arrêt de la transpiration. Si elle était rentrée trop précipitamment, on la ferait ressortir en faisant avaler à l'animal deux litres de vin rouge bouilli deux minutes, avec deux poignées de sureau, ayant soin d'ajouter aux deux litres cinq cuillerées d'alcool camphré, le couvrir, etc.

TRAVERSINE.

La *traversine*, ou *mule-traversine*, est une crevasse qui vient au-dessus ou au-dessous du boulet, aux pieds de derrière (voyez *Crevasse* pour le traitement).

ULCÈRE.

L'*ulcère* est une plaie de mauvaise nature, à bords renversés, à fond blafard, grisâtre et jetant un pus de mauvaise qualité qui, au lieu de se guérir, cherche au contraire à s'agrandir. Les plaies ulcéreuses peuvent être entretenues par des vices de différente nature. Mais quelle que soit la cause de ces plaies, il faut toujours chercher à détruire le vice qui existe dans les humeurs. Par conséquent la purgation est un des plus grands moyens curatifs. Il faut donc purger activement l'animal atteint de ces sortes de plaies, en rapprochant les doses autant que la nature du mal l'exige, rafraîchir les bords des plaies avec un bistouri, ôter les parties gâtées, et les panser trois fois par jour avec de la suie de cheminée détrempée dans de l'alcool camphré; on pourrait y ajouter un peu d'ammoniaque et quelques cuillerées d'extrait de Saturne; le promener aussi deux fois par jour. Chaque fois que l'on panse ces sortes de plaies, il faut avoir soin de les nettoyer avec de l'eau vinaigrée un peu tiède.

Il n'y a pas d'ulcère curable qui résiste à ce traitement.

TRANCHÉES VERMINEUSES, TRANCHÉES DE VERS.

Les chevaux ont souvent des coliques, que l'on néglige; on les voit dépérir, quoique mangeant beaucoup, sans rien faire pour en découvrir la cause. On attribue ce dépérissement à la mauvaise nature de l'animal, et plus tard on est fort étonné de le voir atteint de coliques tellement violentes, que le pauvre animal met ses deux pieds de devant sous la mangeoire, recule ceux de derrière, bat son ventre à terre, se plaint douloureusement, et finit par succomber.

Si on fait l'autopsie de son cadavre, on est encore

plus étonné de trouver des milliers de vers dans ses entrailles.

Quand on remarque chez un cheval les symptômes ci-dessus, il faut le purger deux fois, lui faire manger ensuite pendant six ou huit jours de la limaille de fer, une cuillerée tous les matins à jeun dans une jointée de son humecté; au bout de ce temps, on lui donne pendant une dizaine de jours la poudre B, tout en lui faisant prendre des rafraîchissements. Après ce traitement, l'animal reprend de l'embonpoint, du courage, de la vigueur et de la force.

VARICE.

On appelle *varice*, en médecine vétérinaire, une dilatation surnaturelle, un gonflement de la veine qui passe à la face interne du jarret. Le meilleur remède est de mettre sur les vaisseaux gonflés quelques raies de feu, qui resserrent les vaisseaux ou les empêchent de grossir.

On ne guérit jamais parfaitement cette maladie.

VERS.

L'existence des vers est difficile à saisir; cependant leur présence se fait remarquer quand l'animal est sujet à des tranchées, qu'il a un appétit irrégulier, tantôt vorace, tantôt nul, quand on le voit lécher les murs, frotter sa queue contre les corps environnants et la tenir dans une agitation perpétuelle, baver beaucoup et dépérir à vue d'œil. Si quelques-uns de ces symptômes existent, et que l'on trouve des vers autour du fondement ou dans la fiente, il ne doit plus rester aucune incertitude sur leur existence.

Pour détruire ces ennemis rongeurs et souvent mortels, il faut suivre de point en point ce que nous avons dit pour les tranchées vermineuses (voyez *Tranchées*).

VERTIGO OU VERTIGE.

On distingue ordinairement deux sortes de vertigos : l'*essentiel* et le *symptomatique*. Toutes deux ne diffèrent que de bien peu de chose, et ont toujours pour cause la corruption des fluides, ce qui produit l'obstacle à la libre circulation du sang, et occasionne dans le cours des esprits animaux l'irrégularité et la confusion, d'où procèdent la frénésie et le délire. Les chevaux atteints de cette maladie sont tranquilles ou furieux; ils ont les yeux étincelants, d'un rouge vif; ils sont abattus, dégoûtés, appuient leur tête dans la mangeoire, et leur corps contre les objets qui les entourent, pour ne pas tomber; ils ont la démarche tremblante et semblable à celle des chevaux aveugles, sans savoir où ils vont. Quelquefois ils se jettent lourdement à terre ou se heurtent violemment la tête. Les chevaux atteints du *vertigo furieux* tournent presque continuellement; ils se dressent et tombent quelquefois à la renverse et se tueraient immanquablement si l'on ne mettait un frein à leur frénésie; ils mordent tout ce qu'ils rencontrent; tournent toujours du même côté, comme s'ils y étaient violemment poussés.

Si le vertigo avait pour cause une indigestion, il faudrait d'abord chercher à la guérir, car il arrive très-souvent qu'après la guérison de l'indigestion, les symptômes du vertigo cessent.

Curation.

Si le vertigo ne provient pas d'une indigestion, il

faut saigner au plat des cuisses et à la queue, frotter le front et le col avec de l'eau sédative nᵒˢ 1 ou 2, dix ou douze fois dans la même journée, et aussi les reins et toutes les jointures des membres avec de l'eau-de-vie ammoniacalisée camphrée 2ᵉ ou 3ᵉ degrés, lui donner une grande quantité de lavements en savon 1ᵉʳ degré, et un ou deux en tabac, et le purger au moins deux fois ; eau blanche nitrée pour boisson, on pourrait aussi mettre du nitre dans les lavements.

Si cette maladie est prise à son début et qu'on emploie les moyens que nous indiquons, on peut être assuré de guérir 90 chevaux sur 100, en y mettant toute la persévérance nécessaire.

VESSIGNON.

Le *vessignon* est une tumeur synoviale, molle, qui survient entre l'os du jarret et le bas du tibia, le plus souvent à la suite d'un effort.

Le vessignon est simple alors qu'il n'existe que d'un côté, et chevillé quand il se montre en dehors et en dedans. Pour guérir cette affection d'une manière plus parfaite qu'on ne l'a fait jusqu'alors, il faut purger d'abord le cheval deux fois et ensuite poser le feu en raies.

VERTIGE

ÉPIZOOTIQUE, — ENZOOTIQUE, SPORADIQUE.

Le *vertige épizootique* exerce quelquefois de terribles ravages! En employant exactement et méthodiquement les moyens que nous indiquons, on peut éviter les coups mortels chez les chevaux qui sont convenablement pansés et qui sont d'une constitution organique désirable. Dans le règne d'une maladie épizootique, un animal qui aurait quelque maladie organique, ne pourrait échapper à la mort, quels que soient, dans ce cas, les moyens que l'on pourrait employer.

Dans une maladie épidémique, il faut, pour que l'homme puisse y résister, qu'il ait tous les organes fortement constitués et très-sains. Les quelques exceptions qui se produisent sont rares, et des circonstances que nous nous dispenserons d'énumérer, sont venues favoriser les sujets dans leur état.

Dans une maladie épizootique, il faut la même chose, pour que le médecin vétérinaire ou le cultivateur puisse soustraire un animal à la mort, qu'il ait une constitution organique qui ne fasse pas défaut aux secours des préparations médicinales. Où la nature fait défaut, la médecine est impuissante.

Le médecin, en tout et pour tout, ne doit chercher qu'à être l'auxiliaire de la nature, Autant de fois il met des entraves, autant de fois il échoue.

La véracité des faits, l'expérience et la conscience de nos vieux et érudits praticiens, en font foi. Quelques personnes pensent qu'il faut brusquer la nature; oui, sans doute, de même qu'il faut quelquefois faire un grand effort pour lever un très-lourd fardeau et l'emporter, mais il peut arriver aussi qu'en faisant cet effort on parvienne à lever le fardeau, et que ne pouvant le soutenir on soit obligé de le laisser tomber et qu'il se brise; c'est ce qui arrive souvent quand nous voulons faire plus que nos forces ne nous le permettent.

BOLS PRÉSERVATIFS DU VERTIGE ÉPIZOOTIQUE.

Aloès des Barbades, pur . . . . 100 grammes.
Camphre en poudre très-fine . . 15 grammes.
Tartre stibié . . . . 5 grammes.
Savon marbré . . . . 30 grammes,
(pour 50 bols), faites préparer ces bols par un pharmacien.

Quand la maladie fait de grands ravages, donnez, le matin à jeun, trois bols ou deux seulement, si le cheval est très-petit; pendant trois jours, ne donnez à manger que deux heures après la prise des bols, de la paille de froment seulement et de l'eau blanche pour boisson. Dans le cours de la journée, donnez quelques poignées de bon fourrage et deux ou trois litres de bonne avoine. Les deux jours suivants, la même chose, et ensuite ne donnez plus qu'un bol tous les jours, le matin à jeun; les aliments doivent être surtout de bonne qualité et peu échauffants. Le trèfle ne vaut rien en aucun temps, pour les chevaux, et notamment dans un moment de maladie épizootique.

Quand la maladie ne présente pas de gravité, on peut ne donner qu'un bol par jour. Il est souvent utile de donner, deux heures après la prise des bols, comme auxiliaire, une cuillerée de foie d'antimoine dans une jointée de son humecté d'eau et une petite jointée de bonne avoine.

Traitement du Vertige Epizootique.

Lorsque tous les symptômes du vertige sont apparents, il faut immédiatement retrancher toute espèce de nourriture et de boisson, et faire une litière très-abondante de paille bien sèche et bien blanche.

Il est toujours facile à un conducteur de bestiaux, quelle que soit la dose d'intelligence qu'on lui suppose, de reconnaître le plus petit signe étranger, car celui qui conduit continuellement un cheval, connaît toutes ses habitudes, et peut s'apercevoir mieux que ne pourrait le faire un vétérinaire habile, quand son cheval est dérangé, si petit dérangement qu'il puisse avoir. Une seule agitation, le plus petit signe, peuvent lui faire reconnaître que son cheval n'est plus dans sa position normale.

On reconnaît ordinairement par ce que l'on entend dire, et par ce que l'on a vu soi-même, les premiers symptômes d'une épizootie régnante, quoiqu'ils soient souvent bizarres. Le cultivateur peut donc, avec un peu d'attention, reconnaître cette affection dès qu'elle se manifeste. C'est alors qu'il faut employer les moyens curatifs susceptibles d'opérer la guérison.

Si la maladie est fortement déclarée, il est inutile d'entreprendre aucun traitement, autant vaut abandonner l'animal, et attendre de la nature une guérison qui serait considérée comme un miracle.

BOLS ANTI-VERTIGINEUX.

Faites dissoudre dans deux litres d'eau bouillante très-propre, 30 grammes d'aloës des Barbades, pur, et 5 grammes d'émétique.

Quand le tout est dissous, passez au travers d'un linge et faites-y encore dissoudre 40 grammes de savon marbré et 100 grammes de sulfate de soude, et donnez tiède au cheval, en deux fois, à vingt minutes d'intervalle.

On peut augmenter la quantité d'émétique de 5 grammes à 30 grammes, et le sulfate de soude de 50 grammes jusqu'à 300 grammes, selon la force de l'animal.

Aussitôt que vous supposez votre cheval atteint de vertige, faites ce qui est dit ci-devant ; donnez-lui beaucoup de lavements en eau de savon bien tiède, et ensuite la médecine ci-dessus. Au bout de deux heures, renouvelez les lavements en savon pendant une heure, après quoi donnez-lui en deux ou trois, ainsi composés : pour trois lavemens, faites dissoudre dans six litres d'eau très-chaude, 100 grammes de savon gras, et après la dissolution, ajoutez-y 100 grammes d'huile et 300 grammes d'essence de térébenthine.

Nous avons quelquefois, avec succès, poussé la dose de térébenthine jusqu'à 500 grammes. Quand l'animal a un lavement ainsi composé, il faut lui mettre un tampon d'étoupe sur l'anus, et appuyer la queue dessus, de manière à ce qu'il le garde le plus long-temps possible.

Des lavements ainsi composés doivent faire fienter l'animal. S'il ne fait pas par trop froid, s'il ne tombe pas d'eau, il faut le sortir et le faire trotter pendant cinq ou six minutes, ensuite le rentrer à l'écurie, le bouchonner, lui donner des lavements, et renouveler l'exercice ci-dessus plusieurs fois, jusqu'à ce qu'il ait bien fienté.

Les boissons qui lui seront données devront être nitrées, 100 grammes par dix litres d'eau blanche, ou autre. Ne laissez pas manger l'animal à volonté, ne lui donnez, quand il commence à manger, qu'une livre de paille de froment par jour et deux kilos de gros son dans six ou huit litres d'eau. Donnez-lui surtout, pendant un mois quinze jours de lavements émollients, en son ou en mauve, etc.

Quant au reste, l'intelligence et le discernement du cultivateur doivent y suppléer.

DEUXIÈME PARTIE.

DU TAUREAU, DU BŒUF, DE LA VACHE ET DU VEAU.

Le taureau est le mâle de la vache, le bœuf est un taureau châtré, la vache est la femelle du taureau, le veau est le fruit de l'accouplement du taureau et de la vache.

Le taureau, la faculté génératrice exceptée, ne diffère du bœuf que par le regard, qui est plus pétillant, plus vif, plus noir; par les cornes, qui sont généralement plus courtes; par le col, qui est plus charnu, et par la pétulence et la vivacité, qui sont beaucoup plus grandes que celles du bœuf. En tous points, le taureau est soumis aux mêmes maladies, aux mêmes soins, à la même hygiène que le bœuf et que la vache.

Choix du Taureau.

Du choix du taureau dépend essentiellement la beauté, et souvent aussi la bonté du bétail qui en provient.

Le produit d'un taureau tel que nous allons le décrire, diffère d'un cinquième en poids et en prix du produit d'un taureau médiocre.

L'acquéreur d'un taureau doit d'abord envisager deux choses : la race et la constitution ; la race doit être anglaise, hollandaise ou suisse, pourvu, toutefois, que les vaches soient proportionnées aux taureaux que l'on choisit, car une vache petite et maigre en même temps ne pourrait être couverte par un très-gros taureau, ou si elle l'était, le veau prenant un accroissement trop considérable pour sa taille, elle ne pourrait mettre bas ; c'est du moins ce qui arrive la plupart du temps ; les cas contraires sont extrêmement rares ; nous devons cependant les signaler.

Le taureau doit être gros, bien fait, en très-bonne chair ; il doit avoir l'œil noir, le regard fier, fixe, le front très-ouvert ; la tête courte, large ; les cornes courtes, grosses et noires ; les oreilles longues et velues; le mufle grand; le nez court et droit; les naseaux bien ouverts; le cou charnu et proportionné à la plus forte partie de son corps. Les épaules et la poitrine doivent être larges et le fanon pendre jusqu'aux genoux. Les reins doivent être fermes, larges, les jambes charnues, le dos droit, les organes de la génération gros; la queue longue, couverte de poils ras. Il doit avoir une allure ferme, hardie, sûre; le poil luisant, épais et doux au toucher. Il doit enfin être doué d'un caractère doux. Cette dernière qualité est sans contredit la plus importante de toutes, attendu que l'humeur des pères passe presque toujours aux enfants, et et que les bœufs méchants sont difficiles à contenir aux pâturages et souvent aussi indociles au travail. Les vaches méchantes, intraitables, refusent leur lait ou ne le donnent qu'en partie et forcées par des moyens plus ou moins difficiles, gênants; elles donnent des coups de pieds, des coups de cornes; elles se battent les unes avec les autres; enfin elles se mettent journellement dans des positions à se blesser elles-mêmes ou à en blesser d'autres; leur méchanceté peut les pousser à se jeter sur le monde. Il est donc important de ne pas faire chasser les vaches par des taureaux dont l'humeur est traître, sournoise, colère et furieuse, comme il y en a beaucoup.

Lorsqu'on destine les veaux à l'engraissement, on n'est pas tenu d'apporter la même attention dans le choix du taureau, quoique sa méchanceté devienne toujours funeste tôt ou tard.

Travail et durée du Taureau.

On ne doit faire travailler le taureau qu'à l'âge de trois ans au moins; on ferait même mieux d'attendre l'âge de quatre ans, il durerait plus longtemps et ferait de plus beaux élèves. Les taureaux que l'on fait travailler dès l'âge de quinze ou dix-huit mois ne produisent toujours que des veaux frêles et débiles, tout en se fatiguant beaucoup et en abrégeant leur existence de moitié, car il est bien certain que ces taureaux-là ne valent plus rien à l'âge où ils devraient commencer.

Un taureau destiné à la reproduction, à l'âge de quatre ans, peut, pendant six ou sept ans, faire un bon service, et suffire à cent vaches.

Nourriture du Taureau.

Le taureau élevé pour la reproduction doit être nourri avec du lait jusqu'à l'âge de quarante ou cinquante jours au moins, ensuite avec du lait coupé (moitié eau, moitié lait) dans lequel on met 100 grammes de gruau, deux fois par jour, le matin et le soir. On augmente la quantité de gruau à mesure que le veau prend des forces et qu'il peut en consommer davantage, et cela jusqu'à l'âge de quatre mois seulement. Quand il a atteint cet âge, on lui donne du fourrage, tout en continuant l'eau de gruau. Le fourrage ne doit être donné qu'en petite quantité à la fois, mais assez souvent; il doit être tendre et de bonne qualité; le regain de foin, un peu de luzerne ou de trèfle sont préférables. Deux mois après ce premier régime, on doit purger le sujet deux fois, lui donner pendant six ou huit jours des lavements, deux par jour seulement; et le remettre ensuite à son régime habituel. A sept mois, un peu d'avoine, de la manière suivante : le matin, en entrant dans l'étable, on prend un litre d'orge cassée, un quart de litre d'avoine, on met le tout dans l'auge et on l'arrose d'eau tiède, le matin seulement, et toujours de l'eau de gruau pour bois-

son. A cet âge, un litre de gruau par jour peut suffire. Ce régime doit être continué pendant six ou
sept semaines; au bout de ce temps, on peut donner, le matin et le soir, jusqu'à l'âge d'un an, la
même quantité d'orge cassée et d'avoine; puis on
commence par un demi-litre d'avoine, matin et
soir, toujours avec la même quantité d'orge cassée,
jusqu'à deux ans et demi ou trois ans. A dix-huit
mois, on peut remplacer l'eau de gruau par une ou
deux poignées de son dans chaque seau d'eau; à
deux ans et demi, deux litres d'avoine par jour, un
litre le matin et l'autre le soir, sans être mélangés
avec l'orge cassée, que l'on donne à midi, humectée
d'un peu d'eau. Cette nourriture sera la même pendant toute la vie du taureau régénérateur; de plus,
lorsqu'il commence à travailler, on lui fait prendre
de temps en temps quelques poignées de vesces.
Lorsqu'un taureau doit saillir, on doit lui donner
un litre d'avoine de plus.

Les taureaux élevés, nourris et entretenus de
cette manière donnent d'aussi belles progénitures
la septième année que la première, et l'on a en sus
l'agrément d'avoir toujours des taureaux frais, gras
et vigoureux.

Nous avons des taureaux si paresseux naturellement, que l'on a de la peine à les décider à saillir.
Nous en avons d'autres qui ne veulent pas saillir

certaines vaches qui ne leur plaisent pas; cependant, quand cela arrive, on doit essayer de ne pas renvoyer les vaches sans être chassées. Quand enfin un taureau refuse l'amour de sa femelle, on doit l'exciter par les engagements de la parole, connus de tous les propriétaires de bestiaux. Si cela ne suffit pas, on frotte la vulve de la vache avec une éponge et on la fait flairer au taureau, afin d'exciter son amour ou de réveiller sa vivacité par l'odorat.

La chair du taureau est rougeâtre, dure, beaucoup moins nourrissante et moins saine que celle du bœuf. On ne peut la manger qu'après que le taureau a été châtré et bien engraissé, encore est-elle très-loin d'égaler celle du bœuf.

Du Bœuf.

Le *bœuf*, quoique moins regardé que le cheval, ne lui cède cependant rien en fait d'utilité agricole. Si le cheval est indispensable d'un côté, le bœuf l'est aussi de l'autre. Si le cheval affronte les dangers avec nos intrépides guerriers, s'il traîne avec grâce le char de l'opulence et emporte rapidement l'orgueil, l'insolence et l'effronterie du parvenu, le ridicule, la bizarrerie du fanfaron, le bœuf a le triste honneur, mais tout-à-fait indispensable, de cultiver, comme le cheval, péniblement nos guérets, et après avoir fait plus d'ouvrage que le cheval et coûté moitié moins, d'être engraissé et vendu pour la nourriture indispensable des peuples, et de rapporter à son propriétaire, au moment de sa mort, souvent plus d'argent qu'il n'a coûté. Le bœuf, généralement, ne fait pas subir de grosses pertes à son propriétaire, car un bœuf, pour bien travailler, doit être bien nourri, et étant bien nourri, quoique tout en travaillant très-fort, il ne peut être maigre, sauf quelques exceptions ; or, s'il lui arrive quelque accident, on peut le faire tuer et le vendre en détail, comme cela se fait encore souvent. Presque toujours cette viande, quoique aussi saine que d'autre, est vendue un quart au-dessous du prix de la viande de boucherie ; toujours est-il que le prix qu'on en retire et celui de la peau, du suif, etc., dépasse souvent le prix qu'on l'a acheté un an ou deux avant.

La chair du bœuf est saine et bien nourrissante ; les grands de la terre s'en nourrissent tout aussi bien que le plus simple roturier, avec cette différence, malheureusement, que celui-ci en mange bien moins souvent, et que celle qu'il mange est souvent moins bonne.

Le bœuf et son bouillon rétablissent l'estomac délabré, consolident et entretiennent les feux de l'amour et des travaux les plus pénibles auxquels est sujet l'ouvrier. Sous l'influence de la nourriture du bœuf, le soldat affaibli retrouve son courage, son énergie, ses forces, pour résister à tout ce que l'art militaire lui impose.

Le bœuf peut aussi s'énorgueillir d'avoir été adoré par les Egyptiens (le bœuf *Apis*). Les Romains ont sacrifié l'espèce bovine aux dieux des enfers et des cieux. Aujourd'hui, à Paris et dans les principales villes de France, on promène encore un des plus jolis bœufs pendant les trois jours gras, les cornes dorées et le dos chargé de figures de carton peintes de couleurs agréables, décoré de guirlandes de fleurs et suivi d'un cortége très-nombreux de jeunes gens masqués. Ainsi décoré et accompagné, il est conduit au son d'une bruyante musique au palais du souverain et des princes, chez les ministres et devant les principales autorités. Au bout de ces trois jours de fête, on le sacrifie comme tous les autres animaux de son espèce, et sa chair est présentée sur la table des grands personnages auxquels on l'avait présenté. O bizarrerie de la nature humaine !

Tout est utile dans le bœuf ; ainsi que nous l'avons dit ; sa chair est la plus solide, c'est le plus sain des aliments; ses cornes sont employées par les tabletiers, à faire des boîtes, des peignes et autres ustensiles; les couteliers s'en servent aussi pour faire des manches de couteaux, de canifs, etc. Son poil sert de bourre pour les harnais, les coussins, les banquettes, etc.; son cuir sert à nous faire des chaussures, et aussi à faire des harnais et des selles. Les débris de sa peau, la corne de ses pieds et les débris de ses cornes, servent à faire de la colle forte dont on fait un si grand usage dans toutes les professions où l'on travaille le bois. Son sang nous donne cette couleur précieuse connue sous le nom de bleu *de Prusse*. Il sert encore à nous fortifier quand nous en prenons des bains; il sert à consolider des aires de granges; il est employé dans les raffineries de sucre, dans les fabriques d'huile de poisson; pour clarifier, épurer les liquides; ses tripes ne sont pas un mauvais aliment lorsqu'elles sont arrangées convenablement par les tripiers et ensuite par nos cuisinières. Le fiel du bœuf est aussi d'une grande utilité, car tout en prévenant l'affaiblissement des couleurs sur les étoffes de fil et de coton, il décrasse admirablement les étoffes de laine et de soie, en enlève toutes les taches graisseuses en ménageant les couleurs. La bouse desséchée sert de combustible dans les pays où le bois est très-cher. En France, elle est la base de l'on-

guent de Saint-Fiacre, qui est un mélange de bouse fraîche avec partie égale de terre, et qui sert à crépir et recrépir les murs, à enduire les ruches, faire des aires de granges, bâtir des poulaillers et beaucoup d'autres petites étables. Délayée demi-sèche avec de l'eau, en consistance de mortier, et mise aux pieds des arbres et arbustes, elle en conserve bien les racines et les préserve de la gelée. La paille pourrie dans de la bouse est un excellent fumier. La bouse humectée sert aussi à la maréchalerie vétérinaire, pour attendrir le sabot du cheval.

Nous lisons aussi, dans l'Histoire-Sainte et dans d'autres livres, que dans plusieurs contrées sablonneuses de la Judée et de l'Arabie, que la bouse offre quelquefois, dans des disettes sévères, des aliments aux hommes.

Le fabricant d'indiennes en fait aussi usage pour la préparation des couleurs.

Choix du Bœuf.

Le bœuf de labour ou de charroi doit être de taille médiocre, ni trop gras, ni trop maigre. Ainsi

que le taureau, il doit avoir la tête courte et ramassée, le front large, les naseaux bien ouverts (voyez
Taureau). Il doit surtout avoir les pieds fermes, le
cuir épais, maniable, les ongles ou sabots courts et
larges ; le caractère doux et obéissant, le poil doux,
luisant ; c'est à quoi il faut bien faire attention, car
c'est à vrai dire une véritable remarque d'un bon
tempérament, comme un poil sombre et mal uni
est un symptôme certain de quelque incommodité ;
le poil doit en outre être épais, car un poil rare dé-
note toujours que le bœuf est échauffé et en danger
de devenir malade sous peu, ou qu'il vient de l'ê-
tre. Un bœuf réunissant toutes les qualités ci-dessus, connaissant bien la voix, sensible à l'aiguillon,
n'étant ni trop gros ni trop petit mangeur, serait
un bœuf parfait et comme il y en a peu.

Remarques de quelques auteurs recommandables.

Beaucoup d'auteurs prétendent qu'un bœuf sous
poil noir est toujours bon, pourvu qu'il ait quelques
taches blanches à la tête ou aux pieds ; sans cela,
disent-ils, il serait lourd et nonchalant au travail.
Le bœuf sous poil rouge ou roux est, selon eux, le

meilleur de tous, parce que, disent-ils, le bœuf sous ce poil, est très-bilieux et a beaucoup d'ardeur ; à toute chose égale, d'ailleurs, ce ne serait pas mal à propos, car le bœuf en est rarement assez pourvu.. Il y a plus communément chez cet animal, de la nonchalance ou de la fainéantise, que d'ardeur ou de courage. Quelques autres disent que le bœuf, sous ce poil, étant marqué de blanc aux extrémités, n'en serait que meilleur. Nous ignorons sur quelle raison ils fondent ce jugement.

Le bœuf sous poil bai a du flegme, qui lui tempère la bile et le rend moins ardent que le rouge ; il est bien plus lent à travailler ; mais ils prétendent que sa plus longue durée peut bien récompenser sa lenteur.

Le bœuf moucheté, selon tous les auteurs, ne vaut rien pour l'attelage. On prétend qu'il annonce directement un tempérament pituiteux et flegmatique. et qu'il est mou et paresseux ; mais, pour l'engrais, les mêmes auteurs le louangent beaucoup, ils le choisissent et le préfèrent même à tous autres, parce qu'ils croient fermement qu'il se charge plus facilement de chair, engraisse plus tôt et plus finement qu'un autre. Quant au bœuf blanc, leur opinion est qu'il n'est bon qu'à engraisser, et que les gris sont fortement dominés par la pituite et la mélancolie, et par cela même ne valent rien, ni pour l'engrais ni pour la charrue, etc. Les bœufs bruns peuvent assez bien travailler, mais ils se rebutent trop tôt, à cause de leur état mélancolique.

Nous regrettons d'être obligé de nous mettre en opposition avec l'opinion de tous les auteurs que nous venons de citer, mais nous avons la ferme croyance qu'il y a de bonnes bêtes, tant pour une condition que pour une autre, sous tous les poils, et pour cela nous nous en rapportons à l'expérience de tous les anciens cultivateurs.

Moyen de connaître l'âge des Bœufs.

Les dents de l'espèce bovine, les dents de lait, poussent souvent avant le vélage, ou ne tardent pas à pousser. Au bout d'un mois, le veau a ordinairement toutes ses dents (24). L'espèce bovine n'a jamais de crochets, c'est-à-dire de dents canines, elle n'a pas non plus d'incisives à la mâchoire supérieure, elles sont remplacées par un bourrelet formé de la peau intérieure de la bouche, forte et très-épaisse à cet endroit.

A deux ans, environ, les dents du milieu, *com-*

munément appelées pinces, tombent et sont remplacées par deux autres qui sont plus larges et moins blanches. A l'âge de vingt mois et quelquefois moins, les dents de côté tombent et sont aussi remplacées par d'autres moins blanches et plus fortes. A trois ans ou trois ans et demi, il en tombe encore deux des pinces, et à cinq ans toutes les dents sont renouvelées, et à mesure que l'animal avance en âge, elles noircissent, s'usent et deviennent inégales.

Le changement graduel des dents est variable ; il arrive souvent qu'à trois ans et demi le bœuf a toutes ses dents renouvelées ; une bonne expérience et une pratique consommée sont donc préférables, pour cette appréciation, à toutes les théories possibles. Quelques marchands de vaches sont plus certains de l'âge de ces animaux que beaucoup de vétérinaires.

Moyen de connaître l'âge de l'espèce bovine, à la pousse des cornes.

A deux ans ou deux ans et demi, les cornes poussent au bœuf, et il se forme, à la base de chaque corne, une espèce de bourrelet qui se renouvelle chaque année. Alors on peut connaître, par la quantité de bourrelets, l'âge des bêtes à cornes, en comptant le premier nœud pour deux ans. Ainsi, une vache qui aurait quatre cordons aux cornes, doit avoir six ans.

<hr>

Races des Bœufs.

On divise le bœuf en deux grandes races : le bœuf de haut crû et le bœuf de nature. Ces deux races se subdivisent ensuite en vingt-deux variétés. Les bœufs connus sous la dénomination de haut crû, sont : les Limousins, les Saintongeois, les Marchois, les Angoumois, les Berrichons, les Gascons, les Auvergnats, les Bourbonnais, les Charolais, les Bourguignons et ceux du Morvan, appelés Morvandeaux. Les bœufs de nature sont : les Nantais, les Cholets, les Angevins, les Marais, les Bretons, les Manceaux, les Hollandais, les Comtois et ceux du Cotentin.

Les bœufs de haut crû sont de haute taille, leur fanon est très-ample, leurs membres sont très-forts, leurs os très-gros, leur cuir très-épais, leur chair

très-abondante, mais ils donnent toujours peu de
suif. On distingue les bœufs de nature des premiers par la blancheur des cornes, le potelé de la
tête et du corps, par la finesse du mufle et des
oreilles, par le moëlleux du poil, la douceur du
regard et l'abondance de la graisse.

Manière de dresser les Bœufs, et autres réflexions utiles.

Le bœuf ne doit pas être maltraité. Il faut donc
employer beaucoup de douceur et de caresses,
sans cependant négliger de le corriger quand il
manque, et éviter de plaisanter avec lui, car on ne
ferait qu'aigrir son caractère et le rendre indomptable, traître, et quelquefois furieux, quand il eut
été doux, docile et obéissant. Il faut, au contraire,
sans trop le battre, le faire craindre et obéir en
l'appelant par son nom ; il faut lui en donner un de
bonne heure, et l'habituer à y répondre.

Dès l'âge de deux ans, on doit l'habituer à se
laisser ferrer, il se soumet quelquefois sans difficulté à cette opération, mais il ne faut pas le rebuter ; il faut être patient, le flatter, le caresser, et ne

jamais le battre, car il se mutinerait et deviendrait indomptable.

Quand un bœuf a atteint l'âge de trois ans, on doit l'habituer à porter le joug ou le collier. Cette opération demande beaucoup de prudence et de patience, pour ne pas le rebuter, et aussi afin de vaincre son obstination.

On commence d'abord par le gratter, le flatter, lui lier les cornes, et un peu plus tard, on le met au joug, en l'accouplant tantôt à droite, tantôt à gauche, avec des bœufs déjà dressés ; si c'est un collier qu'on veut lui mettre, on l'habitue d'avance à le porter en commençant par le lui laisser une demi-heure, et ensuite une demi-journée, et on procède enfin, comme il est dit plus haut, pour le joug.

On ne leur impose, en commençant, qu'un travail léger et de courte durée, autrement on les rebuterait, et l'on ne pourrait en rien faire. On peut les mener au pâturage avec des bœufs bien dressés, afin qu'ils s'habituent à n'avoir que des mouvements communs. On les attelle ensuite à la charrette, les ménageant le plus possible de l'aiguillon. Si le jeune bœuf était d'un caractère difficile, méchant, s'il était impétueux, s'il donnait du pied ou des cornes, on lui ferait passer ces défauts en l'attachant de très-près et très-ferme à l'étable, et en l'y laissant jeûner quelque temps. On peut aussi le laisser attacher trente-six ou quarante heures à une charrette pesamment chargée, ne lui donnant ni à boire ni à manger; s'il se jetait par terre, comme il y en a beaucoup, on lui mettrait des entraves, afin de le contraindre à y rester sans boire ni manger. Si le bœuf est peureux, si la moindre chose l'effraie, il faut le conduire tout près de l'objet dont il a peur. S'il est furieux, il faut le faire jeûner pendant vingt-quatre heures au moins, et l'atteler ensuite au milieu de deux autres bons bœufs qui aient un pas lent, à une charrette fortement chargée, et le piquer souvent et fortement avec l'aiguillon; ne le rentrer à l'écurie que lorsqu'il est exténué de fatigue et ne lui rien donner à manger; on lui donne seulement à boire de l'eau de son un peu tiède, afin de ne pas provoquer une maladie. On ne doit pas, dans la crainte d'accidents, le laisser trop long-temps sans boire, mais on peut le laisser bien plus long-temps jeûner. Le lendemain matin, on lui présente de l'orge bouillie, tout en le flattant, en l'appelant par son nom, en le faisant ranger çà et là. Lorsqu'il a mangé l'orge, on lui donne quelques poignées de bon foin et on le remet ensuite à la charrette; s'il est aussi méchant qu'il l'était la veille, on le laisse jeûner jusqu'à ce qu'il soit devenu très-faible.

Le bœuf se ferait beaucoup mieux aü collier qu'au joug, l'expérience l'a plusieurs fois prouvé. Le bœuf n'endure rien sur sa tête ; si quelque chose touche ses cornes, il s'agite. Le joug s'appuie avec force sur ses cornes et sur sa tête et le contraint à la baisser continuellement, sans qu'il lui soit possible de la relever, ni même de la bouger. C'est donc tout-à-fait paralyser ses mouvements naturels, et agir contre la nature.... Pourquoi ne pas mettre un collier au bœuf; ce collier ne ralentirait nullement son allure. Le collier est le harnais convenable, naturel à tous les bestiaux susceptibles de tirer. Du reste, le bœuf tire beaucoup plus avantageusement avec le collier qu'avec le joug, et en outre, le bœuf écorné peut aussi bien servir qu'un autre.

Dans plusieurs contrées de la France on emploie les vaches au labourage et au charroi, comme les bœufs, quelquefois seules, quelquefois associées avec des chevaux, des bœufs de race bâtarde, de leur taille ou à peu près. Que résulte-t-il de cette pratique?... Que les terres sont la plupart du temps mal labourées, que les vaches tarissent de lait, que les races s'abâtardissent ; que si l'agriculteur gagne 25 centimes d'un côté, il en perd 75 de l'autre. Mais il en est de cela comme de beaucoup d'autres choses. La cupidité a toujours détérioré au lieu de perfectionner.

L'emploi de la vache au labour ou au charroi est une grave erreur et une perte sensible pour l'élève des animaux destinés à l'engraissement.

La vache qui laboure continuellement n'a presque pas de lait; il lui faut une nourriture extraordinaire, et elle est bientôt ruinée; les veaux qu'elle donne sont frêles, maigres et débiles, et ne peuvent être vendus, le plus souvent qu'en cachette, à quelques mauvais bouchers de campagne, que l'on ferait bien de supprimer dans l'intérêt de la santé du peuple de nos campagnes. Si malheureusement on élève ces veaux, on ne fait que perpétuer une race déjà détériorée, de mauvaise constitution, sujette, le plus souvent, à des maladies incurables. En agissant ainsi, ne fait-on de tort qu'à soi-même? Non. On trompe celui à qui l'on vend des animaux semblables, et on fait, de plus, en perpétuant une race aussi chétive, un tort considérable à son pays.

Il est bien suffisant qu'une vache produise un veau chaque année et qu'elle donne du lait pendant sept ou huit mois. Si le petit métayer n'a pas le moyen d'entretenir une paire de bœufs, qu'il n'en ait qu'un, qu'il s'associe avec un autre comme lui, ils feront une bonne charrue et auront chacun une bonne vache à l'écurie, qui mangera une fois moins que si elle travaillait, produira trois fois plus de lait, de beurre, et conservera bien mieux sa nature normale ; elle donnera de beaux et forts élèves, dont ils pourront en faire une assez forte somme d'argent, tout en vendant de la vache une bonne quantité de beurre et de fromages. Ils pourront, de plus, engraisser chacun deux porcs avec un peu de son, du petit lait, du lait caillé, et les sommes qu'ils en retireront ne pourront toujours être qu'avantageuses. Leurs terres seront mieux cultivées, les récoltes plus certaines, plus abondantes, et en outre ils auront l'honneur d'avoir de beaux bestiaux dans leur écurie.

Du travail des Bœufs.

Les bœufs destinés au labour ou au charroi doivent être ferrés avec précaution, pour ne pas leur endommager la corne des pieds, ce qui serait pour eux une grande souffrance, tout en les mettant dans l'impossibilité de travailler pendant quelque temps.

Dans la saison tempérée, on peut faire travailler les bœufs depuis sept ou huit heures du matin jusqu'à six heures du soir. Dans les grandes chaleurs, on partage leur service, dont la première partie doit commencer à trois heures du matin jusqu'à huit ou neuf heures, alors on les dételle et on les mène paître dans les bois, à l'ombre, ou on les ramène à l'écurie, leur donnant pour nourriture du vert s'il est possible, de l'eau blanche pour boisson, quelques jointées de son mouillé additionné d'une poignée ou deux d'avoine. Vers trois heures de l'après-midi on les attelle de nouveau, jusqu'à sept ou huit heures du soir. Alors qu'il fait extrêmement chaud et que les mouches tourmentent sans discontinuer, il est bon de les couvrir avec une grande toile claire pour les en garantir. Il est urgent aussi de leur mettre un panier en osier pour les empêcher d'aller au vert, qu'ils mangent avec avidité.

Deux choses principales doivent exister à l'égard du bœuf : la première est le bon pansement de l'étrille, du bouchon, de la brosse et de l'époussette, deux fois au moins par jour; la seconde, c'est d'être toujours conduit par le même garçon.

Le jeune bœuf doit être ménagé. Les grands froids comme les chaleurs excessives lui sont également contraires. Un grand nombre d'accidents découlent de ces causes.

Nourriture du Bœuf.

On nourrit les bœufs de deux manières : avec des fourrages secs et aussi avec des fourrages verts. Il faut faire sécher les fourrages d'hiver avec grand soin, dans la crainte qu'ils ne s'échauffent, ce qui contribuerait à rendre les animaux malades. Les feuilles de peuplier, de saule, de frêne, de chêne, d'orme, d'érable, séchées à l'ombre, avec précaution, sont aussi bonnes l'hiver qu'elles le sont l'été étant vertes. La vesce verte et sèche est une nourriture qui convient aussi au bœuf.

En général, les cultivateurs connaissent la nourriture qui convient à leurs animaux et savent ce qu'il faut pour les nourrir économiquement et avantageusement.

Les bœufs doivent être abreuvés trois fois par jour l'été, l'on doit mettre dans chaque seau d'eau une bonne poignée de son bien battu avec l'eau; l'hiver, on ne peut les abreuver que deux fois.

Des étables à Bœufs ou Vaches.

Les étables doivent être très-aérées, sèches et

suffisamment éclairées, d'une étendue proportionnée à la grandeur et au nombre des bestiaux qu'on y enferme; leur élévation doit être de 3 mètres, et leur largeur proportionnée, pour une étable où l'on met tous les animaux (les bœufs) du même côté, et de 7 mètres environ pour celle où on les met sur deux rangs; le sol doit être au moins de 40 centimètres au-dessus de celui de la cour, et en pente régulière pour favoriser l'écoulement des urines, d'une forte solidité pour obvier à une prompte détérioration que le piétinement des animaux pourrait faire, car la majeure partie des étables sont trop exposées à cet inconvénient. Chaque tête de bœuf ou de vache enfin doit occuper 1 mètre et demi environ.

Les murs d'une étable doivent être entretenus en bon état, blanchis au lait de chaux aussi souvent qu'il est nécessaire. Le plafond doit être fermé en plein; la porte d'entrée, placée de préférence au nord ou au levant, doit être assez large pour que les vaches pleines ne puissent se blesser en passant; elle doit être à deux battants et avoir au moins 1 mètre 50 centimètres de largeur; on ne doit la fermer, le jour, que pendant les grandes chaleurs, ou bien mieux encore par une barrière seulement, pour empêcher les chiens, les porcs ou autres animaux d'entrer dans l'étable.

Il faut renoncer à la routine et à quelques préju-
gés ridicules des anciens cultivateurs, qui croyaient
que l'obscurité devait régner dans les étables, et
qui se gardaient bien aussi de détruire les arai-
gnées, attendu, disaient-ils, que ces insectes aspi-
rent le mauvais air et laissent un air pur aux bestiaux; mais aujourd'hui qu'il est démontré que le
défaut d'air, de lumière, de propreté est pernicieux, et que les bestiaux qui vivent dans l'obscurité, loin d'engraisser, dépérissent à vue d'œil, et
sont pour ainsi dire continuellement dans un état
frêle et débile, il faut donc agir contrairement.

Les vaches qui sont continuellement dans l'ombre, non-seulement dépérissent, mais encore elles
donnent un lait de mauvaise qualité, capable de
détruire la santé de celui qui en fait usage, au lieu
de la lui rétablir; il est donc aisé de voir la différence qui existe entre ces deux systèmes. Le manque
d'air est la source de trop de maladies incurables
pour y soumettre les animaux. Les humeurs, les
fluides des animaux vivant dans des lieux sombres,
et souvent humides, sont de très-mauvaise nature,
et de là découlent ces fièvres dites inflammatoires,
les maladies putrides, qui souvent désolent des provinces tout entières; les pleurésies et quantité
d'autres affections dangereuses de poitrine, proviennent souvent du manque d'air et de l'humidité des

étables. Il est donc urgent d'établir des fenêtres en aussi grand nombre que possible, dans des directions opposées, et garnies d'un contrevent que l'on doit fermer, selon la saison ; il n'est pas moins utile aussi de mettre aux fenêtres un châssis de toile très-claire, qui empêche le passage des mouches. Des ouvertures ou ventouses pratiquées dans le plafond, sont aussi d'une grande utilité pour entretenir un courant d'air propre à diminuer la chaleur intérieure, mais on ne doit ouvrir qu'en l'absence des animaux, à moins, toutefois, que la chaleur ne soit excessive.

L'obscurité éloigne les mouches, vrai fléau du bétail. Or, on doit, pendant qu'on l'obtient, par la fermeture des fenêtres, laisser la porte ouverte pour leur sortie.

Dans toutes les étables, il doit y avoir une mangeoire surmontée d'un ratelier mis à la proximité des animaux. Le tout doit être tenu très-proprement. L'étable doit être nettoyée tous les jours, et la litière renouvelée et distribuée abondamment.

Soins pendant la gestation.

Réflexions sur la différence d'une bonne vache avec une mauvaise.

La vache pleine doit être nourrie plus abondamment et avec des aliments plus substantiels qu'à l'ordinaire. C'est principalement du sixième au neuvième mois, que ses aliments doivent être de bonne qualité, car, à cette époque, le fruit qu'elle porte en a besoin ; toutefois, il faut éviter de la trop engraisser, dans la crainte que le vélage ne soit trop laborieux, par l'effet du rétrécissement de la vêlière. De plus, une vache trop grasse ne peut donner un beau veau, à cause de la trop grande quantité de graisse qui l'environne, et qui tient beaucoup de place ; le fœtus manquant alors d'espace, se développe difficilement et se trouve gêné dans tous ses mouvements. Nous avons vu plusieurs fois des vaches très-grasses, d'une énorme grosseur, et ayant été tenues par des taureaux d'une grosseur proportionnée, produire des veaux maigres et chétifs ; quoique les deux extrêmes soient nuisibles pour la production, il est cependant préférable qu'une vache soit plutôt trop grasse que trop maigre, car pour la

première, deux purgations, un peu avant son vélage, et une saignée, au moment même, peuvent
éviter un part laborieux, et la vache, quelques
jours après, peut se porter à merveille, tandis
qu'une vache maigre a toujours de la peine à donner son veau ; sa maigreur est toujours accompagnée d'une dépravation des fluides et des humeurs
qui constitue quelques maladies plus ou moins dangereuses ; la paralysie lombaire, par exemple, précédée ou suivie du renversement de la matrice,
qu'on ne peut remettre à sa place si la vache ne se
relève pas, car ses efforts continuels, coïncidant
avec sa position, présentent un obstacle qu'on ne
peut vaincre.

Les vachers ou les vachères ne doivent pas
laisser sauter de fossés ni de haies à leurs vaches,
notamment à celles qui sont pleines.

Les grandes pluies, les grands froids, les coups
sur le ventre, le froissement du ventre, sont souvent
des causes d'avortement. Il faut aussi faire en sorte
que le sol sur lequel reposent les vaches soit hori-
zontal et non incliné du côté de la matrice, ou s'il
l'était, pour faciliter l'écoulement des urines, il faudrait au moins tenir la litière plus haute du côté
de la croupe que du côté du train de devant ; on
pourrait ainsi empêcher la sortie de l'utérus ; c'est
ce que l'on n'évite pas assez souvent. L'air des éta-

bles doit être souvent renouvelé, c'est une chose très-essentielle pour la gestation. Des avortements proviennent de cette négligence, quoiqu'ils soient attribués à d'autres causes plus ou moins obscures. Quelques personnes objecteront sans doute que quand les vaches ne sont jamais à l'écurie pendant le temps de leur gestation, et qu'elles sont toujours en plein air dans la prairie, des avortements ont également lieu journellement, sans causes connues des vachers.

Nous répondrons à cela que quand les animaux fréquentent journellement la même contrée, si elle est humide et marécageuse, elle leur devient presque aussi hostile que le séjour continuel de l'écurie, sans renouvellement d'air ; de plus, des enzooties, des épizooties mêmes peuvent se déclarer, et devenir mortelles.

Nous engageons donc les propriétaires de bestiaux à ne jamais laisser trop long-temps leurs animaux dans la même contrée.

Quand la vache est pleine de son premier veau, il est utile de lui manier souvent le pis pendant sa gestation, pour qu'elle s'accoutume au toucher et qu'elle se laisse traire facilement quand elle aura vêlé.

Une bonne vache ne doit jamais tarir, mais le dernier mois, on ne doit la traire qu'une fois par jour, pendant huit jours, et ensuite une fois tous les deux jours, tous les trois jours, et enfin ne plus la traire pendant les dix ou douze derniers jours qui précèdent son accouchement, à moins, toutefois, que le pis ne s'engorge : alors, ou pour détruire, ou pour empêcher cet inconvénient, il vaudrait mieux la traire, mais plus ou moins souvent, jusqu'à son vélage, et jeter le lait, car le lait d'une vache pleine, de huit mois, ne vaut plus rien ; il est même contraire à la santé.

Les vaches qui dès leur cinquième ou sixième mois de gestation perdent leur lait, sont seulement bonnes à engraisser et à vendre pour la boucherie, et si l'on détruisait ces sortes de vaches, leur race ne se perpétuerait pas.

Les bonnes vaches font assez souvent des génisses pour qu'on en élève, et que l'on n'ait que de leur race ; et, comme il arrive qu'une bonne vache fait bien un mauvais veau, si la génisse qu'on aurait élevée d'une bonne vache, ne valait rien, on pourrait en tirer le plus possible de lait, et ensuite l'engraisser et la vendre pour la boucherie. En s'y prenant ainsi, on pourrait, en quelques années, détruire cette race de mauvaises vaches, et n'en conserver que de bonnes.

Quelques cultivateurs n'achètent des vaches que pour avoir leur fumier, sans se rendre compte du bénéfice qu'ils peuvent faire d'une autre manière. Quatre bonnes vaches peuvent faire autant de fumier que quatre mauvaises, et ne coûtent pas plus cher. Examinons maintenant la différence de rapport : supposons les quatre mauvaises vaches fraîches vêlées, elles vont donner du lait pendant cinq mois, au plus ; admettons, du fort au faible, que le lait de chaque vache produise tous les jours, pendant ces cinq mois, 125 grammes de beurre, ce qui constituera 3 kil. 750 grammes par mois, ou 18 kilogrammes en cinq mois. Ainsi, quatre mauvaises vaches, en cinq mois, rapporteront à leur propriétaire, 75 kilogrammes de beurre ; en prenant le prix moyen, nous aurons celui de 1 fr. 20 centimes le kilogramme ; 75 kilogrammes de beurre nous donneront donc la somme de 90 francs. Supposons maintenant que chaque vache produise un veau de 20 fr., nous aurons 80 fr. et 90 fr. de beurre, 170 francs. Ainsi donc, tout bien calculé, quatre mauvaises vaches rapporteront en cinq mois la somme de 170 francs, et ces cinq mois valent une année, attendu qu'elles ne vêleront plus que six ou sept mois après, et ce n'est encore que six ou sept mois ensuite qu'elles rapporteront la même somme ; c'est donc en réalité en une année au moins, que les quatre vaches rapportent 170 francs.

Il vaudrait mieux vendre les vaches et le fourrage, et acheter le fumier, au moins l'argent des vaches rapporterait intérêt, et avec l'argent du fourrage on pourrait fort bien acheter le fumier; on aurait un domestique de moins, on ne serait pas exposé à en perdre quelques-unes, et à payer les voyages, opérations et médicaments des vétérinaires, etc., etc.

Supposons maintenant quatre bonnes vaches, aussi fraîches vêlées; elles auront du lait pendant huit mois; chaque vache pourra produire, du fort au faible, 500 grammes de beurre par jour, soit 15 kilogrammes par mois, ou 120 kilogrammes en huit mois; c'est donc un total, pour les quatre vaches, de 480 kilog. de beurre en huit mois, qui, vendus le même prix que l'autre, doivent donner la somme de 576 francs; en supposant que chaque vache ait un veau, nous trouvons une autre somme de 80 francs qui, réunie à celle de 576 fr., donne un total de 656 francs. La différence est suffisamment grande pour s'attacher à détruire les mauvaises vaches et à n'élever que les bonnes. Chaque année, quatre bonnes vaches rapportent 486 francs de plus que quatre mauvaises; il faudrait ne tenir à rien, pas même à son intérêt, pour ne pas adopter les principes que nous proposons. De plus, les veaux des bonnes vaches sont certainement meilleurs et d'un plus grand prix que ceux des mauvaises, et s'il arrive qu'une bonne vache fasse un mauvais veau, que sera-ce donc pour la mauvaise vache ?...

Maladies des Bœufs, Vaches, Veaux, et leurs traitements.

ABCÈS.

(Voir aux maladies des chevaux, l'article *Abcès*).

APHTHES.

Les *aphthes* sont des petits boutons ou ulcères qui viennent sur la langue, sur les lèvres, sur les gencives ou sur le palais.

(Voyez *Aphthes* au chapitre des maladies des chevaux).

APOPLEXIE, COUP DE SANG.

On reconnaît qu'un bœuf ou une vache sont menacés d'apoplexie, à la pesanteur de la tête, aux vertiges, à l'envie fréquente de vomir, à l'engourdissement, à l'écoulement des larmes, au froid des oreilles, des cornes et des extrémités, etc. ; mais le plus souvent l'attaque d'apoplexie est imprévue.

(Voyez pour les traitements et renseignements, à l'article *Coup de sang* et *Apoplexie* du cheval).

ASSOUPISSEMENT.

Il existe, dans certains pâturages, des plantes telles que l'ivraie, par exemple, qui plongent le bœuf dans un assoupissement profond, une espèce de léthargie. Cet accident est considéré comme étant peu grave, par certains auteurs. Nous ne partageons pas leur opinion, et nous pensons que tôt ou tard ils doivent produire des accidents fort dangereux. Pour les éviter on doit, dès que les symptômes se manifestent, donner des lavements en savon à l'animal, le bien bouchonner, lui donner de l'eau nitrée et lui frotter le front, 15 ou 20 fois en 24 heures, avec de l'eau sédative.

AVANT-COEUR.

BARBES OU BARBILLONS.

(Voir, pour la description de ces deux maladies, ce qui a été dit aux maladies du cheval).

BOITERIE.

Quand un bœuf ou une vache boitent, il faut en chercher la cause, pour la détruire s'il est possible, et traiter ensuite les effets selon leur gravité. Quand il n'y a rien d'apparent, on doit chercher depuis la pointe de l'épaule jusqu'au sabot, pour les jambes de devant, et depuis le haut du plat de la cuisse jusqu'au bas de la jambe, pour les jambes de derrière. S'il n'y avait ni enflure, ni sensibilité douloureuse, il faudrait lever les quatre pieds les uns après les autres, les nettoyer à fond, pincer avec les tenailles la sole de corne dans tout son pourtour. Si l'animal retirait son pied et paraissait ressentir de la douleur, il faudrait faire une petite ouverture à l'endroit sensible même, pour en reconnaître la cause. Mais si en le pinçant il ne manisfestait aucune feinte, on lui ferait une forte litière et on le laisserait reposer, car il est présumable que l'animal n'éprouverait qu'une grande fatigue, alors on lui frictionnerait les reins et les quatre jambes avec de l'eau-de-vie camphrée et on lui donnerait quelques lavements et de l'eau blanche nitrée pour boisson. Si l'animal avait marché sur des corps durs, qu'il ait la corne et la sole usées et meurtries, il faudrait alors le frictionner comme nous venons de le dire, et de plus, lui envelopper les pieds dans de bons cataplasmes de son, deux fois par jour. Au bout de 4 ou 5 jours, il faudrait visiter les pieds et s'assurer qu'il n'y a pas de suppuration ; s'il en était autrement, il faudrait nettoyer les parties et y appliquer de petits cataplasmes de suie de cheminée détrempée dans de l'eau-de-vie camphrée. Si la suppuration avait lieu, il faudrait seulement, quand l'inflammation des pieds aurait disparu, les lui envelopper dans de forts linges pliés et imbibés d'eau-de-vie camphrée.

Tout le monde doit comprendre que quand un animal est continuellement couché, qu'il digère difficilement, on ne doit, dans ce cas, lui donner que très-peu de nourriture; seulement elle doit être bonne, et on doit lui présenter souvent à boire de l'eau blanche, ou toute autre eau si l'eau blanche ne lui convient pas; on doit aussi lui donner quelques lavements en savon ou en son.

Si le sang était descendu dans les sabots, il faudrait couper les bords de la corne jusqu'au vif, afin que le sang pût en sortir. Si les genoux étaient enflés, il faudrait les frictionner 3 fois par jour avec de l'extrait de saturne additionné d'un quart d'eau de son, à peu près, et quelques jours après avec de l'eau-de-vie camphrée, 3e degré.

BRULURE.

BUBON.

CHARBON, OU ANTHRAX MALIN.

(Voir, pour ces trois articles, aux maladies du cheval).

CHARBON, MUSARAIGNE.

On a cru pendant long-temps à la morsure de la musaraigne chez les animaux, c'est une erreur; mais on en est revenu depuis que M. de Lafosse a démontré dans son mémoire, lu à l'Académie des Sciences, que ce quadrupède n'a pas l'ouverture de la bouche assez grande pour percer la peau du gros bétail. La maladie connue sous le nom de musaraigne, n'est donc autre chose qu'une tumeur char-bonneuse qui vient au plat de la cuisse.

CONSTIPATION.

Les vaches qui restent trop long-temps à l'écurie, sont plus sujettes à la constipation que les bœufs et que les chevaux qui travaillent.

Les jeunes veaux étant aussi très-sujets à cette maladie, on doit les purger quelques jours après leur naissance; on leur enlève ainsi la souffrance et on les dispose à la croissance et à l'engraissement avec beaucoup de facilité.

CONTUSIONS.

CRAMPES.

DARTRES.

(Voir aux Maladies des chevaux).

DYSSENTERIE, FLUX DE SANG.

La *dyssenterie* s'annonce par une grande difficulté
de fienter. Le bœuf rend avec peine quelques matières glaireuses. Il arrive aussi qu'il rend du sang
clair ou caillé, et la fièvre devient alors très-ardente.
Aussitôt que l'animal est attaqué, il faut le purger
deux fois successivement et activer les purgations
par tous les moyens indiqués ci-devant.

Lorsque les effets de la purgation sont termi-
nés, il faut donner une grande quantité de lavements en son, quelques-uns en savon, et pour
boisson de l'eau blanche nitrée-miellée, quatre fois
par jour, et trois litres à chaque fois; on pourrait
ajouter à chaque litre, une demi-cuillerée d'alcool
camphré. Quand le mieux sera sensible, on lui
donnera de l'orge cassée et modérément mouillée,

pour nourriture, et plus tard quelques poignées de bon fourrage.

Il existe une sorte de dyssenterie contagieuse; les animaux qui en sont atteints ont la langue sèche, baveuse et gercée; ils rendent le sang presque pur, éprouvent des tranchées violentes, un grand accablement. Leur bouche est remplie d'aphthes. Quand il en est ainsi, il faut séparer l'animal affecté de ceux qui ne le sont pas, le purger 3 fois successivement et suivre exactement ensuite ce qui est indiqué ci-dessus pour la dyssenterie simple.

EAU ROUSSE.

On appelle vulgairement eau rousse une éruption charbonneuse qui se manifeste par le dégoût, la tristesse, la cessation de la rumination, le froid des cornes, des oreilles et des extrémités; par les douleurs de l'épine dorsale, des lombes, par la dureté de la panse, par l'état rare ou supprimé des urines; par l'arrêt des déjections et le frisson fébrile qui suit ou précède ces symptômes.

On doit commencer par séparer l'animal malade de ceux qui ne le sont pas, le mettre dans un lieu ni trop chaud, ni trop froid; le couvrir modérément, lui donner une grande quantité de lavements en savon en peu de temps, et le purger ensuite trois fois successivement. Lorsque les effets de la dernière purgation sont achevés, il faut lui donner pendant trois jours, et trois fois par jour, 3 litres d'eau de son, dans lesquels on met une cuillerée d'eau-de-vie ammoniacalisée camphrée et une cuillerée de fort vinaigre; le quatrième jour on ne lui en donne que deux litres, le cinquième, un litre, le sixième, un demi-litre, le matin à jeun. Pendant le cours de ce traitement, on ne doit donner que de l'orge cassée, peu mouillée, pour nourriture, et de l'eau blanche nitrée pour boisson. Au bout de six jours, les aliments devront être de bonne nature, mais en petite quantité, on devra aussi continuer les lavements en son ou en savon jusqu'à ce que la maladie soit passée. Quelques frictions des jointures, des membres et des reins, nous ont souvent satisfait.

EBULLITION.

Le bœuf qui fatigue beaucoup a le corps presque subitement couvert de boutons plus ou moins gros, leur dimension est quelquefois celle d'une pièce de dix centimes; ils se produisent particulièrement aux épaules et au col; il faut alors couvri l'animal et lui faire prendre, une heure ou deux après, un litre de vin chaud sucré. Comme cette affection est un des symptômes les plus positifs de l'abondance des fluides de mauvaise nature, l'avant-coureur d'une autre maladie plus grave, il faut mettre l'animal à la diète, lui donner beaucoup de lavements en son, en savon, en tabac et de l'eau blanche nitrée et beaucoup miellée pour boisson ; au bout de trois jours de ce traitement sans discontinuité, il est indispensable de purger une ou deux fois pour ramener la santé à son état normal et pour éviter tous les accidents possibles. On peut donner la poudre dépurative, ou poudre B, pendant 6 ou 8 jours, pour s'éviter de purger. Nous préférons même ce dernier moyen.

ÉCORCHEMENT DE LA LANGUE.

Quand le bœuf a la langue écorchée, il faut la lui bassiner avec de l'eau vinaigrée-miellée, et lui donner du fourrage doux et facile à mâcher. Nous avons aussi plusieurs fois employé le gros vin sucré, c'est un bon moyen.

ÉCOULEMENT DES NASEAUX.

L'*écoulement des naseaux* est moins une maladie particulière qu'un symptôme de la morfondure ou de la péripneumonie. Si l'écoulement ne dépendait pas de l'une ou de l'autre de ces maladies, il suffirait alors, pour le faire disparaître, de seringuer de l'eau tiède dans les naseaux de l'animal et de lui frotter le front avec de l'eau-de-vie camphrée ou de l'eau sédative. Mais on fait toujours bien d'employer le vinaigre sternutatoire deux fois par jour.

EFFORTS DES REINS.

Ces accidents peuvent être occasionnés par une chute, un coup, ou encore par une fausse position. Ils produisent souvent une extension considérable des tendons et des muscles, privent l'animal de tous ses mouvements et produisent la fièvre. Il faut alors saigner l'animal à la jugulaire, le mettre à la diète et à l'eau blanche nitrée pour boisson (60 grammes de nitre par seau de 8 ou 10 litres), lui donner une grande quantité de lavements en son ou en savon, lui frotter les reins avec de l'eau sédative premier degré

et de temps en temps avec de l'eau-de-vie ammoniacalisée camphrée, etc. (Ces traitements peuvent
s'appliquer au cheval).

EMPYÈME.

L'*empyème* est produit par une grande quantité de
pus qui existe dans la poitrine. L'empyème ne vient
le plus souvent qu'après la péripneumonie, la vomique notamment, lorsqu'elles sont traitées selon
la méthode usuelle. Si après vingt jours de l'une
de ces maladies, la fièvre, une toux sèche ou l'oppression augmentent, et que l'animal éprouve des
agitations ou des frissons, et qu'il lui survienne des
enflures œdémateuses, c'est le signe certain de
l'empyème. Cette maladie est incurable.

ENCLOUURE.

S'il s'était fourré dans le pied du bœuf, dans l'entre-deux du sabot, dans la fourchette ou dans les
talons, un clou, un caillou, une épine, un morceau
de verre, un chicot de bois ou tout autre corps
semblable, il faudrait le retirer le plus adroitement
possible et ne pas s'épouvanter de la quantité de

sang qui pourrait sortir, laver ensuite la plaie avec
de l'eau fraîche et mettre sur la partie malade un
tampon d'étoupes fortement imbibé d'eau-de-vie
ammoniacalisée camphrée, maintenu à l'aide d'une
petite bandelette de forte toile. Si le corps étranger
avait long-temps séjourné dans le pied, qu'il y ait
de la suppuration, il faudrait faire une ouverture
pour lui donner issue, afin qu'elle ne soufflât pas
au poil, et ne fît pas trop de dommage, panser ensuite la plaie avec un peu d'onguent de térébenthine
mélangée d'eau-de-vie camphrée. Les derniers
pansements devront être faits avec de l'eau-de-vie
camphrée seule, en ayant toujours soin de mettre
de bons plumasseaux d'étoupes sur la partie malade.

ENFLURE DU VENTRE PAR INTEMPÉRANCE, GONFLEMENT.

Lorsque les bêtes à cornes mangent avec avidité
des herbes trop succulentes et mouillées de rosée,
surtout, telles que de jeunes pousses d'arbres, de
la luzerne, du trèfle, des coquelicots, etc., elles
sont souvent gonflées. L'enflure considérable du
ventre, sa dureté, une respiration difficile et la cessation de la rumination, sont les symptômes certains
de cette maladie. Il arrive aussi que par la trop

grande fermentation des aliments verts, entassés dans la panse, et le gonflement des estomacs, les animaux tombent comme anéantis. Dans ce cas, il faut prendre un bistouri ou un couteau et l'enfoncer à la profondeur de 7 ou 8 centimètres dans le flanc gauche, entre la dernière côte et la hanche, c'est-à-dire à 2 ou 3 centimètres environ de la dernière côte et mettre dans le trou produit par l'instrument, un tuyau de fer-blanc ou de sureau, de 15 à 16 centimètres de longueur et de la grosseur de l'index, en ayant soin de tenir le tube du côté opposé à l'ouverture, afin de ne pas respirer l'odeur qui en sort et qui est toujours fort désagréable. On choisit de préférence le flanc gauche, attendu que la vache porte ordinairement son veau du côté droit.

Cette opération terminée, on fera prendre à l'animal 2 cuillerées de poudre à tirer, dans un demi-litre de lait sortant du pis de la vache, on lui donnera air par le fondement, en introduisant dedans, l'une des deux mains, graissée avec de l'huile, pour en retirer la plus grande quantité possible de fiente, et beaucoup de lavements en savon; on le promènera s'il peut marcher; au bout de quelques heures, si le mieux n'était pas sensible, il faudrait lui donner 25 grammes d'ammoniaque liquide dans un litre de lait sortant du pis de la vache, et en sus une grande quantité de lavements en savon, quelques-uns en tabac. Quand un mieux sensible se manifestera, on lui donnera quelques lavements en son ou en mauve, et pour nourriture, de l'orge cassée mouillée, de la paille de froment et de l'eau comme l'animal a l'habitude d'en boire. S'il n'était pas tombé, il faudrait employer les moyens ci-dessus indiqués, excepté le premier.

ENFLURE PAR IRRITATION.

Les bœufs ou les vaches peuvent aussi être gonflés par les insectes qui s'introduisent dans leur nourriture, ou par des plantes pernicieuses. Quand le gonflement se produit dans ces circonstances, le ventre est tendu et suivi d'une rétention d'urine ou d'un pissement de sang ; la fiente est liquide et mêlée de matières sanguinolentes. Pour remédier à tous les inconvénients provenant de cette maladie, on donne à l'animal un litre de lait nouvellement tiré, mélangé de 25 grammes d'ammoniaque liquide (et de 5 à 15 grammes pour les animaux de petite taille), on donne ensuite une grande quantité de lavements en savon et quelques-uns en tabac. Une heure après la prise du lait ammoniacalisé, on lui fait prendre deux litres d'eau tiède, en deux fois, dans lesquels on met 20 grammes environ de poudre de charbon ordinaire écrasé et 2 cuillerées d'alcool camphré.

Ce traitement détruit complètement les effets pernicieux des plantes ou des insectes.

TYMPANITE, OU COLIQUE VENTEUSE.

La *tympanite* est un gonflement du ventre occasionné par une accumulation de gaz dans le canal intestinal. Dans cette indisposition, le ventre est tendu et rend un son sourd quand on le frappe. En sus de la tension du ventre, la constipation et les efforts inutiles que fait l'animal pour rendre des vents, suffisent pour faire reconnaître la tympanite.

Curation.

Il faut d'abord donner beaucoup de lavements en savon ou en tabac et faire prendre ensuite à l'animal trois litres d'eau tiède, en trois fois, à un quart d'heure d'intervalle. On fait fondre dans les trois litres d'eau tiède, 250 grammes de miel et 60 grammes de nitrate de potasse et on y ajoute trois cuillerées d'alcool camphré. Un quart-d'heure après la dernière prise de l'eau tiède, on lui frictionne le dessous du ventre et les reins avec de l'eau sédative, ensuite avec un bouchon de paille fort dur, par tout le corps; on le promène très-souvent. Après une affection de ce genre, on met l'animal à la diète pendant quelques jours, à l'eau blanche miellée pour boisson, et on lui donne 8 ou 10 lavements tous les jours, jusqu'à l'entière guérison.

ENTORSE.

L'*entorse*, chez l'espèce bovine, se traite comme chez l'espèce chevaline, excepté la saignée de la pince. S'il y avait dislocation, il faudrait remettre l'os à sa place, battre douze blancs d'œufs dans un verre et demi d'alcool camphré, étendre le tout sur une quantité suffisante d'étoupes, afin de pouvoir faire le tour de la partie disloquée, serrer fortement, appliquer des éclisses en bois extrêmement minces, tout autour de la partie disloquée, sur les étoupes, et enfin serrer le tout suffisamment avec une bande de forte toile, de trois mètres de longueur et de 12 à 15 centimètres de largeur.

Pour faire cette opération, il est nécessaire que

plusieurs personnes soient présentes. L'une d'elles doit tenir le pied de l'animal, très-droit en tirant un peu, afin que les os ne se dérangent pas ; au bout de 8 jours, on lève l'appareil le plus doucement possible, on trempe des étoupes dans de l'eau-de-vie camphrée n° 2 et on enveloppe la partie atteinte comme la première fois, seulement on serre moins fort et on ne met point d'éclisses. Cet appareil doit être levé au bout de 4 jours, alors on en remet un troisième, qu'on enlève 5 ou 6 jours après. A ce moment, l'animal doit être à peu près guéri. La pose d'un quatrième appareil ne peut produire qu'un bon effet. Pendant ce traitement on doit donner comme rafraîchissement, tous les jours, 2 ou 3 litres d'orge cassée, dans 5 ou 6 litres d'eau. Quant au fourrage, il doit être donné en petite quantité, mais de bonne qualité. Quand on fera travailler l'animal, on devra lui donner une nourriture confortable, et le saigner 8 ou 10 jours avant.

TENESME OU EPREINTES.

Le *tenesme* est une envie fréquente et presque continuelle, mais sans effets, de fienter. Le peu que rend l'animal est composé de matières sanguinolentes et qui ressemblent quelquefois au pus. Le ténesme est le symptôme principal de la diarrhée et de la dyssenterie ; il peut même appartenir à beaucoup d'autres maladies. Il doit être traité comme la dyssenterie. (Voyez l'article qui concerne cette maladie).

ERYSIPÈLE.

(Voyez *Erysipèle* pour le cheval ; les traitements doivent être les mêmes).

ESQUINANCIE, ANGINE.

Cette maladie se reconnaît, chez l'espèce bovine, par le frisson, la difficulté d'avaler, une fièvre plus ou moins violente, la pesenteur de la tête, le gonflement flegmoneux du gosier, les difficultés de respirer, la chaleur extrême des cornes, des oreilles et des extrémités, l'agitation des flancs, le chaud et le froid qui se succèdent quelquefois très-promptement. (Voyez *Esquinancie* du cheval).

FLUX DE VENTRE, DIARRHÉE, DÉVOIEMENT.

(Voir à l'article *Cours de ventre* pour le cheval).

FOURBURE.

On reconnaît la fourbure du bœuf à la raideur de ses membres, qui paraissent être d'une seule pièce, et à la grande difficulté qu'il éprouve en marchant, surtout quand la fourbure existe au train de devant et à celui de derrière. (Voyez, pour le traitement de cette maladie, à l'article *Fourbure* du cheval.

FRACTURE DES CORNES.

S'il arrivait qu'un bœuf se cassât une corne et qu'elle tînt encore beaucoup, il faudrait la replacer comme elle était, et envelopper la place cassée avec un linge imbibé de vinaigre fortement miellé. Si elle était cassée de manière à ne pas pouvoir la faire reprendre, il faudrait scier les parties qui tiennent encore ou les couper avec un fer tranchant, rougi

à blanc, et envelopper la seconde corne, communément appelée *cornichon*, avec des étoupes imbibées
d'eau salée. S'il y avait hémorrhagie, il faudrait
prendre une poignée de suie de cheminée détrempée, en consistance d'onguent, dans de l'eau-de-
vie camphrée, l'étendre sur une quantité suffisante
d'étoupes, maintenues sur la partie sensible par une
bande de toile d'un mètre environ de longueur.

GALE.

GANGRÈNE.

(Pour le traitement de ces deux maladies, voir les mêmes articles aux
maladies du cheval).

HERNIE.

Les bestiaux, en se battant, se portent quelquefois de violents coups de cornes qui occasionnent
des plaies ou des contusions d'un danger plus ou
moins grand. Quand ces coups de cornes sont por-
tés sous le ventre, ils peuvent produire une petite
bosse qui ne présente pas de résistance à la pression du doigt. Cette grosseur annonce un déplace-
ment du boyau, qui prend le nom de *hernie* non

formée. Des frictions d'eau-de-vie camphrée suffisent pour traiter et empêcher les suites fâcheuses de cet accident. Si les chairs du bas-ventre étaient séparées, que la bosse soit considérable, que les boyaux tombent sur la peau, il faudrait, dans ce cas, bassiner la partie atteinte, avec de l'eau-de-vie camphrée, et soutenir les boyaux par le moyen d'un suspensoir de forte toile. On peut aussi employer une petite planche de 7 à 8 millimètres d'épaisseur, et de quelques millimètres plus large et plus longue que la partie malade sur laquelle on étend une certaine quantité d'étoupes imbibées d'alcool camphré, et on l'applique immédiatement sur la partie affectée en la maintenant, à l'aide d'une bande de toile aussi large que la planchette et assez longue pour qu'il soit possible de la lier sur les reins, en ayant soin de mettre, sous la ligature, quelques poignées d'étoupes pour éviter les froissements trop sensibles du nœud. Le deuxième jour, on renouvelle l'appareil, et ainsi de suite tous les jours, pendant une semaine à peu près. L'intelligence et le discernement doivent aider à faire ce qui est nécessaire ensuite.

HYDROPISIE DE POITRINE.

L'animal atteint de cette affection a la respiration

difficile et fréquente, beaucoup plus laborieuse encore quand il a marché un peu.

Qand il respire, le battement des flancs, et surtout l'élévation des côtes, agissent très-fortement;
la toux est sèche et il sort quelquefois des naseaux
un écoulement de mucosité; les urines sont épaisses
et très-rouges, la fièvre est lente, le plus souvent,
le pouls petit, inégal, intermittent. (Voyez, pour les
traitements, à l'article *Hydrothorax* pour le cheval).

INCONTINENCE D'URINE.

L'*incontinence d'urine* a pour cause la dilatation du
col, ou sphincter de la vessie. Quand cette dilatation
n'a pas elle-même pour cause la paralysie, on peut
lui rendre la puissance de la contraction par un
traitement purgatif actif et des décoctions astringentes pour boissons, telles que : 20 grammes
d'écorce de chêne en poudre et deux cuillerées
d'alcool camphré dans un litre de vin rouge, une
ou deux fois par jour, selon la tenacité du mal, et
de l'eau ferrée à volonté, jusqu'à parfaite guérison.

INDIGESTION.

On reconnaît qu'un bœuf a une indigestion,

lorsqu'il a les nerfs tendus, les yeux tristes, presque fermés et pesants, lorsqu'il ne rumine point, qu'il rote, que son ventre gronde et qu'il a la peau du ventre tendue.

Lorsque ces symptômes se produisent, on donne une grande quantité de lavements en eau de savon et des boissons ainsi composées : Faites bouillir dans quatre litres d'eau 750 grammes de bon miel, écumez-le ; quand le miel sera fondu et l'eau à moitié refroidie, vous y jetterez un verre d'eau-de-vie camphrée n° 2, et ferez prendre le tout en une heure et demie environ ; vous bouchonnerez souvent et fortement l'animal et le soumettrez à une diète sévère pendant plusieurs jours et lui donnerez ensuite moitié de sa nourriture habituelle, jusqu'à sa guérison.

Le lendemain d'une indigestion on peut donner une purgation avec le sulfate de soude (sel de Glober.

INFLAMMATION DES PIEDS OU FOURCHET.

Les bœufs sont sujets à avoir, entre les deux sabots, de la terre mêlée de petits cailloux qui, par un séjour plus ou moins prolongé, ne peuvent manquer de former une espèce de mastic et le font boiter.

Pour remédier à ces accidents, on met deux cuillerées d'alcool camphré dans un verre d'eau commune, on y trempe un morceau de mie de pain que
l'on applique sur la partie malade, en ayant soin
de la mettre avant avec de l'eau fraîche, l'été, et un
peu tiède l'hiver ; on recouvre la mie de pain de
fines étoupes imbibées dans l'eau mélangée d'alcool,
et on recouvre le tout d'une bande de toile d'un
mètre de longueur environ ; on en fait la ligature
au pâturon (cramponnière) entre les deux petits
ergots, à l'endroit où la corne prend naissance ; on
continue les traitements pendant cinq ou six jours,
et l'on dessèche les plaies, s'il en existe, avec de la
suie de cheminée détrempée dans de l'eau, additionnée d'un peu d'eau-de-vie camphrée.

Si le pied paraissait beaucoup enflé, il faudrait
le parer et ensuite couper les bords de chaque sabot
pour en avoir du sang qui, quelquefois, sort très-
noir.

JAUNISSE.

Le bœuf attaqué de la jaunisse est très-lent dans
ses mouvements ; il refuse de boire, ses jambes
sont engorgées, et il a le poil piqué.

(Voyez, pour de plus longs renseignements, et

pour les traitements, l'article *Jaunisse*, pour le cheval).

KYSTE OU KYSTES.

(Voyez cette affection pour le cheval).

LUETTE RELACHÉE.

Cette maladie, très-légère en elle-même, ne laisse pas que d'être fort incommode, d'autant plus que l'animal qui en est affecté, ne peut rien avaler. Quand on le voit faire des efforts inutiles pour prendre sa nourriture, et que l'on n'en connaît pas la cause, on la découvrira en lui ouvrant la bouche et en regardant au fond. Quelques praticiens remédient à cette incommodité en introduisant sur la luette un morceau de bois plat, flexible, saupoudré de poivre; mais il vaut mieux, selon nous, employer le gargarisme suivant : Dans deux verres d'eau-de-vie camphrée, n° 1, et deux verres d'eau commune, on verse un verre de vinaigre, 15 grammes de poivre en poudre, et on gargarise le fond de la bouche de l'animal.

MALADIES DES OS.

LUXATIONS OU DÉPLACEMENT DES OS ET DÉBOITEMENT DES OS.

Par l'effet d'un coup, d'une chute, de secousses ou d'efforts violents, un os se dérange de sa place. Pour remédier à cet inconvénient, il faut tirer doucement la jambe, suivant le cas, et repousser l'os avec les mains pour le faire rentrer à sa place. Quand l'opération est achevée, on étuve la partie avec de l'alcool camphré mélangé d'un quart de gros vin dans lequel on fait bouillir de la fleur de sureau, et on donne un long repos à l'animal. On peut étuver la partie affectée plusieurs fois par jour et pendant plusieurs jours.

FRACTURE DES OS. (Voyez *Entorse*).

CARIE OU GANGRÈNE DES OS.

(Voyez à l'article *Carie* pour le cheval).

ANKYLOSE.

L'*ankylose* est une maladie des articulations par laquelle les os réunis ou soudés ne forment plus qu'une pièce incapable de plier, etc.

(Voyez *Ankylose* pour le cheval).

EXOSTOSE.

L'*exostose* est une infiltration de la sérosité dans la substance des os, qui, par ses effets malfaisants, fait développer une tumeur osseuse à la surface d'un os. Le traitement interne doit être la purgation plusieurs fois répétée; quant au traitement externe, le feu posé en raies est encore celui que l'on doit préférer, quoiqu'il ne réussisse pas toujours.

MALADIES DES YEUX.

CHASSIE DES PAUPIÈRES.

Ceux qui ont la précaution de laver de temps en

temps les yeux de leurs animaux avec de l'eau fraîche, additionnée de quelques gouttes d'eau-de-vie,
préviennent et dissipent les rougeurs passagères
des yeux et la chassie, etc.

ROUGEUR DE L'OEIL, LARMOIEMENT, OPHTHALMIE, TAIES SUR L'OEIL.

(Voyez, pour ces différentes maladies, et leurs
traitements, aux articles des mêmes maladies du
cheval).

MORFONDURE.

Cette maladie est assez fréquente chez les bœufs,
principalement quand ils sont conduits par des
bouviers négligents, paresseux ou indifférents, qui
négligent de bouchonner et de couvrir leurs bœufs
lorsqu'ils sont en sueur, les laissant arrêtés aux
courants d'air, au froid et à la pluie.

(Voyez *Coryza* pour le cheval).

PALPITATIONS DE COEUR.

Les mouvements extraordinaires du cœur provenant de causes bien connues, telles que la fièvre ou les violents exercices, se dissipent à mesure que l'on détruit la maladie; mais les palpitations qui tiennent à un vice local sont incurables. On pourrait cependant les diminuer en purgeant et en faisant prendre la poudre B, deux jours par semaine au moins.

Ce que nous disons de l'espèce bovine est applicable à toutes les espèces d'animaux.

PARALYSIE.

On donne le nom de *paralysie* à la perte totale ou partielle du mouvement ou de la sensibilité, ou à ces deux choses réunies. La paralysie est plutôt un symptôme de maladie qu'une maladie même. En général, celles qui donnent lieu à des symptômes de paralysie affectent le système nerveux, ou primitivement ou consécutivement; une lésion ou une altération primitive de la pulpe cérébrale peuvent donc déterminer la paralysie. La compression que peut exercer une tumeur sur les parties nerveuses, quand elle se développe dessus ou très-près, peut causer la paralysie. Il en est de même d'un épanchement de sang, de sérosité ou de pus. Enfin, les paralysies qui découlent des maladies ayant leur siége dans le cerveau ou dans la moëlle épinière, affectent particulièrement les organes locomoteurs ; il est à remarquer que quand la maladie a son siége dans le cerveau, la paralysie affecte brusquement tout un côté du corps sans que l'autre côté s'en ressente : cette sorte de paralysie se nomme *hémiplégie*. Si au contraire, la maladie a son siége dans la moëlle épinière, la paralysie se porte sur tout le train de derrière, c'est ce que l'on nomme *paraplégie*. Cette dernière paralysie se développe lentement.

Les vaches, avant ou après leur accouchement, sont sujettes à une espèce de paralysie lombaire ; elles font de vains efforts pour se relever, ou si elles y parviennent, elles ne peuvent rester long-temps debout. Le train de devant agit ordinairement plus librement que celui de derrière. Aussitôt que la maladie se déclare, on doit préparer une une bonne litière et purger deux fois en six jours, après quoi on fait des frictions deux ou trois fois par jour sur les reins et sur les jambes, jusqu'au-dessus des jarrets, avec de l'eau-de-vie ammonia-calisée camphrée dans laquelle on met un verre de vinaigre par litre et un demi-verre d'essence de térébenthine ; pour nourriture, de l'avoine, du vin sucré, de bon fourrage, mais peu à la fois, et souvent. Trois ou quatre jours après que la vache aura été soumise à ce régime, on la suspendra.

On pratique cette opération de la manière suivante :

On passe un large sac sous le derrière, et un autre sous le devant; on attache une forte corde à chaque corne de sac; on écarte les sacs, afin qu'ils ne s'enroulent pas, on fait mettre deux personnes à chaque bout de sac, une autre derrière, afin de lever fortement ce train, une sixième à la tête, pour maintenir l'animal, et enfin une septième personne est chargée de le fouetter; quand il sera sur ses jambes, on attachera les cordes au plancher et on lui frictionnera encore les quatre jambes, celles de derrière surtout. S'il se laissait tomber par derrière, il faudrait, au moyen d'un drap plié en trois, le prendre par derrière et attacher chaque bout de drap au mur, afin de l'empêcher de couler.

Le premier jour, l'animal ne doit pas rester suspendu plus de trois heures, et les jours suivants, un peu plus. Dans ce cas, on ne doit pas avoir peur de fouetter la vache pour la faire relever.

PNEUMONIE OU FLUXION DE POITRINE.

Les bêtes à cornes atteintes de cette maladie ont la tête très-lourde et semblent anéanties, sans pour cela ressentir ni témoigner de grandes douleurs : elles ont la bouche sèche, très-chaude, la langue blanchâtre, les membranes des naseaux et de la

bouche très-rouges; une toux sèche, une soif ardente; il leur sort aussi un écoulement visqueux
par les narines, ils ont les yeux rouges, les veines
dilatées, les oreilles et les extrémités froides, et
leurs flancs battent plus ou moins violemment.

(Voyez à l'article *Pneumonie* du cheval pour de plus longs renseignements et pour les traitements).

PIQURES D'INSECTES OU VERS DU BOUVIER.

Ce qu'on appelle *vers*, ou *ver du bouvier*, est une
espèce de ver blanc, très-court, qui paraît ordinairement entre cuir et chair; pour faire disparaître
ces insectes, on donne un petit coup de flamme
pour fendre le cuir, à l'endroit où l'on présume
qu'il existe, et on coule dans le trou de l'huile de
chènevis camphrée. Quand les vers sont gros, on
presse la peau pour les faire sortir.

HÉMATURIE, OU PISSEMENT DE SANG.

(Voyez *Hématurie* pour le cheval).

PLEURÉSIE.

(Voyez à l'article *Pleurésie* du cheval).

POUX, MALADIE PÉDICULAIRE, POUILLOTEMENT.

Prenez quatre cinquièmes de beurre ou de graisse de porc, et un cinquième de tabac à priser ; pétrissez le tout ensemble et frottez-en l'animal une ou plusieurs fois, selon la plus ou moins grande quantité de lentes. Nous avons plusieurs fois employé, avec succès, l'huile et l'essence de la manière suivante :

Nous ajoutons 200 grammes d'essence de térébenthine à 500 grammes d'huile, nous remuons le tout ensemble, et nous frictionnons avec soin toutes les parties pouilleuses.

RAGE.

(Voyez à l'article *Rage* pour le cheval).

RÉTENTION D'URINE.

Le bœuf attaqué de cette maladie se crampe souvent pour uriner, mais vainement.

(Voir le même article aux maladies du cheval).

SEIME.

La *seime* est une fente que l'on remarque dans toute la hauteur du sabot. En graissant de temps en temps la corne des pieds du bœuf avec du suif mélangé de pareille quantité de saindoux, et en suivant exactement la méthode médicale que nous indiquons, on prévient toujours ces sortes d'affections.

(Voyez à l'article *Seime* pour le cheval).

SUFFOCATION.

Lorsqu'un incendie éclate, si les bestiaux sont suffoqués par la fumée, on doit employer tous les moyens possibles pour les entraîner hors de l'écurie, et si on y parvient, on doit les exposer au grand air et leur faire respirer de l'ammoniaque liquide ou du vinaigre fort, leur en frotter la langue et les lèvres et en laisser tomber quelques gouttes dans la bouche; tout cela doit être fait promptement; après leur avoir ouvert la bouche, on y introduit très-avant la douille d'un soufflet, et on souffle avec vitesse, en leur bouchant les naseaux.

Quand cette opération sera terminée, on la renouvellera dans les naseaux, en fermant la bouche avec soin, autrement l'air que l'on introduirait dans l'une de ces deux parties s'échapperait par l'autre, *et vice versâ*, et l'air ne pénétrant pas dans les poumons, causerait la mort de l'animal que l'on chercherait à sauver. Après avoir fait ce que nous indiquons plus haut, on appliquera l'oreille sur un des côtés de la poitrine, à l'endroit où l'on sent ordinairement les mouvements du cœur, afin de s'assurer s'il fait encore quelques mouvements. Si on l'entend remuer, on souffle encore dans la bouche et dans les naseaux, on lui fait respirer ce que nous avons indiqué, et on lui gargarise la bouche avec du vinaigre un peu salé, on lui frictionne fortement les reins, le front et toutes les jointures avec de l'alcool ammoniacalisé camphré. Quand l'animal reviendra, on devra lui ouvrir la jugulaire avec une flamme très-large, jusqu'à ce qu'il en soit sorti environ une bouteille de sang, et on ferme ensuite la saignée. Ces moyens, employés exactement et méthodiquement, rappellent toujours à la vie les animaux que l'on croyait réellement morts lorsqu'ils n'étaient que suffoqués ou asphyxiés.

SUPPRESSION D'URINE.

Si cette affection était causée par la présence

d'une pierre, il faudrait de suite tuer l'animal, dont la chair pourrait être mangée.

(Voyez *Inflammation des reins* du cheval).

SURLANGUE.

(Voyez pour les traitements et renseignements, l'article *Glossanthrax* ou *Charbon de la bouche* du cheval).

TOUX.

(Voyez à l'article *Toux* pour le cheval).

TRANCHÉES, COLIQUES, MAL DE VENTRE.

Le *mal de ventre* est toujours le symptôme d'une autre maladie principale. (Voyez *indigestion, rétention d'urine, suppression d'urine.* Les coliques proviennent encore des vents contenus dans les intestins. Les symptômes qui font reconnaître cette affection sont les suivants : le ventre est gonflé, tendu et plus ou moins dur ; on entend des grouillements dans les boyaux, l'animal lâche des vents par le fondement et éprouve beaucoup de difficulté pour respirer. Les coliques venteuses sont toujours une suite du mauvais état des digestions. Afin de faire disparaître cette affection, on doit priver l'animal de nourriture, et lui donner une grande quantité de lavements en savon, quelques-uns en tabac, et lui faire boire trois litres d'eau de son en deux heures. Cette boisson est ainsi composée : on fait dissoudre dans les trois litres d'eau de son une parcelle de savon de la grosseur d'une noix, on agite l'eau et on met ensuite une cuillerée d'essence de térébenthine et deux cuillerées d'alcool camphré ; on remue le tout ensemble et on donne les trois litres un peu tiède, pendant le temps indiqué. On peut y ajouter 30 grammes de nitrate de potasse (sel de nitre).

(Voir *Tympanite* du cheval pour un autre genre de traitement).

ENTÉRITE ou *Tranchées inflammatoires*, communément appelées *Tranchées rouges*.

Cette maladie, qui est une inflammation de l'abdomen, est une affection très-grave, principalement chez l'espèce bovine. Les symptômes qui la font reconnaître sont les suivants : ventre chaud, tendu, le pouls dur, les yeux saillants, les membres tantôt froids, tantôt chauds, le dos voûté ; l'animal regarde son ventre, trépigne et ne fiente pas. Un calme apparent se manifeste bientôt, mais il n'est que le précurseur de la gangrène des intestins et de la mort.

(Voyez *Entérite* pour le cheval).

TRANSPIRATION ARRÊTÉE.

ULCÈRE.

VARICE.

(Pour ces trois maladies, voir aux maladies du cheval).

VENIN AMASSÉ, CHARBON BLANC.

L'épanchement d'humeur qui se produit sous la peau et les duretés plus ou moins enfoncées ; le froid des cornes, des oreilles, et même de tout le corps, la cessation de la rumination, un frisson graduel, une bave plus ou moins épaisse qui remplit la bouche, la paralysie de la langue, l'abattement général de l'animal, qui n'avale plus sa salive, le refus des aliments, l'odeur infecte de l'haleine, et, enfin, un dévoiement liquide, sont les symptômes qui caractérisent cette maladie.

Cette affection, que l'on peut guérir chez l'espèce humaine, est presque toujours incurable chez les animaux, attendu qu'un médecin-vétérinaire ne peut la découvrir qu'au moment où l'animal est près de mourir, et qu'il faut une main bien exercée et très-habile pour la reconnaître au toucher. Toutefois, si l'on croyait s'en apercevoir à temps, il faudrait donner une grande quantité de lavements en savon et en tabac, ouvrir toutes les tumeurs, les brûler avec un cautère chauffé à blanc, frotter tout le corps de l'animal avec de l'alcool ammoniacalisé camphré, notamment les jointures et les reins, et quelques heures après, purger activement et recommencer quand les effets de la première purgation seraient finis. Les lavements devraient être continués long-temps encore après que les plus dangereux symptômes seraient passés, et à partir de l'attaque, jusqu'à parfaite guérison, on donnerait des boissons camphrées et des aliments en petite quantité, mais de bonne nature.

VENIN DORMANT, ENFLURE, BOUFFISSURE, MAL DE CERF
(OEdème de l'espèce bovine).

L'*œdème*, chez le bœuf, se manifeste le plus souvent au cou ; il ne peut presque pas mouvoir et se trouve étourdi. Bien que cette affection se montre le plus souvent au cou, elle paraît aussi aux paupières, aux mamelles, aux testicules, sous le ventre, etc.

(Voyez à l'article *OEdème* du cheval pour les traitements et les renseignements).

VENIN HATÉ, OU PIENNE.

L'animal atteint de cette maladie a la peau collée sur les os, et on a beaucoup de peine à l'en détacher avec la main ; lorsqu'on essaie de la décoller, elle produit un son pareil à celui du parchemin sec que l'on froisse ; l'animal est toujours très-maigre, quelle que soit la nourriture qu'on lui donne. Pour guérir cette affection, il faut mettre le sujet au régime du son mouillé pendant trois jours, lui donner des lavements émollients cinq ou six fois par jour, au bout desquels on le saignera à la veine jugulaire, deux fois en six heures ; chaque saignée devra être de deux litres environ ; le lendemain, on lui donnera sept à huit litres d'eau miellée, à peu près, et les deux jours suivants la même dose, après quoi on le purgera. Depuis le commencement du traitement jusqu'à la fin, il faut fortement bouchonner l'animal et lui tirer la peau cinq ou six fois par jour ; on pourrait tremper le bouchon de paille dans une décoction d'eau de son.

VERTIGE OU VERTIGO.

Dans cette maladie, les cornes et les oreilles sont

très-chaudes ; la vue obscure ; l'animal tient la tête baissée ; il chancèle et se laisse quelquefois tomber lourdement.

(Voyez *Vertigo* pour le cheval).

VOMIQUE.

La *vomique* est la rupture d'un ou de plusieurs abcès du poumon, qui vient quelquefois à la suite de la pneumonie ou de la péripneumonie ; elle ne peut se reconnaître que par un écoulement abondant par les narines, quand l'animal tousse. Cette affection est très-dangereuse et même incurable. La purgation souvent répétée peut seule triompher de cette grave maladie, et encore existe-t-il du doute sur son efficacité ; quelques lavements purgatifs peuvent être utiles. Après la purgation, une nourriture légère est nécessaire.

Cette affection étant presque toujours incurable, on doit plutôt chercher à la prévenir qu'à la guérir, en soignant avec attention les maladies de poitrine.

MALADIES PARTICULIÈRES AUX VACHES.

Avortement.

Quand une vache est pour avorter, elle meugle,

piétine et se tord de la même manière que quand elle est atteinte de coliques. La vache est humectée et il en sort des filandres.

Quand elle a avorté, on doit la tenir à une température douce et la mettre à la diète un ou deux jours seulement, mais il faut lui présenter pour boisson de l'eau blanche tiède, sept ou huit fois par jour ; le surlendemain, on commence à lui donner quelques poignées de bon fourrage et un peu de son mouillé avec de l'eau tiède.

Si l'animal faisait de grands efforts pour avorter, il faudrait d'abord s'assurer si le fœtus est bien placé, en mettant la main dans le corps de l'animal. Préalablement, on doit couper ses ongles et se graisser la main et le bras avec de l'huile ; si l'on sent les deux pieds de devant et la tête, on peut être assuré que l'avorton viendra naturellement. Si l'on ne sentait que deux pieds, c'est que sans doute il se présenterait mal ; dans ce cas, comme dans l'accouchement à terme, le veau vient toujours bien, on égalise les pieds, on les enveloppe dans un torchon et on les tire doucement.

Quand une vache vêle, on doit fermer les portes pour éviter les courants d'air.

PART LABORIEUX, ACCOUCHEMENT DIFFICILE.

Quand une vache a été couverte par un taureau

trop gros, le veau étant également d'une grosseur disproportionnée au passage, il peut arriver qu'il sorte difficilement, quoique étant bien placé. Dans ce cas, on doit graisser le passage avec de l'huile et en introduire dans la vulve; le passage étant bien humecté, on attache une corde à chaque patte et une petite que l'on passe à la coulante, dans la mâchoire inférieure; on tire d'abord doucement et ensuite plus fort, en ayant toujours soin d'humecter le passage avec une grande quantité d'huile. Si le veau n'était pas trop gros, et que la vache fît cependant de grands efforts sans qu'il se présente ni pattes ni tête, on devrait alors supposer qu'il serait dans une mauvaise position; il faudrait, dans ce cas, introduire le bras dans le corps de la vache et tâcher de mettre les deux pieds et la tête en place. Si la tête était tombée sur les épaules, il faudrait repousser les pieds et ramener la tête dans sa position normale; pour y parvenir, on introduit une petite corde dans la mâchoire inférieure, et en tirant de tous côtés, on finit par la placer convenablement; en tirant ensuite la tête et les pieds, le veau vient facilement.

Renversement de la matrice.

Cet accident vient ordinairement à la suite d'un

part laborieux ou d'un double part; il peut arriver aussi que la matrice soit déplacée par l'effet de violents efforts, par la toux, les tranchées, surtout si la vache a récemment vêlé.

La matrice renversée descend quelquefois jusqu'au-dessous des jarrets, et lorsqu'elle est exposée à l'air froid, elle devient rouge et saignante. Aussitôt que cet accident se produit, on doit prendre une serviette fine et bien blanche, légèrement humectée d'eau tiède, on la passe sous la matrice renversée, on la soulève avec précaution et on la repousse de même dans le vagin, vulgairement appelé nature de la vache; quand le tout est rentré, on pousse doucement la matrice avec le poing pour la retourner, on doit bien veiller à ce que la matrice soit retournée, autrement l'animal ferait des efforts continuels qui la feraient sortir de nouveau.

Quand cette opération est terminée, on prend une demi-poupée de chanvre, que l'on trempe dans du gros vin rouge froid, bien sucré, ou bien encore dans un demi-litre de vin rouge, dans lequel on aurait fait bouillir une petite poignée de fleurs de sureau, pendant un demi quart-d'heure environ, et que l'on aurait eu soin de passer au travers d'un linge de toile, afin qu'il n'y reste aucune ordure; il faudrait que le vin soit froid avant de le donner. On trempe la poupée dans l'un ou dans l'autre vin, et on l'introduit dans le vagin avec précaution, on coud ensuite les lèvres de la vulve avec du fil double bien ciré, en laissant cependant un trou en bas pour livrer passage à l'urine. Trois jours après cette opération, on peut découdre le tout et laisser le vagin libre; si l'on présume qu'il n'y a plus rien à craindre, on le referme de nouveau, si les efforts de la vache donnent quelques craintes.

Cet accident n'est pas un motif pour se défaire de la vache, car il peut arriver une fois et ne jamais se reproduire. Beaucoup de vaches près de vêler ont le vagin très-gros et paraissant disposé à se retourner. Ce symptôme ne doit pas inquiéter; on ne doit cependant pas négliger de prendre les précautions indiquées plus haut, c'est-à-dire de tenir le derrière de la vache plus haut, par le moyen du fumier qu'on lui laisse, et de la rafraîchir.

CREVASSES AUX MAMELONS.

Les crevasses qui se forment aux mamelons de la vache doivent être graissées avec du cérat. On peut d'abord les bassiner avec de l'urine d'homme, cela a souvent suffi.

OBSTRUCTION DU LAIT, AIRS DE TERRE.

Les vaches nourrices sont exposées à l'engorgement du pis : il faut dans ce cas leur donner une nourriture et des lavements très-rafraîchissants; traire souvent les mamelles engorgées, et frictionner, trois ou quatre fois par jour, la partie enflammée avec de la craie délayée dans du vinaigre. S'il se formait un abcès, il faudrait le graisser avec du vieux oing plusieurs fois par jour, et l'ouvrir, quand on le jugerait mûr, avec un bistouri ou tout autre instrument tranchant. Nous saignons habituellement au début d'une inflammation de ce genre. Il serait sans doute plus à propos de purger, mais la saignée ne demande qu'un moment, tandis que la purgation demande plusieurs jours.

MALADIES DES VEAUX.

Les veaux sont sujets au dévoiement ou à la constipation, et ces deux affections ont la même cause; ce sont toujours des impuretés que le veau a pu conserver ou acquérir, or, en en expulsant la cause, les effets ne peuvent plus subsister. Les purgatifs sont donc les remèdes les plus efficaces. On commence par donner des lavements en savon, un ou deux jours avant la purgation, ensuite on donne le purgatif ainsi composé : dans trois litres d'eau, on met un demi-kilogramme de miel bien écumé, on laisse refroidir et on fait dissoudre 60 à 90 grammes de sel de Sedlitz ; on fait prendre ce purgatif par deux verres, de dix minutes en dix minutes, on donne encore quelques lavements en savon, pour aider la purgation, et quant les effets cessent, on donne à boire tiède à l'animal, mais peu à la fois, et du lait coupé de moitié eau.

Nous avons vu, par l'effet d'une telle purgation, des veaux rendre jusqu'à un litre et plus de vieux *méconium.*

Les boutons qui viennent sur la langue des jeunes veaux (ce qu'on appelle ordinairement *barbes*) et qui les empêchent souvent de manger et de boire, ne sont toujours qu'un effet d'une grande irritation. Purgez le sujet, rafraîchissez-le, gargarisez-lui la langue avec du vinaigre salé, après lui avoir frotté les boutons avec une croûte de pain rôtie, et cette affection se dissipera pour ne pas reparaître de long-temps.

Il arrive quelquefois que les veaux, les génisses même, ont une très-forte diarrhée, provenant de leur tissure molle et lâche, et d'une asthénie d'intestins : alors il faut leur donner, si c'est un jeune veau, deux lavements d'eau très-froide, par jour, et un quart de litre de vin mêlé d'autant d'eau, et une cuillerée d'alcool camphré, en deux fois. Si l'animal a dix-huit mois ou deux ans, il faut doubler la dose; s'il est âgé de plus de deux ans, on triple la dose.

Quelquefois les veaux naissent extrêmement faibles, et peuvent à peine se soutenir; dans ce cas, il faut leur frictionner les reins et toutes les jointures, trois fois par jour, avec de l'eau sédative ou avec de l'eau-de-vie camphrée.

TROISIÈME PARTIE.

ESPÈCE OVINE, OU BÊTES A LAINE, OU BÉTAIL BLANC.

Ainsi que nous l'avons dit, notre but n'est pas de traiter l'économie rurale, bien que nous en disions toujours quelque chose à l'article concernant chaque espèce d'animal. Nous désirons seulement que nos principes et notre méthode soient appréciés et mis en pratique.

Les *bêtes ovines* représentent l'ensemble des animaux de l'espèce du mouton. On les appelle souvent aussi *bêtes à laine,* ou *bétail blanc.*

Le *bélier* est le mâle de la *brebis.* Le mouton est le bélier châtré. Le nouveau-né de la brebis s'appelle ou *agneau* ou *agnèle*, suivant qu'il est mâle ou femelle. De l'âge d'un an jusqu'à deux ans, ils portent le nom d'*Antenois* ou d'*Antenoise*, selon leur sexe.

L'espèce ovine renferme une grande quantité de races et de variétés dont les principales sont : le *mouton d'Espagne*, ou *mérinos*, que Daubenton introduisit en France en 1766; personne, avant lui, n'avait eu l'idée de cette introduction. En 1786, Louis XVI en fit acheter par ses soins un troupeau qu'il fixa à Rambouillet et qu'il fit soigner et traiter avec tous les principes vétérinaires du temps. C'est de là qu'est sortie la plus grande partie des béliers qui ont produit des métis, d'abord assez remarquables par leur taille, et ensuite des mérinos français, qui, à peu de chose près, valent ceux d'Espagne.

Les vrais moutons mérinos parviennent quelquefois à la grosseur d'un petit âne et pèsent de 55 à 60 kilogrammes. Il y a ensuite le mouton d'Islande, qui a jusqu'à six cornes à la tête ; le mouton à large queue, du cap de Bonne-Espérance ; le mouton angora, haut sur ses jambes, ayant un poil très-ras à la tête ; le mouton commun, enfin, fort répandu en France, et qui forme encore un grand nombre de variétés.

Choix du Bélier.

Le cultivateur amoureux de sa profession, doit rechercher, dans le choix de ses béliers, tous les signes qui caractérisent la beauté, la force, la bonté et la vigueur, car l'enjolivement et le perfectionnement d'un troupeau dépendent indubitablement du choix qu'on a su faire des béliers et des brebis; il est donc essentiel, pour bien faire ce choix, de savoir ce qui constitue un beau bélier et une belle brebis. C'est ce que nous allons essayer de démontrer. Le bélier doit avoir la tête grosse, le nez camus et bombé; les naseaux courts et étroits; le front large, élevé et arrondi; les yeux noirs, grands et vifs; les oreilles courtes et larges, bien garnies de laine; les cornes fortement ridées et bien recourbées, l'encolure grosse, large, peu allongée; le poitrail bien ouvert, le ventre très-grand, les épaules ainsi que la croupe bien arrondies; les testicules gros et allongés, la queue longue et très-forte à sa racine, les pattes courtes et grosses. La laine blanche, fine et épaisse couvre uniformément toutes les parties du corps. Les veines de l'œil doivent être d'un rouge clair. Il faut aussi, lorsqu'on exerce une pression vigoureuse, à l'aide de la main, sur la croupe, qu'il résiste sans grands efforts, et qu'en le saisissant par une jambe de derrière, on ne puisse le retenir.

Choix de la Brebis de reproduction.

Une bonne brebis doit avoir un grand corps, les épaules grosses et larges, les yeux clairs et vifs, un front large et élevé, le cou droit, le ventre très-large, le pis et les tétines amples, les jambes menues, la queue épaisse, la laine blanche et soyeuse ; quant au reste, elle doit se rapprocher du caractère du bélier.

Accouplement.

Les brebis entrent en chaleur ordinairement dans le mois de novembre ; c'est aussi l'époque la plus convenable pour l'élevage des agneaux, car les brebis portant cinq mois, agnèlent dans le mois d'avril, et les agneaux ont alors deux étés pour un hiver; le lait qu'ils boivent est meilleur et plus abondant que dans l'hiver, au moment où les mères ne sortent pas et mangent du sec, souvent plus mauvais que bon, ce qui est contraire à la santé. Rien n'est plus nuisible aux agneaux que le froid; il est donc préférable qu'ils naissent dans le commencement du printemps; quand il fait beau, on peut les lâcher dans un enclos où ils peuvent courir, sauter et manger de l'herbe. Le peu de nourriture, le grand air et l'exercice qu'ils prennent, favorisent leur développement, tout en les maintenant en bonne santé. Rien n'est plus contraire aux agneaux que le trop long séjour dans la bergerie; ils deviennent frêles et débiles, et les races se trouvent ainsi détériorées.

Les brebis et les béliers destinés à la reproduction doivent être âgés de deux ans au moins et de huit ans au plus; quand cet âge est passé, les agneaux qui naissent sont dégénérés de tempérament et souvent aussi de formes.

Certains cultivateurs donnent du pain de chènevis et du sel à leurs brebis pour les exciter à l'accouplement. Ce système est nuisible, attendu que les agneaux qui naissent de cet amour forcé sont, le plus souvent, dépourvus des signes qui caractérisent le beau et le bon bétail.

Les signes caractéristiques de la chaleur des brebis, sont : une très-grande agitation, pour des animaux ordinairement si paisibles, de longs et fréquents bêlements; de grands mouvements des reins et du cou, et lorsqu'on les voit monter les unes sur les autres.

La surabondance de graisse est souvent la cause de l'infécondation, d'un part trop laborieux et d'un produit très-chétif.

En amour, le bélier se bat à coups de cornes, et devient ensuite aussi tranquille et aussi paisible que le reste du troupeau.

Un bélier pourrait suffire à cent brebis et plus, mais il ne produirait que de faibles élèves et serait lui-même ruiné en peu de temps. Pour éviter cet inconvénient et satisfaire à une sage reproduction, on ne doit lui donner que 30 ou 40 brebis au plus.

Soins pendant la gestation.

Quand les brebis sont pleines, le berger doit veiller avec soin à ce que rien n'effraie son troupeau, car la frayeur est une des causes de l'avortement; elle y contribue beaucoup plus que toutes les plantes emménagogues. Nous avons fait, pendant huit jours consécutifs, l'expérience avec quelques-unes des plus énergiques de ces sortes de plantes, que nous avons donné à manger à une brebis pleine, sans qu'il en soit résulté autre chose qu'une constipation qui est devenue très-opiniâtre, mais qui céda néanmoins à la suite de trois purgations et d'une assez grande quantité de lavements en eau de savon et de décoction de son. Toutefois, le fœtus souffrit, car lors de sa naissance, il était très-échauffé, mais cet échauffement céda bientôt sous l'influence de quelques lavements d'eau de savon et de petit lait huilé ensuite.

Le berger ne doit pas mener son troupeau trop vite, car les brebis pleines en souffriraient. Il ne doit pas non plus les laisser rentrer à l'écurie trop précipitamment, afin d'éviter l'encombrement à la porte. Il ne doit pas les mener aux champs par les grands froids, pas plus que par la trop grande chaleur ou la pluie surtout, car cela est toujours contraire aux bêtes à laine, quelle que soit leur position. Il doit aussi les mieux nourrir qu'à l'ordinaire et ne pas les laisser manquer d'eau.

Pâturages.

Les moutons soumis continuellement aux pâtures marécageuses ou trop mouillées l'hiver et trop tôt sèches l'été, sont exposés à une maladie communément appelée *pourriture*, qui jusqu'alors a toujours été mortelle et ne pouvait être autrement, attendu que tous les remèdes qu'on lui a opposés et qu'on lui oppose, n'ont été et ne sont qu'insignifiants. En supposant que quelques remèdes ordonnés par certains vétérinaires eussent pu détruire ou arrêter la marche de la maladie, les cultivateurs appellent toujours le vétérinaire quand leurs animaux sont attaqués mortellement.

L'abondance des herbes vertes et trop succulentes les expose à de graves dangers (voyez *indigestion d'herbes vertes, météorisme*). Les herbes qui croissent particulièrement dans des vallons humides ou à l'ombre des bois, font souvent mal aux moutons. Linnée compte cent dix-huit espèces de plantes dangereuses pour ces animaux, venant principalement dans des endroits humides ou ombragés.

Devoir du Berger, et les qualités qu'il doit avoir.

Un bon berger doit être doux, vigilant, robuste,

alerte et patient. Il doit avoir de l'affection pour son troupeau, et lorsqu'il s'aperçoit que quelques-unes de ses bêtes ne mangent pas, ou très-peu, qu'elles marchent difficilement, qu'elles se frottent, qu'elles bêlent plus fréquemment qu'à l'ordinaire, il doit les visiter aussitôt qu'elles sont rentrées à la bergerie. Le matin, en entrant dans la bergerie, il doit visiter tous ses moutons d'un coup-d'œil, leur faire une bonne litière et ôter à la main les ordures qui se trouvent attachées à la laine et couper la laine autour du pénis, communément appelée *boude*, pour prévenir l'inflammation qui s'y détermine assez souvent par l'effet des urines, de la fiente et autres impuretés dont la laine s'imprègne si souvent. Il doit également tondre la laine qui avoisine les mamelles des brebis, afin d'éviter que les agneaux ne finissent par l'avaler peu à peu en tétant, ce qui produirait dans leur estomac de petites boules feutrées, semblables à peu près aux égagropiles. Il prendra garde aussi que les agneaux ne se tétent réciproquement. Il faut enfin qu'il ait la précaution de mener ses moutons doucement, de les laisser paisibles, et faire en sorte qu'ils ne s'échauffent pas, et les désaltérer à propos. Un berger doit aussi s'assurer si quelques moutons de sa troupe sont attaqués de la diarrhée, afin de la combattre immédiatement.

(Voyez cette maladie pour les veaux).

Construction et tenue des bergeries.

Une bergerie doit être bâtie sur un terrain sec et élevé, ne formant aucune pente. Le sol doit en être pavé avec des briques sur champ, toujours recouvert de litière fraîche. Les portes doivent être coupées, afin qu'on puisse ouvrir le haut, tout en laissant le bas fermé. Il doit y avoir des fenêtres de 2 en 2 mètres de distance, de 55 centimètres de largeur, sur 75 de hauteur, et garnies d'un contre-vent. Les murs doivent être bien crépis en dedans et en dehors, et badigeonnés en dedans. La grandeur de la bergerie doit être proportionnée au nombre des moutons. Ainsi, un mouton doit avoir, au ratelier, une place de 50 centimètres de largeur, et les rateliers placés en face l'un de l'autre, doivent être au moins à 4 mètres de distance. Si cette distance n'existait pas, l'air ne pourrait se renouveler assez facilement, et la bergerie s'infecterait trop aisément, ce qui contribuerait à engendrer certaines maladies plus ou moins meurtrières.

. Les portes et les fenêtres doivent être ouvertes tant pour le renouvellement de l'air, que pour la sortie des moutons dans la cour attenante à la bergerie. Cette cour doit être bien couverte; il doit y avoir même quelques auges en pierre remplies d'eau, car les moutons y allant très-souvent, même pendant les grands froids, aiment à boire hors de leur bergerie.

Lorsqu'on entre dans une bergerie, on ne doit éprouver ni chaud ni froid, ni difficulté de respirer. Il doit y exister une température modérée, un air dégagé de toute odeur méphitique, autrement la santé du bétail pourrait s'altérer. Pour obtenir l'un et éviter l'autre, il faut renouveler la litière tous les jours.

Nous le répétons, du bon état d'un troupeau dépendent la qualité de la laine, la délicatesse et l'abondance de la chair, l'excellence et la quantité du fumier qui, n'étant pas trop piétiné, est préférable; en suivant exactement nos principes, on peut être grandement dédommagé de ses peines.

Il est de toute nécessité qu'il y ait dans les bergeries une auge peu profonde, pleine d'eau pure.

Désinfection des bergeries, écuries, vacheries, etc.

Quand une écurie est infectée, il faut laver avec de l'eau bouillante tous les objets où les miasmes peuvent être fixés, comme tous les harnais qui ont servi aux animaux ; on frotte fortement les rateliers, les barres et les auges, avec un balai de bouleau usé. Les murs doivent aussi être lavés avec de l'eau bouillante. On fait ensuite un second lavage au lait de chaux, si le sol est en terre.

On doit enlever une couche de 33 à 35 centimètres, et l'enfouir au loin, à 2 mètres de profondeur, afin que les animaux ne puissent de long-temps respirer l'odeur dont elle est infectée. Si le sol est pavé, il faut enlever la terre qui se trouve entre les pavés, et y jeter plusieurs fois de l'eau bouillante. Si le dessus de l'écurie est garni de perches ou de claies, etc., il faut démonter tous ces objets et les laver avec de l'eau bouillante ; si les bois sont vieux, il faut les brûler et en remettre d'autres. S'il y a des crevasses dans les murs, on doit les laver à l'eau bouillante et ensuite au lait de chaux additionné d'un peu d'acide muriatique, car bien souvent les miasmes s'introduisent dans ces trous, que l'on referme ensuite solidement avec du plâtre. Toutes ces conditions étant remplies, on fait ensuite des fumigations désinfectantes, à l'aide du chlore gazeux. Ces fumigations, inventées par M. Guyton de Morveau, ont la propriété de détruire les miasmes de l'intérieur et même de l'extérieur des écuries.

Manière de faire les fumigations.

Pour une bergerie de cent moutons, ou une écurie de six chevaux, ou une vacherie de huit à dix vaches, on met dans le milieu de l'écurie, sur un fourneau rempli de charbon bien allumé, une terrine de grès, non vernissée, dans laquelle il doit y avoir un kilo et demi de sel gris. On remue de temps en temps le sel avec un petit bâton, jusqu'à ce qu'il soit assez chaud pour ne plus pouvoir y endurer les doigts. On jette alors précipitamment, et cependant avec précaution, dans la terrine, sur le sel, un litre d'acide sulfurique.

On doit prendre soin de fermer hermétiquement toutes les portes et les fenêtres et enlever toutes les matières combustibles qu'il pourrait y avoir autour du fourneau. On doit arrêter sa respiration le plus possible lorsqu'on verse l'acide sulfurique sur le sel, et se retirer très-promptement, en ayant soin de bien fermer la porte, qui ne devra plus être ouverte que douze ou quinze heures après, pour recommencer, car une seule fumigation ne suffit pas. Les animaux ne doivent y rentrer que vingt-quatre heures après que toutes les portes et les fenêtres ont été ouvertes.

Si le mal était plus grand, il faudrait mettre plusieurs fourneaux dans l'écurie, et renouveler les fumigations toutes les dix heures, pendant deux jours. Quand il existe dans les environs quelque maladie contagieuse, on peut, en sus des soins hygiéniques, faire quelques fumigations dans toutes les écuries. On pourra être certain, en prenant toutes ces précautions, du reste peu fatigantes et peu coûteuses, de ne pas voir ses animaux atteints par les fléaux épizootiques ou enzootiques, etc. Même en l'absence de ces maladies, on devrait, par précaution, faire des fumigations dans toutes les habitations des animaux, au moins deux fois par an, sur la fin de septembre et au commencement de mai.

Manière de connaître l'âge des moutons.

La connaissance de l'âge des moutons et de toutes les bêtes à laine, est indispensable au berger et au cultivateur, mais surtout au berger, pour en régler la castration, la monte et l'engraissement.

Cette connaissance s'acquiert par l'inspection des dents, et, en qualité d'animal ruminant, les cultivateurs savent bien que le mouton n'a des dents qu'à la mâchoire inférieure; en devant, elles sont appelées, comme celles des autres animaux herbivores, dents incisives, et celles des coins, dents mâchelières ou molaires. Les dents incisives sont au nombre de huit et poussent toutes dans la même année. Ces huit premières dents sont très-peu larges et pointues. Dans la seconde année, les dents du milieu tombent et sont remplacées par deux autres, qu'il est aisé de reconnaître par leur largeur et leur blancheur. C'est à cette époque que les agneaux portent le nom d'antenois. Dans la troisième année, deux autres dents pointues, une de chaque côté de celles du milieu, sont remplacées par deux larges dents, de sorte qu'il y a quatre secondes dents au milieu et deux pointues de chaque côté; enfin, dans la quatrième année, les larges dents sont au nombre de six, et il ne reste que deux dents pointues, une de chaque côté. A cinq ans, ou cinq ans et demi, toutes les dents incisives sont remplacées par d'autres, plus longues et beaucoup plus larges. Or, par l'état de ces huit dents, on peut positivement s'assurer de l'âge des bêtes à laine, pendant leur cinq ou six premières années; mais ensuite tout n'est que conjectures, car l'état des mâchelières est toujours incertain. Alors, un bon discernement, une longue pratique, peuvent être d'un grand secours, en ayant bien soin de réfléchir aux endroits où sont demeurés les moutons, car ceux élevés et gardés dans des endroits arides, secs, montagneux, auront les dents plutôt usées que ceux élevés et gardés sur des terrains plats, doux, humides, etc.

Maladies des bêtes à laine.

ABCÈS.

L'abcès du mouton se traite comme l'abcès du bœuf.

(Voir aux maladies du bœuf).

BOUQUET, GRATELLE, NOIR MUSEAU.

On connaît, sous ces dénominations, une espèce de gale qui vient sur la tête et sur le nez des bêtes à laine. Pour la guérir, il faut frotter plusieurs fois par jour les parties malades avec du cérat et purger une ou deux fois. On fait manger pendant trois ou quatre jours la poudre B.

Les agneaux comme les moutons peuvent être guéris de cette affection, quoiqu'en disent plusieurs médecins-vétérinaires.

CATARRHE OU MORVE DU MOUTON.

Le catarrhe est une des maladies les plus dangereuses et les plus difficiles à traiter. Il faut plutôt chercher à la prévenir qu'à la guérir, en s'attachant à la bonne tenue des bergeries, en garantissant les animaux de toute humidité, en leur donnant une température modérée, et en prévenant l'arrêt de la transpiration. Malgré que le mouton se garantisse du froid par sa toison, lorsque le froid humide pénètre chez lui, la morve survient après de grandes souffrances.

Les personnes qui ont la mauvaise habitude de faire pâturer leurs moutons pendant la rosée, dans la neige, ou qui les font rester plus de trois ou quatre heures, dans le milieu du jour, dans les pacages d'hiver, rendent la maladie incurable.

Symptômes.

Le mouton est triste, nonchalant; il jette de l'humeur par les naseaux. Cette maladie étant contagieuse, il est important de tenir à l'écart les moutons malades.

Voici le traitement qui nous a jusqu'à présent le mieux réussi :

On lave les naseaux de l'animal, on lui fait respirer deux fois par jour un peu d'euphorbe en poudre, on lui seringue de la décoction de mauve trois fois par jour dans les naseaux, et on frictionne le front avec de l'eau sédative; on se sert, pour cette opération, d'une pièce de laine; on le purge, au bout de quelques jours, deux fois en quatre ou cinq jours; on lui donne tous les jours deux lavements en savon, et de temps en temps de l'eau miellée tiède, de l'eau blanchie avec de l'orge cassée et tiède aussi pour boisson ordinaire et on continue jusqu'à guérison parfaite. Pour nourriture, quelques poignées de bon fourrage et de la paille de froment. Tous les matins à jeun, un ou deux verres de vin rouge dans lequel on fait macérer de la sauge pendant vingt-quatre heures au moins.

Toutefois, sur la fin du traitement, on peut se

dispenser de donner du vin. Jusqu'à ce que l'animal soit parfaitement rétabli, on ne doit lui donner ni son, ni grain.

CLAVEAUX ou CLAVÉE (petite vérole, ou variole du mouton).

La *clavée* est la plus dangereuse de toutes les maladies du mouton ; elle a beaucoup d'analogie avec la variole de l'homme. Dans la clavée bénigne, l'animal infecté devient triste, abattu, et on aperçoit sur divers points du corps, notamment à la face interne des pattes de devant, et au pourtour de la bouche, des petites taches rouges dont le centre est occupé par un petit bouton que termine une pointe.

L'éruption commence par des frissons fébriles, chaleur du corps surtout aux oreilles et au nez, rougeur des yeux et de la membrane muqueuse de la bouche. L'animal boite principalement des pieds de derrière, il perd son appétit et cesse de ruminer ; la soif est ardente, et la respiration courte ; il coule des naseaux un mucus clair comme de l'eau, et les endroits sur lesquels se sont formés les boutons commencent à se gonfler, surtout sur la tête.

Dans la clavée maligne, la tête est très-enflée ; les

yeux sont chassieux et fermés, la respiration est difficile, il coule du nez un liquide visqueux et fétide, l'animal tient la bouche ouverte, d'où s'échappe une bave écumeuse; il grince souvent les dents et rend des excréments liquides qui exhalent une odeur désagréable.

Les pustules cachées sous la toison ressemblent à des tubercules durs, livides, plombés, brunâtres ou noirâtres, elles sont entourées d'un rebord blanc ou bleuâtre secrétant un ichor âcre et rongeant qui forme des ulcères qui finissent par détruire les parties qu'ils touchent, il y tombe même quelquefois des lambeaux des lèvres et des oreilles.

Les moutons malades peuvent être conduits aux champs lorsque le temps est beau et chaud, sans excès, pourtant; dans le cas contraire, il faut les tenir dans une bergerie sèche, et ne leur donner que du bon fourrage.

Aussitôt que l'on s'aperçoit de l'existence de cette affection dans le troupeau, il faut mettre les malades à l'écart, et même changer d'écurie les moutons qui sont sains, leur faire une bonne litière et les soumettre à un régime très-tonique. Si au bout de quatre ou cinq jours il y en avait encore d'autres qui soient atteints, on les séparera et on purgera le reste du troupeau deux fois en six jours, on donnera des lavements en savon et quelques-uns en tabac, et tous les matins à jeun la poudre B, et pour boisson de l'eau rouillée. En prenant ces précautions, on évitera la contagion. Une précaution également bonne à prendre, consiste à donner une fois par jour, pendant six ou sept jours, à chacun d'eux, une cuillerée de bonne eau-de-vie dans un verre d'eau rouillée.

Les moutons atteints de cette maladie doivent être mis dans une bergerie dont la température ne soit ni trop basse, ni trop élevée, et où il n'y ait presque pas de fumier ; on leur fera cependant tous les jours une bonne litière, bien sèche, et on les purgera quatre fois en huit jours, et le deuxième jour après la dernière purgation, on les soumettra pendant six jours au régime rafraîchissant. Au bout de ce laps de temps, on les soumet au régime tonique en leur donnant du bon fourrage, de l'eau rouillée pour boisson et aussi tous les matins, à jeun, la poudre B ; une heure après, on leur fera prendre un verre de vin un peu tiède, dans lequel on fera entrer la composition suivante : dans dix litres de bon vin rouge on met une poignée de fleurs de sureau, autant de marjolaine et de sauge verte, et un verre d'alcool camphré ; on bouche le vase et on ne donne cette boisson que 24 heures après la macération. Il faut avoir soin que les animaux aient toujours le ventre libre, à quoi on peut parvenir facilement, en leur donnant de temps en temps quelques lavements en savon ou en tabac.

Nous sommes certains que ceux qui mettront régulièrement notre méthode en pratique, sauveront au moins 75 moutons sur 100 qui seraient atteints, tandis que par les moyens habituels on en sauve à peine 10 sur 100.

Bien qu'avec notre méthode on puisse se passer de l'opération de l'inoculation, nous sommes bien éloigné de dire qu'elle ne vaille rien, nous engageons seulement les cultivateurs à établir la comparaison. Nous sommes certain à l'avance qu'ils donneront la préférence à notre système.

Comme nous croyons que l'inoculation peut encore être pratiquée, nous allons indiquer les moyens que l'on doit employer. Mais avant, nous croyons utile de dire ce que c'est que l'inoculation, car beaucoup de propriétaires et de conducteurs de bestiaux confondent l'inoculation avec la vaccination.

Voici la différence : en introduisant le germe d'une maladie sous l'épiderme, on la provoque ; en y introduisant du vaccin, on l'évite. Ainsi, l'inoculation détermine l'éruption des pustules varioliques, et la vaccination, des pustules de vaccin ; ce qui fait recourir, dans la maladie du claveau, à l'inoculation, c'est qu'une affection provoquée est beaucoup moins dangereuse que quand elle se développe spontanément.

Manière de pratiquer l'inoculation.

Au moyen d'une lancette, on prend le liquide limpide d'un bouton claveleux, lorsqu'il est blanc, et on l'introduit sous l'épiderme seulement. Il faut le mettre au plat des cuisses, chez les brebis, et à l'avant-bras chez les béliers, à cause du voisinage des testicules ; il faut faire pour le moins 2 piqûres, en soulevant légèrement l'épiderme, sans attaquer la peau et sans répandre de sang. Les trop grandes chaleurs et les trop grands froids nuisent également à la réussite de l'opération. On doit, autant que possible, éviter d'inoculer avec le virus du claveau naturel ; on doit rechercher de préférence le virus du claveau artificiel ; plusieurs auteurs disent qu'il est plus mitigé et plus benin, nous le pensons éga-ment. On doit aussi choisir de préférence le pus sur des bêtes qui ne sont pas extrêmement malades et dont le claveau est benin. Rien n'est plus facile à faire que l'opération de l'inoculation : on trempe le bout de l'instrument dans la matière du bouton et on l'applique sur la piqûre et ensuite on passe le doigt dessus assez légèrement. Au bout de quelques jours, l'éruption et la fièvre se déclarent ; alors on fait boire, chaque matin, aux animaux inoculés, deux verres d'une infusion d'herbes aromatiques, que l'on prépare de la manière suivante : dans dix litres d'eau on met un verre d'alcool camphré et une poignée d'hysope et de marjolaine; on laisse infuser pendant 24 heures environ.

Si on craint que les pustules ne tournent en gangrène, on frotte doucement avec de l'eau froide dans laquelle on met un huitième d'alcool et un vingtième d'ammoniaque liquide. Si quelques pustules étaient réellement gangreneuses, il faudrait les scarifier et les panser avec de l'eau-de-vie camphrée ammoniacalisée. Il ne faut pas faire sortir les animaux nouvellement inoculés, ni les tourmenter, afin que l'inoculation se fasse bien.

DARTRES.

Les *dartres* des moutons se traitent de la même manière que les dartres des chevaux et des bœufs.

ENGORGEMENT DES MAMELLES DE LA BREBIS.

Les mamelles des brebis s'engorgent souvent lorsqu'on sèvre les agneaux trop tôt ou trop brusquement. Cet accident est quelquefois de peu d'importance, mais il peut aussi en rester des engorgements laiteux très-douloureux.

Les traitements à suivre sont les mêmes que pour l'obstruction du lait des vaches, en ayant toutefois égard à la différence de la taille.

Quelques auteurs recommandent de faire boire de l'eau mêlée de sel marin, nous en avons fait l'expérience plusieurs fois, sans obtenir de succès.

Cette affection n'a pas toujours pour cause l'obstruction du lait, la saleté du fumier peut engendrer aussi l'engorgement des mamelles et même du pis de la brebis, c'est au berger à y faire bien attention.

FOURCHET.

Les moutons qui ont fait de longues courses sont exposés à cette maladie, car la boue, la poussière et la terre s'introduisant dans la soudure ou réunion de l'onglon du pied, y déterminent assez souvent une inflammation qui s'annonce par la boiterie et qui augmente rapidement si l'on continue à les faire marcher. On pourrait souvent prévenir cette maladie si l'on avait la précaution de bien laver les pieds des bêtes à laine après de longs voyages, en les faisant passer plu-

sieurs fois dans un ruisseau d'eau claire. Faute
d'avoir pris cette précaution, le berger doit introduire la pointe d'un canif ou d'un petit bistouri
dans la peau qui recouvre la partie située entre le
partage de l'onglon, il la fendra, séparera la soudure de cette peau, puis lavera le pied avec une
décoction de graines de lin, et l'enveloppera avec
des linges blancs. Plus tard il ne serait pas inutile
d'y mettre des étoupes trempées dans de l'eau-de-
vie camphrée, tout en l'enveloppant de même avec
des linges blancs.

GALE DES MOUTONS.

La cause de la *gale des moutons* est à peu près la
même que celle des chevaux et des bœufs. Les
traitements diffèrent donc de peu, si ce n'est pour
la force. Dans la première période de la maladie, il
suffit ordinairement de frotter le bouton, de l'écor-
cher et d'y jetter quelques gouttes d'alcool camphré
ammoniacalisé ; dans la dernière période, il faut
donner la poudre B pendant 8 jours au moins, afin
d'assainir le sang, et agir, quant au bouton, comme
nous venons de le dire pour la première période,
et y jeter quelques gouttes d'alcool camphré ammoniacalisé, dans lequel on aura fait tremper 60

grammes de tabac pendant 24 heures au moins; en agissant ainsi, on peut être assuré de la parfaite guérison de l'animal.

INDIGESTION D'HERBES VERTES OU MÉTÉORISME.

Les indigestions que causent aux moutons les herbes vertes et succulentes, sont souvent très-dangereuses. Comme ces sortes d'indigestions des bêtes à laine ont les mêmes causes que celles des bêtes à cornes, elles se traitent de la même manière, en ayant toutefois égard, pour les doses, à la taille de l'animal. (Voyez *indigestion* du bœuf et *enflure par intempérance*).

Nous avons plusieurs fois jeté des moutons très-enflés, dans de l'eau froide; ce moyen nous a souvent réussi; si cependant l'estomac était chargé et que l'animal manque de forces digestives, on pourrait être certain de le faire mourir. Nous ne conseillons donc d'avoir recours à ce moyen que dans le cas où l'on ne pourrait en employer d'autres.

GOURDIE, CHALEUR OU LOURDÉE, MALADIE DE SANG, SANG DE RATE.

Cette maladie est l'apoplexie du mouton, du moins elle a été considérée comme telle jusqu'à

présent. Le mouton atteint de cette maladie à
toujours la bouche ouverte, afin de mieux respirer ;
il râle, ses flancs battent, il rend du sang par le nez,
et le globe de ses yeux devient rouge. Cette maladie a été, jusqu'à présent, considérée comme incurable.

Voici pourtant les moyens thérapeutiques que
l'on peut essayer : jettez de l'eau froide sur le
front, saignez au plat de la cuisse et à la queue,
donnez quelques lavements en savon, et faites avaler des décoctions de plantes émollientes et laissez
l'animal au grand air.

PHTHISIE PULMONAIRE OU MOUTON POUSSIF.

Cette maladie dégénérant toujours en une pourriture incurable, il est plus sage de tuer le mouton
qui en est atteint que de tenter la guérison. Si cependant on voulait tenter quelque chose, cette affection se traite comme la péripneumonie des bêtes
à cornes.

PIÉTAIN.

Le *piétain* est un ulcère produit par le suintement

d'une humeur séreuse et fétide qui corrode la face interne et supérieure de l'onglon du mouton, et le force à marcher sur ses genoux.

Pour le guérir sûrement, on purge les sujets qui en sont atteints au moins deux fois en 5 ou 6 jours, on leur donne la poudre B pendant 8 jours, et avec un bistouri on coupe toute la corne désorganisée; on lave et on enveloppe ensuite le mal avec de l'alcool camphré ammoniacalisé dans lequel on met 2 grammes de sublimé corrosif par 25 grammes; quand on a répété ce pansement deux ou trois fois, on l'enveloppe avec un linge sur lequel on met de la suie de cheminée arrosée de fort vinaigre.

Moyen de prévenir le piétain.

Si l'on présume que le *piétain* va se mettre dans un troupeau, on le change de bergerie; on lui fait une bonne litière, on ne le sort pas s'il fait mauvais, on nettoie les pattes des moutons, on les lave ensuite avec de l'eau fraîche additionnée d'un peu de vinaigre, et on les enferme dans des caoutchoucs ou dans de la vessie, disposée en forme de bourse, emplie d'extrait de saturne mélangé de moitié eau, et on renouvelle l'appareil au bout de 4 jours. Il

faut éviter surtout de mener le troupeau dans la
rosée et dans la boue, si les pieds ne sont pas en-
veloppés.

PIQURES D'INSECTES.

Deux sortes d'insectes peuvent attaquer le mouton extérieurement. Le premier est l'hippobosque,
qui se tient caché dans la laine et y produit des
tumeurs en y déposant ses œufs. En extrayant la
larve et en frottant la tumeur avec du saindoux, on
obtient la guérison.

Le second insecte est l'œstre, mouche qui s'introduit dans le nez des bêtes à laine pour y déposer ses œufs. La larve peut vivre huit à neuf
mois dans les sinus frontaux de l'animal, qu'elle
inquiète beaucoup. Cependant il en résulte rarement des accidents graves, mais l'animal mange
beaucoup moins qu'à son habitude; il s'écarte davantage, et maigrit. Par l'agitation que cet insecte
donne au mouton, on le croirait attaqué d'une
toute autre maladie. Pour éviter le mal que produisent ces insectes, il faut les chasser avec une
branche de feuillage, et éviter l'ardeur du soleil,
comme étant le moment le plus favorable pour ces
insectes de se loger dans le corps du mouton. En

faisant respirer de l'ammoniaque liquide au mouton, on peut détruire les larves de l'œstre.

POURRITURE, FOIE POURRI, MALADIE DU FOIE, GOMER.

Tous ces noms désignent assez bien la cachexie aqueuse, qui désorganise souvent sans ressource les bêtes à laine soumises à un mauvais régime, habitant des étables humides et malpropres, paissant des herbes aqueuses et chargées de rosée ou de pluie, et éprouvant fréquemment les accidents qui déterminent la suspension de là transpiration. Les pâturages humides, marécageux, les nouvelles pousses de grains, après la moisson, telles que celles d'avoine, sont une des causes principales de cette maladie.

Le mouton qui en est atteint perd sa vivacité, devient lent, paresseux, triste, il a les yeux troubles, les conjonctives, le museau, les gencives et la peau très-pâles. La laine perd son élasticité et se laisse aisément arracher; il lui sort des yeux et du nez un mucus sale et de la bouche une salive gluante et dégoûtante, il a la respiration difficile, son ventre enfle surtout du côté droit. Il se forme aussi quelquefois, à la région supérieure du cou et à la ganache, une tumeur pâteuse qui se dissipe pendant la nuit et reparaît dans la journée.

On peut guérir 90 moutons sur 100, avec les traitements que nous allons indiquer, lorsque la maladie n'a pas encore fait de grands ravages.

Lorsque l'on voit des moutons atteints de cette maladie, on doit les purger deux fois en deux jours. Vingt-quatre heures après que la dernière purgation a produit son effet, on leur donne deux poignées d'orge cassée dans un peu d'eau tiède et quelques poignées de paille de froment pour nourriture. On leur donne ensuite, pendant trois jours, le matin à jeun et le soir, une heure au moins après qu'ils ont mangé leur paille, un verre de vin ainsi composé : dans dix litres de gros vin, mettez 90 grammes de fer rouillé, dix cuillerées d'alcool ammoniacalisé camphré et 60 grammes de poivre, remuez le tout et bouchez hermétiquement le vase qui contient le mélange. Cette boisson doit être préparée au moins deux jours avant qu'on ne l'emploie. Au bout de ce temps on donne également à chaque animal une cuillerée de poudre B dans une poignée de son et une poignée d'avoine, à jeun ; on les nourrit de bon foin et de bon trèfle et on leur donne pour boisson de l'eau ferrée, que l'on obtient en laissant continuellement dans un baquet à eau des fers rouillés. Si le temps était sec et chaud, on pourrait les sortir depuis onze heures du matin jusqu'à une heure de l'après-midi, dans des endroits secs où il y aurait peu d'herbes nouvellement poussées.

Vingt-cinq ou trente jours de ce traitement suffisent pour rétablir les moutons atteints de cette maladie, et vingt-cinq ou trente jours après le rétablissement, on peut les vendre pour aller dans des endroits un peu montagneux, non marécageux ou humides, sans tromper l'acquéreur, qui ne doit lui-même faire aucune difficulté pour acheter des moutons qui auraient été traités de cette manière.

Ces traitements ne sont aucunement dispendieux ou difficiles à mettre en pratique, et tous les propriétaires de moutons ont le plus grand intérêt à les mettre en usage.

POUX OU POUILLEUTEMENT.

Cette affection, comme beaucoup d'autres, est due généralement à la malpropreté. Les poux attaquent de préférence les agneaux et les antenoises, c'est-à-dire les jeunes bêtes à laine, de deux ans. Le meilleur remède est le lavage complet après la tonte ; si cependant il était insuffisant, il faudrait employer la graisse dont nous donnons la composition ci-après.

Nous ne croyons pas qu'il existe de moyen plus efficace pour la destruction de la vermine.

Graisse anti–vermineuse.

Vieux oing,	500 grammes.
Beurre frais,	250 grammes.

Pétrissez le tout ensemble, jusqu'à parfait mélange, mettez-y ensuite :

Poivre fin,	60 grammes.
Tabac en poudre,	60 grammes.

La quantité de graisse que nous venons d'indiquer peut suffire pour une douzaine de moutons. L'opération doit être faite deux fois.

Le lait de beurre additionné d'un peu de poivre et de tabac en poudre, produit aussi de bons résultats.

TUMEUR PHLEGMONEUSE OU OEDÉMATEUSE.

Le traitement est le même que pour les bêtes à cornes; seulement il ne faut administrer que le quart des doses indiquées.

ULCÈRE DU NOMBRIL, OU BOUTRI, OU DE LA BOUDE.

La laine imbibée d'urine et salie de fumier, détermine souvent au boutri (expression des bergers), qui est l'extrémité du pénis, un ulcère, qui devient plus ou moins difficile à guérir, selon la qualité des fluides et des humeurs.

Pour obtenir la guérison, il faut faire rester le mouton dans un endroit propre, avec une abondante litière, le purger deux fois ou le mettre à la poudre B pendant cinq ou six jours au moins, puis ouvrir le mal avec un bistouri et faire tomber dans la plaie de l'eau fraîche pendant deux ou trois minutes au moins, et ensuite de l'eau-de-vie camphrée ammoniacalisée, deux fois par jour. Au bout de deux ou trois jours, on applique sur la plaie de la crasse fine de cheminée, détrempée dans un peu de vinaigre; quand le tout est bien détrempé, on y ajoute un peu de poudre de camphre et quelques gouttes d'alcool.

On peut se servir, pour faire tomber l'eau sur la partie malade, d'un arrosoir ordinaire, et quand on se dispose à faire couler l'eau-de-vie, on rétrécit l'ouverture, afin qu'elle s'échappe plus lentement.

VERS.

Les moutons ont quelquefois des vers dans le foie, dans les canaux biliaires, ou conduits de la bile. En sus des vers *faciaux*, *hépathiques* ou *douves*, il en existe d'autres plus dangereux encore que l'on nomme *filaires*, qui se logent dans la trachée artère et le poumon. Ces vers ne se développent que par l'effet d'un mauvais régime et d'une nourriture aqueuse. La *pourriture* les engendre spécialement. La mauvaise qualité des fluides et des humeurs est aussi une des causes les plus communes. Les moutons peuvent avoir des vers sans être pourris et sans avoir été continuellement nourris de fourrages aqueux.

Quand il en est ainsi, la purgation plusieurs fois répétée et la poudre B donnée tous les matins à jeun pendant huit ou quinze jours, peuvent détruire la cause de l'existence de ces insectes vermineux et les effets de leurs ravages.

Quand on suppose que les moutons ont des vers, on leur donne la poudre B pendant une huitaine de jours, cela suffit dans presque tous les cas.

VERTIGE OU MOUTON TOURNI.

Le mouton atteint de cette maladie tourne sur lui-même, se jette contre tout ce qu'il rencontre, court rapidement, s'arrête tout-à-coup et paraît atteint de folie. Cette affection, qui est causée par la présence des vers hydatides dans le cerveau, est sans remède, mais comme elle ne nuit pas à la qualité de la viande, on peut tuer l'animal et le manger.

En 1848, nous avons fait l'opération à un mouton atteint de cette maladie, chez M. Baillot-Guillaume, propriétaire-cultivateur au Nervot, commune de Saint-Mards-en-Othe, département de l'Aube. Nous lui avons retiré plusieurs hydatides : le jour même, le mouton cessa de tourner et mangea de bon appétit; les trois jours suivants il en fut encore de même; le cinquième jour, le mouton mourut, nous ne savons de quelle maladie. Comme on laissait l'opéré continuellement à la bergerie, nous croyons nous souvenir que le malade s'étant trouvé à l'entrée de la porte au moment où les autres moutons rentraient, fut étouffé par eux, et que plusieurs lui ayant marché sur la tête, lui découvrirent la peau du crâne, à l'endroit où avait été faite l'opération.

MALADIES DES PORCS.

On reconnaît qu'un porc est malade, quand il cesse de manger, qu'il penche l'oreille, qu'il est plus pesant et plus paresseux que de coutume. Toutefois, il peut arriver qu'il soit malade, et ne donne aucun de ces signes.

Quand on voit un porc diminuer, il faut lui arracher, à contre-poil, une poignée de soies sur le dos; si la racine est nette et blanche, il n'y a aucun danger; si au contraire on découvre quelques marques sanglantes ou noirâtres, c'est un signe de maladie.

AVIVES.

Les *avives* des porcs sont sujettes à s'apostumer. Un porc qui a mal aux avives ne mange presque pas, fait le haut dos et tremble. Il faut en ce cas prendre un bistouri ou un rasoir et fendre l'apos- tème en croix, en faire sortir l'humeur, le gravier, et panser la plaie avec du saindoux fortement salé, et purger l'animal deux fois en deux ou trois jours, en commençant le surlendemain de l'opération, et le rafraîchir ensuite.

SERREMENT DES DENTS.

On nomme ainsi le gonflement des alvéoles (1), qui empêche ces animaux de manger. Dans ce cas, il faut les purger deux fois et leur donner le lende- main des boissons rafraîchissantes et ensuite des petits pois crus pour nourriture, quelques poignées seulement.

SOIES.

On nomme *soies* une touffe de poils qui surgit en dehors du cou, vis-à-vis le gosier, et qui corres-

---

(1) Cavité où la dent est placée.

pond à une autre touffe qui traverse les chairs, va jusqu'au gosier et empêche l'animal de manger. Pour extirper cette touffe, on passe en dessous une aiguille de double fil ciré, on soulève les soies et l'on coupe tout autour avec un bistouri ou tout autre instrument tranchant, puis on gratte dans la plaie jusqu'à ce que l'on ait découvert la touffe intérieure, que l'on enlève aisément.

La plaie se panse ensuite avec du sel et du saindoux, jusqu'à parfaite guérison. Le lendemain et le surlendemain de l'extirpation, on purge l'animal deux fois en deux ou trois jours.

Traitements préservatifs.

Les éleveurs doivent, dans leur intérêt, purger leurs porcs de temps en temps. Les marchands qui rentrent avec un troupeau, doivent aussi le purger deux fois en deux ou trois jours. Par ce moyen, on évite beaucoup de maladies, et celles que la purgation ne peut éviter durent moins long-temps et sont plus faciles à guérir.

Les propriétaires qui achètent des porcs doivent

les mettre pendant deux jours à la diète et les purger ensuite deux fois en deux jours, et s'ils doivent les garder long-temps, tous les mois. En agissant ainsi, on évite beaucoup de maladies, et on donne à la viande, en la débarrassant de ses impuretés, une qualité supérieure.

QUATRIÈME PARTIE.

DU CHIEN.

Le chien est considéré comme un des animaux les plus utiles à l'homme, et peut être rangé parmi les plus belles conquêtes qu'il ait faites sur les animaux. Indépendamment de la beauté de ses formes, de sa vivacité, de sa force et de sa légèreté, il possède encore d'autres qualités intérieures susceptibles d'attirer les regards de l'homme.

Le chien, à l'état sauvage, est d'un naturel ardent, colère, féroce et sanguinaire; c'est ce qui le rend redoutable à un grand nombre d'animaux. Mais le chien soumis à la domesticité est doux, sans volontés, il prend plaisir à s'attacher à son maître et fait tout ce qu'il peut pour lui plaire. Il est l'esclave de son propriétaire. Combien de fois ce docile animal vient en rampant mettre aux pieds de son maître son courage, sa force, et attendre ses ordres pour en faire usage. Il regarde son maître avec attention et semble le consulter, l'interroger, le supplier; pour lui, un coup-d'œil suffit, il comprend les signes aussi bien qu'il entend le commandement.

Le chien n'a pas, comme l'homme, la lumière de la pensée, mais il possède ce qui manque à beaucoup d'hommes, la fidélité et la constance dans ses affections. Le pauvre animal, plus sensible au souvenir des bienfaits qu'à celui des outrages, ne se rebute pas des mauvais traitements, il les subit, les oublie ou ne s'en souvient que pour s'attacher davantage.

Il existe plusieurs espèces de chiens. Les limites que nous nous sommes posées pour la publication de cet ouvrage ne nous permettent pas d'en donner la définition complète.

Plusieurs zoologistes ne s'accordent pas quant à l'origine du chien. Les célèbres zoologistes Blumenbach et Cuvier, assignent au chien une origine distincte et particulière. Le premier divise l'ordre *feræ* en douze classes, au milieu desquelles le genre *canis* occupe la neuvième. Cuvier partage les *feræ* en deux petits ordres ; dans l'un d'eux il place le genre *canis*. A la forme des dents incisives, les mêmes auteurs joignent, pour caractères génériques, la simplicité et la brièveté du canal intestinal.

M. Pennant, naturaliste fort estimé, fait descendre le chien du chacal. Il dit enfin que le chien n'est rien moins qu'un chacal apprivoisé.

M. Pallas n'est pas aussi précis dans l'exposé de ses recherches. Dans quelques écrits, il dit que le chacal est véritablement l'origine du chien ; dans d'autres, il donne au chien une origine toute artificielle, en ne le considérant pas comme sorti d'une souche particulière, mais bien comme le produit d'une union accidentelle d'autres animaux, tels que le loup, le renard, le chacal, etc.

M. Guldenstædt attribue aussi l'origine du chien au chacal. Nous avons étudié les mœurs et les habitudes du chien et des animaux dont les auteurs cités tirent son origine, et nous croyons pouvoir affirmer que le chien a son origine particulière.

Quant aux différentes variétés qui existent, elles sont le résultat prouvé des habitudes, de la nourriture, de la domesticité, du climat et du croisement.

Traité des maladies du chien.

Beaucoup d'auteurs se sont occupés de la pathologie canine, et ont avoué que le chien est, par sa structure anatomique, par le genre de maladies auxquelles il est sujet, et par la sensibilité qu'il reçoit de l'action des médicaments, presque identique à l'homme. Nous combattons l'opinion de ces auteurs, en disant que la structure anatomique du chien est bien loin d'être à peu près égale à celle de l'homme, que les genres de maladies auxquelles il est sujet peuvent bien avoir quelque analogie avec celles de l'homme quant au siége, mais qu'ils en diffèrent absolument par leur marche et leur diagnostic. Quant à l'action et aux effets des médicaments, il est parfaitement reconnu que telle dose de médicaments ne produira presque rien sur un chien, lorsqu'elle empoisonnera un homme, et *vice versâ*.

La médecine vétérinaire, elle aussi, est obligée d'abandonner sa pathologie générale quand il s'agit de traiter les maladies de l'espèce canine, car la pathologie canine est toute spéciale et demande une étude longue et assidue pour y être préparé.

Le système nerveux du chien est très-irritable ; la plus légère affection organique chez un chien qui serait maltraité continuellement, si elle devenait dangereuse, serait difficile à guérir, même en le flattant. Il faut toujours flatter les chiens indisposés, et ne jamais les contrarier.

Naturellement, le chien aime l'exercice ; ses maladies, et surtout celle *dite des chiens*, sont d'autant plus dangereuses, qu'il en est privé.

Si les lois sanitaires doivent être mises sévèrement à exécution, ce doit être surtout à propos du chien, car il est peu d'animaux qui exigent autant de propreté que lui ; lorsqu'il est tenu malproprement, on le voit immédiatement changer et tomber dans une espèce de marasme. Les maladies de la peau et beaucoup d'autres plus ou moins dégoûtantes, viennent l'assaillir.

Les chiens ne doivent pas coucher sur le carreau, leur niche doit être en bois et exhaussée d'au moins 25 à 30 centimètres du sol. Une niche à chien doit tourner sur un pivot, de manière à ce qu'il soit facile de tourner la porte à l'encontre du vent.

Dans les endroits où il y a beaucoup de chiens, leur logement doit être de même exhaussé du sol et garni de portes doublées d'un grillage, de tous les côtés, de manière à leur donner de l'air sans qu'ils puissent sortir, et de ne leur en donner que du côté opposé au vent. Quel que soit l'endroit où l'on mette les chiens, il faut leur renouveler souvent la litière, leur donner souvent à boire et les visiter à peu près tous les jours, et soigneusement, pour savoir s'ils ne seraient pas atteints de quelques affections pouvant nécessiter un traitement.

Le froid est très-contraire au chien, surtout lorsqu'il est malade. Il ne faut lui donner que ce qu'il veut prendre, à moins qu'il y ait indication précise.

AGGRAVÉE.

Quand un chien a fait une longue course sur un terrain sec et caillouteux, et notamment quand le soleil est ardent et que la terre est échauffée, ou quand encore le sol est chargé de neige et de glace, il peut se trouver aggravé, c'est-à-dire qu'il peut avoir les jambes raides et la plante des pattes amincie et crevassée. Il faut alors lui graisser le dessous de la plante des pattes avec du propuléum, deux fois par jour, et les lui envelopper soigneusement pendant quatre ou cinq jours, ensuite abandonner ce traitement pour le remplacer par le suivant :

Bassinez les pattes du chien deux ou trois fois

par jour avec trois cuillerées d'alcool mêlé dans un demi-litre de gros vin bien sucré, et continuez à les envelopper d'un linge trempé dans le vin sucré; ayez soin de ne pas laisser sortir le chien sur un terrain caillouteux avant qu'il soit bien guéri.

AMPUTATION DES OREILLES.

L'amputation des oreilles est une opération contre nature. En aucun cas, nous ne saurions l'approuver. La pointe de l'oreille se rabattant sur l'orifice du conduit auditif, le garantit de la poussière. Or, en coupant ou en arrachant les oreilles, on comprend à combien d'accidents peuvent être exposés les chiens.

CONSTIPATION.

Tous les animaux sont sujets à la constipation, mais la race canine y est bien plus disposée que les autres.

La constipation est la source d'une grande quantité de maladies. Le grand nombre de symptômes que la constipation fait naître peut induire en erreur l'homme peu familiarisé avec la pathologie canine. Un pathologiste prudent doit, en arrivant auprès d'un chien, examiner l'état de ses intestins et s'assurer s'il est ou non constipé.

Quand la constipation ne fait que commencer, que les matières ne sont pas encore durcies, deux purgations, en trois jours, à l'huile de ricin (de 30 grammes à 100 grammes, selon la force de l'animal), et du lait coupé à volonté pour boisson et nourriture, pendant cinq jours, peuvent complètement la détruire, si pendant les premières semaines qui suivent le traitement on ne lui donne que des choses légères et végétales pour nourriture.

Quand la constipation est opiniâtre, qu'il y a accumulation de matière glaireuse et durcie dans les intestins, que l'on peut reconnaître quand l'animal fait de continuels efforts pour fienter, et que l'on sent ou avec le doigt quand le chien est gros, ou avec la sonde, quand on est obligé de s'en servir, à cause de sa taille, comme une espèce de balle au dos dans le rectum, alors il faut lui faire prendre trois bains tièdes, le même jour, en le laissant quinze minutes au plus chaque fois; le lendemain, le purger avec l'huile de ricin; le surlendemain, le faire vomir avec l'émétique (de 3 à 10 décigrammes), dissous dans un verre d'eau tiède, mais alors ayez soin de ne le laisser manger qu'un peu de soupe grasse le soir. Le troisième jour, vous le purgez de nouveau avec l'huile de ricin et vous le mettez au lait coupé pendant trois jours, après lesquels vous le nourrissez avec des végétaux au gras et quelque peu de foie de bœuf bien cuit, et de temps en temps quelques bains tièdes pour prévenir un second état de constipation.

DIARRHÉE.

Quand la *diarrhée* paraît être tenace et faire souffrir l'animal, il faut lui donner pendant trois jours, tous les matins à jeun, un paquet de santonine dans un verre de lait coupé, additionné de 25 à 150 centigrammes d'huile de cade véritable et pure, et le purger ensuite avec de l'huile de ricin, trois fois en six jours, etc.

GALE ET AUTRES MALADIES DE LA PEAU, DARTRES, etc.

Nous avons employé plus de soixante sortes de graisses pour la gale, les dartres et autres maladies de la peau des chiens. Voici la composition que nous préférons, comme ayant toujours le mieux réussi : 25 grammes d'acide sulfurique mêlé et battu avec 100 grammes d'huile, et on graisse les parties malades. Nous augmentons quelquefois la dose de l'acide où nous la diminuons, selon la sensibilité et la nature de l'animal.

DYSSENTERIE.

Le chien atteint de cette affection a des déjections sanguinolentes ou contenant seulement quelques stries de sang, et paraît plus souffrir que de la diarrhée.

Aussitôt qu'on s'aperçoit qu'un chien est atteint de cette maladie, il faut lui faire prendre ce qui suit : trois fois par jour et pendant deux jours, on fait bouillir dans deux litres d'eau réduits de moitié, une pincée d'absinthe, autant de pervenche et de graine d'orties, et 18 grammes d'écorce de grenade en poudre ; quand cette composition est passée et refroidie, on en mêle la moitié avec un quart de litre d'huile de chènevis, on divise ensuite en trois doses et on en donne une à l'animal, le matin, à jeun, une autre à midi, et la troisième le soir, et autant le lendemain, sans autre boisson ni nourriture. Le lendemain de la dernière prise on le purge fortement avec de l'huile de ricin, et deux autres fois avec un purgatif quelconque.

HÉMORRHOÏDES.

La race canine est très-sujette à cette maladie. Ses causes les plus fécondes sont le défaut d'exercice, la grande chaleur, une nourriture trop abondante, une constipation opiniâtre. Cette maladie, qui fait excessivement souffrir le chien, est encore aggravée par eux lorsqu'ils se posent le derrière sur le sol, ce qui arrive très-souvent.

On reconnaît cette affection, chez le chien, par l'inspection de l'anus, qui est alors tuméfié, rouge, rude et quelquefois sanguinolent. Pour traiter convenablement cette maladie, il faut purger l'animal avec la médecine de Leroy, au moins cinq ou six fois en quinze jours, et graisser les hémorrhoïdes avec la pommade camphrée, deux ou trois fois par jour. Par ce moyen, on donne beaucoup de soulagement, et l'on guérit quelquefois, mais rarement.

Maladie dite des chiens.

Cette maladie, qui détruit une si grande quantité

de jeunes chiens, a été traitée de toutes les manières, et aucune jusqu'alors n'a réussi. Nous indiquons cependant le moyen suivant, comme présentant le plus de chances de succès :

Aussitôt que l'on suppose que le chien va avoir la maladie, on doit lui donner, le matin à jeun, une dose de vomitif Leroy (une cuillerée et demie environ). Les deux jours suivants, une dose de purgatif de Leroy (de deux à cinq cuillerées, n° 3) (1), et les purgations finies, on le nourrit de bon bouillon, moitié bœuf et moitié veau, et d'un peu de viande.

Deux ou trois jours après la dernière dose de purgatif, on lui donne pendant huit jours, le matin à jeun, deux à cinq perles d'éther, du docteur Clertan, et on le purge de nouveau, comme la première fois ; trois jours après la dernière purgation, on lui donne tous les soirs, deux heures au moins après qu'il a bu et mangé, pendant quatre

---

(1) Le jour que l'on purge un chien avec ce médicament, il faut lui donner aussi, alors que la médecine ne va plus, un litre de bon bouillon gras, en cinq ou six fois. Renouveler souvent la litière et ne pas le fatiguer, ne pas l'exposer au froid ni à la trop grande chaleur. Il ne faut ni le gronder, ni le maltraiter, et paraître s'occuper de lui en le flattant souvent.

jours, une pilule d'opium, et ensuite on le laisse tranquille. Si pourtant la maladie reparaissait, il faudrait recommencer les mêmes traitements.

Un jeune chien doit être libre, on peut même le mener en plaine le plus souvent possible, ne pas lui laisser ronger d'os, ne pas le tenir trop souvent, et faire disparaître les poux et les puces qu'il pourrait avoir.

Pour prévenir cette maladie, on devrait employer la teinture d'iode, de quatre à quinze gouttes dans un demi-verre d'eau sucrée. Quand on a fait ce traitement pendant huit jours, on laisse reposer l'animal quinze jours en trois semaines. Depuis peu, nous avons employé ce moyen, et il nous a fort bien réussi.

VERS.

Tous les animaux domestiques sont sujets aux vers, mais la nature du chien s'y prête plus que toute autre. Beaucoup de maladies de l'espèce canine ont les vers pour cause. Beaucoup d'attaques épileptiques et de diarrhées, précédées ou suivies de constipations, de gastrites, coliques, spasmes, de danse de Saint-Guy et autres affections nerveuses, plus bizarres les unes que les autres, sont suscitées par les vers. Le ténia, notamment, si commun chez le chien, peut engendrer une foule de maladies dont on cherche la cause trop long-temps ailleurs.

Il y a peu de maladies bilieuses ou humorales sans affections vermineuses, mais il n'y a jamais de maladies vermineuses sans qu'il y ait altération notable des fluides et des humeurs. Or, la purgation doit donc toujours accompagner les anti-vermineux ; souvent les purgatifs pratiqués peuvent suffire pour l'une et l'autre cause, étant par eux-mêmes d'incontestables vermifuges agissant sur toutes les espèces de vers.

Quand on suppose qu'un chien a des vers, il faut mettre dans un demi-verre de lait tiède une potion de santonine, un gramme de racine de fougère mâle, en poudre, de quatre à quinze gouttes d'essence de térébenthine, et lui faire avaler le matin à jeun, et cela pendant trois jours ; le quatrième jour, le purger avec une médecine de Leroy, et le cinquième jour avec l'huile de ricin.

Quant au ténia, ou ver solitaire, voici le remède que nous employons pour le chasser : Nous mettons dans un demi-verre de lait tiède, un gramme de racine de fougère mâle, 30 grammes d'écorce de grenade, le tout en poudre, et une demi-cuillerée à café d'essence, nous faisons avaler le tout au chien, et une heure après, nous le purgeons avec l'huile de ricin. Nous recommençons si le ver n'est pas expulsé.

On doit proportionner la dose à la force de l'animal, celle que nous prescrivons ne doit être augmentée que rarement, bien plus souvent elle doit être diminuée (1).

---

(1) Nous ferons paraître prochainement un traité de toutes les maladies de l'espèce canine et du chat. Ce traité comprendra tout ce qui a rapport à toutes les espèces de chiens et de chats, et formera un volume in-8° de 300 pages environ, et sera du prix de 5 fr. Nous prions à l'avance les personnes qui désireraient se le procurer, de nous en faire la demande par lettre affranchie, ou par l'intermédiaire de la personne qui aura fait souscrire pour cet ouvrage hippiatrique.

Il n'existe aujourd'hui qu'un seul traité de pathologie canine, et qu'un petit traité sur l'éducation du chat domestique. Quoique ces deux traités méritent beaucoup d'attention, ils laissent cependant à désirer.

Nous ferons tous nos efforts pour que le nouveau traité de pathologie de la race canine et de la race miaulique réponde et satisfasse à tous les besoins.

Il sera surtout utile aux personnes qui chassent et à toutes celles qui tiennent à la santé de leurs animaux.

(Note de l'auteur).

DU CHAT.

Le *chat* est très-utile au cultivateur. D'après le célèbre Buffon, les principales races de chats sont : le chat de Perse, le chat d'Espagne et le chat d'Anatolie, que l'on appelle *angora*. Il existe encore d'autres espèces de chats dont les variétés sont très-nombreuses, par exemple : les chats rouges de Tobolsk, les chats bleus du cap de Bonne-Espérance, ceux de la Chine, qui ont les oreilles pendantes, les chats du Japon, qui ont les oreilles très-redressées, les chats volants de l'Inde et ceux qui ont une poche de chaque côté, dans laquelle ils mettent leurs petits. Pallas dit avoir vu en Russie une espèce de chat qui a le museau petit et pointu et la queue six fois plus longue que la tête.

Maladies des chats.

La maladie à laquelle les chats sont le plus exposés, est une maladie de la peau nommée *gale dartreuse*, qui se manifeste d'abord autour des oreilles par quelques pustules qui, en s'élargissant, viennent joindre le nez et embrassent par la suite toute la tête, et souvent tout le corps.

Pour guérir cette affection cutanée, il faut la prendre au début, car si on la laisse s'étendre à toutes les parties du corps, elle est incurable. A sa deuxième période, on peut encore obtenir un rétablissement complet et certain. Voici le traitement que nous employons, et qui nous réussit bien :

Nous faisons bouillir, pendant 5 minutes, dans un demi-litre d'eau, une pincée de fleurs de sureau, autant de fleur de guimauve ou de mauve et de fleurs de tilleul. Nous laissons infuser le tout pendant deux ou trois heures, puis nous passons au travers d'un linge, et nous en frictionnons les parties affectées trois ou quatre fois par jour, pendant deux jours et plus, si cela est nécessaire : après quoi, nous lavons toutes les parties malades avec de l'extrait de saturne étendu de moitié d'eau, pendant deux jours. Ensuite nous faisons vomir le chat avec le vomitif Leroy, une cuillerée à café et plus, s'il est nécessaire. Si par exemple le chat n'avait pas vomi une heure après avoir pris la première dose, le lendemain nous lui donnons une médecine Leroy n° **2**, deux ou trois cuillerées;

quand le chat est jeune et faible, une cuillerée à bouche suffit. Nous le laissons reposer un jour, et le quatrième jour, nous le purgeons de nouveau avec de l'huile de ricin, la dose est de 10 à 30 grammes. Pour rendre à l'animal de meilleurs fluides, nous lui donnons comme nourriture un peu de bouillon gras et ensuite de la soupe grasse pendant quatre ou cinq jours, après lesquels un peu de bonne viande, et le lendemain ou le surlendemain de ce nouveau régime, on le graisse avec 150 grammes d'huile et 15 grammes environ d'acide sulfurique. On peut continuer pendant quelque temps à lui donner une nourriture substantielle, mais peu abondante.

Fièvre miaulique.

Dans cette maladie, le chat a la tête pesante, il tousse, éternue ou s'ébroue sans cesse, il est très-abattu, dégoûté, et le vomissement glaireux arrive, alors l'animal n'avale qu'avec difficulté, il est très-frileux, une humeur séro-sanguinolente lui sort du nez, ses yeux sont chassieux, une constipation opiniâtre ou une diarrhée excessive se révèle. Il cherche alors à abandonner le logis, pour se réfugier dans un coin obscur et y mourir.

Lorsque l'on reconnaît quelques-uns des symptômes de cette maladie, il faut provoquer les vomissements, donner le lendemain deux ou trois cuillerées d'élixir anti-glaireux du docteur Guillée, laisser exposé l'animal pendant un jour et le purger de nouveau pendant huit jours (1). Ensuite vous lui ferez prendre quelques perles d'éther et une ou deux pilules d'opium, à trois jours d'intervalle.

Quand la maladie paraît être opiniâtre, il faut tous les jours donner quatre pilules de poivre cubèbe (5 décigrammes chaque pilule), jusqu'à ce que l'on voie un mieux sensible, purger encore, mais avec la médecine de Leroy.

---

(1) La médecine Guillée nécessite les mêmes soins que la médecine de Leroy. (*Voyez la note relative à la médecine de Leroy*).

DE LA CASTRATION.

De la castration des Chevaux, des Bœufs et des Béliers.

Préparez le sujet que vous voulez castrer, par deux ou trois jours de demi-diète rafraîchissante, et faites attention que l'animal soit à jeun lorsque vous ferez l'opération.

Manière d'opérer.

Abattez l'animal sur un lit de paille, en faisant attention qu'il tombe sur son côté gauche, fixez la jambe droite de derrière à l'encolure, afin que les bourses soient bien à découvert, saisissez ensuite de la main gauche le testicule qui est placé inférieurement; incisez-en les enveloppes d'un seul coup de bistouri courbé sur tranchant, de manière à ce qu'il puisse sortir facilement, puis après, placez le *casseau* (1) au-dessus de l'épididyme, en prenant toutes les précautions nécessaires pour ne point prendre avec le cordon spermatique quelque portion du scrotum. Cette opération terminée, on serre fortement, puis on coupe l'organe dont on laisse une partie assez forte pour empêcher le casseau de tomber. Il peut arriver qu'on éprouve beaucoup de difficultés à saisir le second testicule, qui dans ce cas-là est toujours retraité plus ou moins. Dans cette circonstance, un aide frappe sur le bout du nez de l'animal avec la longe, ou le pique avec une épingle.

Beaucoup d'auteurs disent qu'il faut ôter les casseaux trente-six ou quarante-huit heures après l'opération. D'après la pratique que nous avons de la castration, nous disons que quarante-huit heures

---

(1) On appelle *casseau* un morceau de sureau fendu en deux parties égales, ayant 27 à 28 millimètres de largeur, et de 7 à 10 centimètres de longueur : dans la rainure qui se trouve au milieu de chaque morceau de sureau fendu, on y met de la pâte saupoudrée de sublimé-corrosif ; à chaque bout de casseau on y doit faire une entaille pour maintenir la ficelle. L'extrémité de la face de chaque partie du casseau doit faire un peu le biseau, pour que les cordons soient mieux serrés.

ne sont pas suffisantes, qu'il faut au moins les laisser quatre jours.

Pendant le cours de la guérison, il faut promener l'animal au moins deux heures par jour, au moment où la chaleur est grande, si c'est en hiver, et à la fraîcheur, dans le moment des grandes chaleurs. Deux heures de promenade ne sont pas assez par les grandes chaleurs, et en hiver, quand il fait très-froid, c'est beaucoup. A moins qu'il y ait cas forcé, on ne doit jamais castrer quand il fait très-froid, pas plus que par les grandes chaleurs; si le hongreur le plus adroit ne peut répondre de la castration en temps ordinaire, à plus forte raison il doit éprouver de plus grandes difficultés à certaines époques qui y sont incontestablement préjudiciables.

On peut opérer la castration par d'autres moyens que celui que nous indiquons, seulement nous préférons celui-ci à cause de la facilité de l'opération, de la propreté qui en résulte, et parce qu'il nous a toujours mieux réussi que les autres.

Accidents qui peuvent être les suites de la castration.

HÉMORRHAGIE.

L'*hémorrhagie* peut être occasionnée par la fracture des casseaux, lorsqu'ils sont trop secs ; par exemple, par leur trop grande flexibilité, ne pouvant permettre de faire une assez forte compression, ou encore quand l'animal, n'étant pas attaché assez court, les arrache avec ses dents, ou parce qu'on les retire quelquefois trop tôt. Dans ces cas, il faut serrer fortement les artères, les cordons spermatiques et la peau qui les enveloppe avec une ficelle, et mettre une poignée de crin sur le dos d'une pelle à feu, ou autre objet semblable, rougi à blanc, et l'appliquer sur la plaie résultant de la castration, une ou deux fois; on en fait autant douze heures après, et au bout de trente heures, on coupe la ficelle. Cette hémorrhagie est toujours très-grave, et les moyens que l'on emploie pour la guérir ne réussissent pas toujours.

HERNIE.

Ce cas est très-rare, mais lorsqu'il existe, la gra-

vité en est telle que souvent la mort en est le résultat. Voici le moyen que l'on peut employer pour
la guérir, et qui réussit quelquefois. Faites rentrer
avec la main, le plus doucement possible, la partie
d'intestin sortie, en ayant préalablement mis le
cheval sur son dos; on le laisse dans cette position
vingt-quatre heures, on applique sur l'endroit malade des compresses d'alcool camphré tous les
quarts-d'heure. Au bout de vingt-quatre heures
ou à peu près, on fait relever le cheval avec beaucoup de précaution et on le place de manière à ce
qu'il ait le devant beaucoup plus bas que le derrière, et on doit éviter de le changer de place.

COLIQUES.

Ces sortes de coliques se traitent comme la péritonite.

PÉRITONITE.

La *péritonite*, ou *inflammation du péritoine*, se reconnaît aux signes suivants : anxiété, impossibilité
de rester en place, yeux hagards, naseaux excessivement dilatés, respiration difficile, l'air peut quel-

quefois manquer à l'animal ; sueurs froides de place en place, pouls effacé. L'animal meurt ordinairement dans les vingt-quatre heures, s'il n'y a pas de mieux au bout de cinq ou six heures.

Nous n'avons pas eu l'occasion de traiter souvent cette affection, mais chaque fois que nous l'avons traitée, voici les traitements que nous avons employés. Deux sétons à chaque fesse et vésicatoire à côté des sétons, trois saignées en trois heures, chacune de un kilogramme ; selon la force de l'animal, on doit diminuer ou augmenter. Quand la suppuration de la plaie est supprimée, nous la graissons trois fois par jour avec de l'onguent vésicatoire. Diète très-sévère et bonne litière avec de la paille fraîche ; le lendemain, nous purgeons avec l'huile de ricin, et nous aidons la médecine en donnant une grande quantité de lavements émollients, etc.

ENGORGEMENT.

Après la castration, l'engorgement du scrotum et du fourreau existe toujours ; cet engorgement peut devenir dangereux en se gangrénant. Quand cela arrive, il faut faire des incisions aux parties ma_ lades avec un bistouri ou tout autre instrument tranchant, bassiner toutes les parties enflammées avec des décoctions de fleurs de sureau acidulées avec du vinaigre et ensuite avec le vinaigre et le blanc d'Espagne (voyez OEdème). Nous avons été quelquefois obligé de mettre des pointes de fer, afin de donner issue plus long-temps au pus. Quand l'engorgement est cantonné au fourreau, il ne présente pas de gravité.

CHAMPIGNONS.

Les *champignons* sont des tumeurs qui viennent aux cordons spermatiques. Ils s'établissent, le plus souvent, du sixième au douzième jour, rarement plus tard. Il faut enlever le champignon avec l'instrument tranchant, et panser la plaie avec du gros vin sucré. Pour éviter une grande perte de sang, on peut lier les cordons au-dessus des champignons, avant de les couper.

TÉTANOS (Voyez cette maladie).

Castration des femelles.

La castration des femelles n'a jamais lieu en France.

Castration des Agneaux, des Porcs, des Chats, des Chiens, etc.

La castration de ces animaux se fait par arrachement. Il suffit d'inciser l'enveloppe de chaque testicule, de manière à ce que l'on puisse le prendre et le tirer avec force; ensuite on tord les bourses, on les lie avec un bout de fil et on jette quelques verres d'eau fraîche sur les parties, et l'opération est terminée.

EXPLICATION DES PLANCHES.

Planche 1re. — Figure 2.

Squelette du Cheval.

OS DE LA TÊTE.

1. Frontal.
2. Pariétal.
3. Occipital.
4. Temporal.
5. Os du nez.
6. Lacrymal.
7. Zygomatique.
8. Grand maxillaire.
9. Petit maxillaire.
10. Maxillaire inférieur.

OS DU TRONC.

De 11 à 11. Vertèbres du cou.   A. Atloïde.   B. Axoïde.
De 12 à 12. Vertèbres du dos.   C. Ligament cervical.
13. Vertèbres des reins.
14. Os sacrum, os de la croupe.
15. Os coccygiens, os de la queue.
16. Côtes sternales.   d d d prolongement cartilagineux des côtes.
17. Côtes asternales.

18. Sternum.
19. Ilion.
20. Ischion.
21. Pubis.

OS DES MEMBRES POSTÉRIEURS.

22. Fémur, os de la cuisse.
23. Rotule.
24. Tibia, os de la jambe.
25. Calcanéum.
26. La Poulie.
27. Os irréguliers du jarret.
28. Grand métatarsien, os du canon
29. Sésamoïdes.
30. Premier phalangien, os du pâturon.
31. Deuxième phalangien, os de la couronne.
32. Troisième phalangien, os du pied.

<table>
<tr><td>

OS DES MEMBRES ANTÉRIEURS.

33. Scapulum, os de l'épaule.
34. Humérus, os du bras.
35. Cubitus, os de l'avant-bras.
36. Carpiens, os du genou.
37. Grand métacarpien, os du canon

</td><td>

38. Sésamoïdes.
39. Premier phalangien, os du pâ-
    turon.
40. Deuxième phalangien, os de la
    couronne.
41. Troisième phalangien, os du
    pied.

</td></tr>
</table>

Planche 2. — Figure A.

—

Chevaux imparfaits.

<table>
<tr><td>

1. Portant au vent, ou cheval portant la tête.
2. Oreilles longues et mal placées.
3. Yeux petits.
4. Les narines peu fendues.
5. Siffleur.
6. Tiqueur.
7. Plaie au palais, provenant du lampas, ou fève que l'on a ôtée.
8. Barres blessées.
9. Langue petite.
10. Glande de morve.
11. Fistules aux avives.

</td><td>

12. Cou allongé.
13. Fistule à la saignée du cou.
14. Loupe au cou.
15. Garrot bas.
16. Dos de carpe.
17. Côtes plates.
18. Fortrait, ou flanc retroussó.
19. Elancé.
20. Chevillé, ou serré dans son devant.
21. Epaule attachée.
22. Boutons et cordes de farcin.
23. Loupe au coude.

</td></tr>
</table>

24. Montrant le chemin de St-Jac- ques, ou *faire les armes* (1).	37. Varices provenant de la veine que l'on a barrée.
25. Suros.	38. Vessigon en dedans.
26. Loupe sur le boulet.	39. Solandre.
27. Seime au quartier.	40. Eparvin.
28. Nerf-férure.	41. Canon menu.
29. Long jointé.	42. Pincart.
30. Fourmillière.	43. Passe campane, ou capelet. (Voyez Capelet).
31. Faux quartier.	44. Jardon.
32. Croupe avalée.	45. Mule traversine. (Voyez Tra- versine).
33. Queue de rat.	46. Grappe. (Voyez Arêtes).
34. Farcin.	47. Javart dans le pâturon.
35. Fourreau petit.	48. Seime en pied de bœuf.
36. Fistule au scrotum ou au four- reau.	49. Huché sur son derrière.

Figure B.

1. Portant bas, ou cheval portant la tête basse.	6. Dragon.
2. Oreillard, ou oreilles penchées.	7. Chanfrein renfoncé.
3. Les salières creuses.	8. Le bout du nez gros.
4. Les yeux larmoyants.	9. Chancre.
5. Fistule lacrymale.	10. Ecoulement des narines.
	11. La lèvre supérieure grosse.

(1) On dit qu'un cheval montre le chemin de Saint-Jacques ou qu'il fait les armes, lorsqu'il n'a pas de sûreté sur ses jambes, qu'il ne peut résister au travail, qu'il se couche souvent et qu'il tient, lorsqu'il est levé, l'une ou l'autre de ses jambes en avant, c'est un signe incontesta-ble de grande faiblesse. Il faut se défaire de ces sortes de chevaux.

12. La langue pendante.
13. Langue coupée.
14. La lèvre inférieure pendante.
15. Grosse ganache.
16. Joues charnues.
17. Les glandes parotides, ou avives
18. Taupe.
19. Cou court.
20. Cou d'ache.
21. Fausse encolure.
22. Le gosier pendant.
23. Le garrot gros.
24. Ensellé.
25. Les reins bas, ou mieux *le rein bas.*
26. Flanc serré.
27. Poussif.
28. Ventre de vache.
29. Hernie ventrale.
30. Testicules pendantes ou mal troussées, fistule aux bourses.
31. Pissant dans son fourreau.
32. Epaule trop charnue.
33. Loupe au poitrail.
34. Avant-bras menu.

35. Malandre.
36. Tendon collé sur l'os.
37. Canon menu.
38. Droit sur son devant.
39. Atteinte encornée.
40. Couronné.
41. Fusée.
42. Molette.
43. Cercle ou cordon.
44. Cornu, ou la hanche haute.
45. Cuisse plate.
46. Jambes menues.
47. Vessigon.
48. Solandre.
49. Molette.
50. Javart simple dans le pâturon.
51. Javart encorné.
52. Varice.
53. Javart nerveux.
54. Poireaux.
55. Avalure.
56. Sous lui, ou les quatre jambes ensemble.
57. Boutons et cordes de farcin.
58. Sifflet ou rossignol.
59. Fistules à l'anus.
60. Arqué.

Planche 3ᵉ,

Représentant plusieurs formes de fers susceptibles d'être employés tant pour la conservation des pieds que pour leur rétablissement.

1. Bon pied ferré à croissant dont la muraille des talons excède les talons. Cette ferrure est propre pour aller sur toutes sortes de terrains.
2. Quartier faible ferré de manière que tout le poids du corps porte sur la branche du dehors et sur la voûte du fer, de façon que le quartier de dedans ne pose pas à terre, en observant que l'éponge du dedans soit mince.
3. Fer à cercle pour les chevaux de selle.
4. Pied ferré à cercle, cette ferrure est propre pour aller sur le pavé sec et plombé.
5. Fer à demi cercle pour un cheval de trait ou de brancard pour aller sur le même terrain.
6. Fer pour un cheval qui a une seime et une bleime.
7. Fer pour un cheval qui se coupe.
8. Fer pour un cheval dessolé et que l'on panse.
9. Fer échancré à l'éponge, pour un cheval encloué au talon (1).
10. Fer échancré au milieu de la branche, pour un cheval encloué au quartier (1).
11. Fer échancré au corps, pour un cheval encloué en pince (1).
12. Fer couvert pour un cheval nouvellement dessolé, dont on veut se servir.
13. Fer à tous pieds.
14. Fer couvert pour la chasse et pour éviter les chicots.
15. Fer de mulets.

---

(1) Ces trois sortes de fers sont faites de manière à ne pas être obligé de déferrer les chevaux chaque fois qu'on les panse.

TABLE DES MATIÈRES.

CHAPITRE III.

CHAPITRE IV.

CHAPITRE V.

CHAPITRE VI.

CHAPITRE VII.

CHAPITRE VIII.

CHAPITRE IX.

Deuxième Partie.

Troisième Partie.

Quatrième Partie.

DE LA CASTRATION.

FIN DE LA TABLE.

CACHEXIE AQUEUSE

Ou pourriture du Mouton.

La cachexie aqueuse étant suffisamment connue des propriétaires de moutons, nous nous dispenserons d'entrer dans
de longs détails. Nous aurions pu donner quelques explica-
tions d'anatomie-physiologique, mais comme il est beaucoup
plus essentiel pour les cultivateurs de prévenir et de guérir
une maladie que d'en connaître les lois physiologiques, nous
nous sommes renfermé dans des indications qui, nous
l'espérons, seront comprises de toutes les personnes intéres-
sées. C'est que n'ont pas compris les auteurs qui ont écrit en
faveur de l'agriculture. Nous croyons cependant devoir citer
quelques considérations émises par M. de Gasparin, dans un
ouvrage sur les maladies contagieuses des bêtes à laine, ouvrage fort instructif et recommandable à plus d'un titre. « Le
» mouton, dit M. de Gasparin, a un système nerveux peu
» irritable, rarement il est affecté de maladies spasmodiques;
» ses os sont peu compacts, mais très-spongieux; la vitalité
» chez lui est faible, ses muscles sont débiles, les colonnes
» charnues du cœur sont tenues, grèles. Développement du

» foie, des organes digestifs, de la peau et du système lym-
» phatique. Il a peu de sang relativement à l'homme, au
» cheval et au bœuf.

» Un mouton adulte, maigre, pesant 25 kilogrammes,
» s'est trouvé avoir deux kilogrammes de sang environ,
» tandis que, suivant M. Richerand, un homme adulte,
» maigre, du poids de 70 kilogrammes, renferme 14 à 15 ki-
» logrammes de sang. Il résulte de cette structure que les
» animaux de cette espèce ont une faculté locomotrice géné-
» ralement faible, et il est prouvé qu'un mouton fait diffici-
» lement quatre à cinq lieues par jour. »

Un propriétaire de moutons doit donc être convaincu que
pour qu'un troupeau puisse lui rapporter tout le produit qu'il
est en droit d'en attendre, il doit le faire conduire par un
berger actif, patient, intelligent et robuste, susceptible de
pouvoir prendre toutes les précautions qu'exige la nature de
l'espèce ovine.

Une des principales causes d'un grand nombre d'affections,
plus ou moins dangereuses, et d'un abâtardissement incontestable des races, est le soin d'un troupeau confié à un
pâtre paresseux et ignorant.

Les causes de la pourriture des moutons sont nombreuses;
par les moyens que nous indiquons, nous n'évitons que la
pourriture provenant des pâturages humides et marécageux;
ce sont, en général, les causes les plus fréquentes de l'affection
cachexique.

Avec beaucoup de professeurs célèbres, nous reconnaissons
que les lieux bas, humides, les boissons outre mesure, l'usage

des plantes marécageuses, l'insalubrité des bergeries, les herbes aquatiques, telles que les renoncules, la douve, la leiche, les végétaux submergés, les eaux stagnantes chargées d'insectes, l'air infect des bergeries, le passage brusque d'une alimentation sèche à une nourriture verte, sont des causes de pourriture. A toutes ces causes, nous ajoutons que les jets, bourgeons, scions, etc., les fanes d'avoine et d'orge, qui ordinairement poussent plus ou moins abondamment dans les chaumes, sont susceptibles de produire la cachexie aqueuse. Notre moyen préventif paralyse les effets de tous ces nouveaux jets.

Il faut éviter de changer les moutons trop brusquement d'atmosphère, c'est-à-dire de ne pas les exposer à l'ombre et au vent lorsqu'ils sortent d'une bergerie trop chaude, ou qu'ils ont été exposés à toute l'ardeur du soleil, lorsqu'enfin les vaisseaux de la transpiration sont excessivement dilatés; on doit également éviter de les exposer à l'ardeur brûlante du soleil, lorsqu'ils sont restés long-temps à l'ombre où ils respiraient un air frais, etc.

Il faut avoir soin d'abreuver les moutons tous les jours. Les diarrhées provenant d'un trouble dans les fonctions digestives, les entérites, les gastro-entérites, les maladies incurables de la peau, sont souvent amenées par le manque de boisson. Rien n'est plus funeste à la santé du bétail blanc comme à celle de tous les autres animaux, quelle que soit leur nature, que la soif non satisfaite. Beaucoup de troupeaux périssent en détail pour avoir manqué d'eau dans un temps. La privation de boisson pendant quelques jours seulement, suffit pour déterminer toutes ces maladies.

Nous insistons fortement pour que tous les propriétaires de bestiaux veillent avec la plus grande attention à ce que leurs troupeaux soient désaltérés en temps utile. Quand même on ne pourrait leur donner qu'une portion de l'eau qu'ils doivent avoir chaque jour, on doit leur donner cette portion tous les jours.

Formule des bols préservatifs de la Cachexie aqueuse de l'espèce ovine.

Aloès succotrin.	400 gr.	Sulfate de fer.	50 gr.
Calamélas	40	Strychnine.	5
Camphre en poudre. . .	20	Huile de croton tiglium .	4
Assa fœtida.	50	Poudre de gentiane . . .	90

Extrait de gentiane q. s. pour 500 bols.

Ces bols doivent être préparés par un pharmacien et livrés aux acheteurs dans des boîtes en bois fermant hermétiquement. Chaque boîte doit en contenir 500, et porter cette inscription :

Bols préservatifs de la Cachexie aqueuse de l'espèce ovine, d'après la formule de M. Couesme, préparés par M....., pharmacien à....

Contenu de la boîte : 500.

Nous engageons MM. les propriétaires de bestiaux à ne jamais en demander moins de 500, attendu que notre formule ne peut être fractionnée sans que les bols perdent de leur efficacité.

Ces bols, administrés convenablement, préviennent la pourriture ou cachexie aqueuse, chez l'espèce ovine.

Si l'on veut faire paître les moutons tous les jours dans des endroits où l'herbe est rouillée et le sol marécageux, il faut leur donner deux bols par semaine. Si le pâturage a lieu dans des prés un peu bas, en n'ayant égard ni à la pluie ni à la rosée, il faut leur en donner un tous les quatre ou cinq jours, pendant quinze jours, selon la nature des prés et l'abondance des pluies. Les propriétaires qui habitent des endroits où les moutons se pourrissent annuellement, doivent donner deux ou trois bols dans l'espace de 15 ou 20 jours. Si les années ne sont pas trop humides, ils peuvent n'en donner que tous les mois.

Dans les saisons où le bétail blanc est susceptible de se pourrir, il est utile de faire prendre des bols deux ou trois fois par mois.

On ne doit en donner qu'un à la fois le matin, lorsque les moutons sont à jeun, dans un demi-verre d'eau mélangée d'un peu de lait. La privation de boire et de manger, pendant deux heures après la prise des bols, est indispensable.

Maladie connue sous le nom

DE SANG DE RATE

Maladie de chaleur, maladie de sang, monrois rouge, etc., etc.

Le sang de rate est une maladie particulière au bétail blanc, les bêtes à cornes en sont rarement attaquées.

Voici les symptômes qui nous apprennent son existence : l'animal devient tout-à-coup faible et triste, il reste en arrière du troupeau, tout son corps tremble et il tombe comme frappé d'apoplexie. Le train de derrière semble être paralysé, les yeux sont pleins d'eau, puis ensuite d'un mucus visqueux. Quelquefois aussi il sort des naseaux un mucus jaunâtre, l'urine est souvent sanguinolente. Dans quelques cas, on sent des tubercules, petites bosses qui surviennent à la peau, sous la laine.

Les symptômes ci-après se produisent aussi quelquefois. L'animal cesse de ruminer, la respiration est gênée, l'œil est fixe, brillant, saillant, hors de l'orbite; le museau est sec et d'un rouge foncé. Au crâne apparaît une tuméfaction qui envahit peu à peu toute la tête, il coule de la bouche, du nez et de l'anus un sang plus ou moins écumeux. Dans certains cas, l'inflammation érysipélateuse survient à l'une des cuisses, et alors l'état paralytique de l'animal annonce très-bien l'existence de la maladie.

Cette maladie se déclare parfois d'une manière brusque, subite et instantanée, le mouton fait un ou deux tours, et tombe, pour mourir quelques minutes après.

Moyens préservatifs de la maladie connue sous le nom de Sang de Rate.

Lorsque l'on s'aperçoit que la maladie est dans le troupeau et qu'elle y exerce de grands ravages, il faut le mettre dans une autre bergerie, très-aérée et garnie d'une bonne litière, qu'on a soin de renouveler tous les jours, et le sortir deux fois par jour, mais ne pas l'exposer, en le conduisant aux champs, à l'ardeur du soleil; il faut, au contraire, le tenir toujours à l'ombre et ne le laisser manger que très-peu.

On ne lui donne, pendant un jour, que de l'eau blanche à boire et pas de nourriture. On mêle à l'eau blanche 200 grammes d'orge cassée par 10 litres d'eau et on en donne à volonté. A 8 heures du soir le troupeau doit avoir tout épuisé, et on ne lui donne plus rien que le lendemain matin. A ce moment on donne, à chaque mouton, de deux à quatre bols, et deux heures après, de l'eau blanche comme il est dit ci-devant; à midi, un lavement en savon et ensuite de l'eau blanche, qui devra être renouvelée à 7 heures du soir. Le lendemain on recommence comme le premier jour, et le troisième jour on quitte les traitements. Chaque mouton doit avoir, pour commencer, de la paille de froment pour nourriture, et de l'eau de farine d'orge pour boisson. Ce régime est indispensable.

Si la maladie avait déjà fait de grands ravages, on pourrait sans hésitation suivre ce traitement deux jours de plus, car les moyens que nous indiquons ne peuvent jamais produire que de bons résultats.

Bols préservatifs de la maladie connue sous le nom de Sang de Rate.

POUR 100 BOLS.

Aloès des barbades.	50 grammes.
Calomètas	2 grammes.
Emétique.	3 grammes.
Assa-fœtida	5 grammes.

Faites préparer ces bols par un pharmacien.

Manière d'administrer les bols.

On ne doit donner qu'un bol à la fois, dans un demi-verre d'eau tiède mélangée d'un quart de lait. Il ne faut pas que la tête de l'animal soit trop haute; on a soin seulement de tenir ferme, dans sa main, pendant quelques instants, le bout de la ganache, afin qu'il ne puisse ouvrir la bouche.

Que MM. les propriétaires de moutons fassent ponctuellement ce que nous prescrivons, et nous sommes persuadé qu'ils retireront un grand profit de nos indications.

Troyes, Imprimerie de E. CAFFÉ, rue du Temple, 27.

[illegible]
[illegible]
[illegible]

Pl. I. *Conformation extérieure du Cheval* (Voir Page 42.)

FIG. 1.

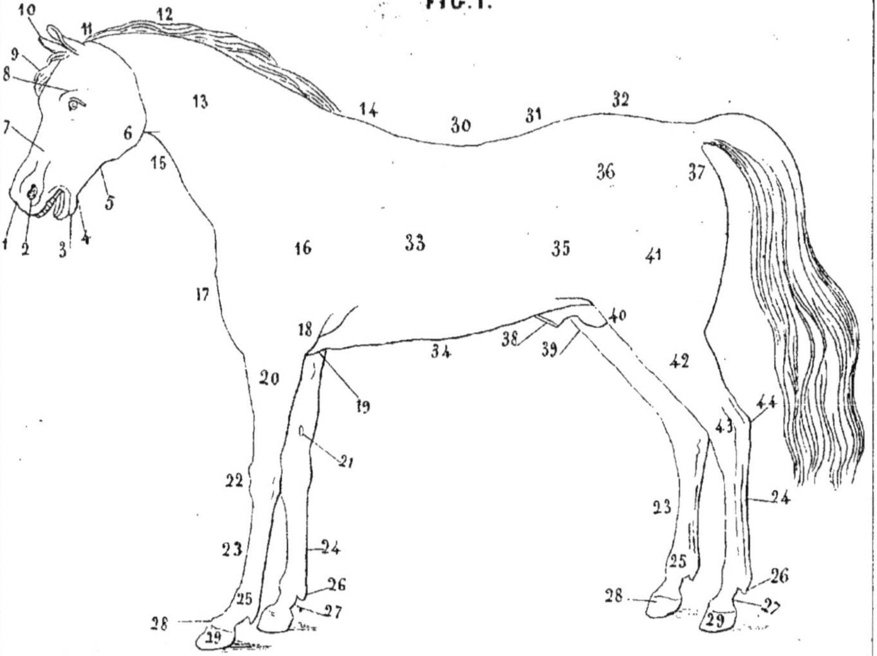

Pl. I. *Squelette du Cheval.*

FIG. 2.

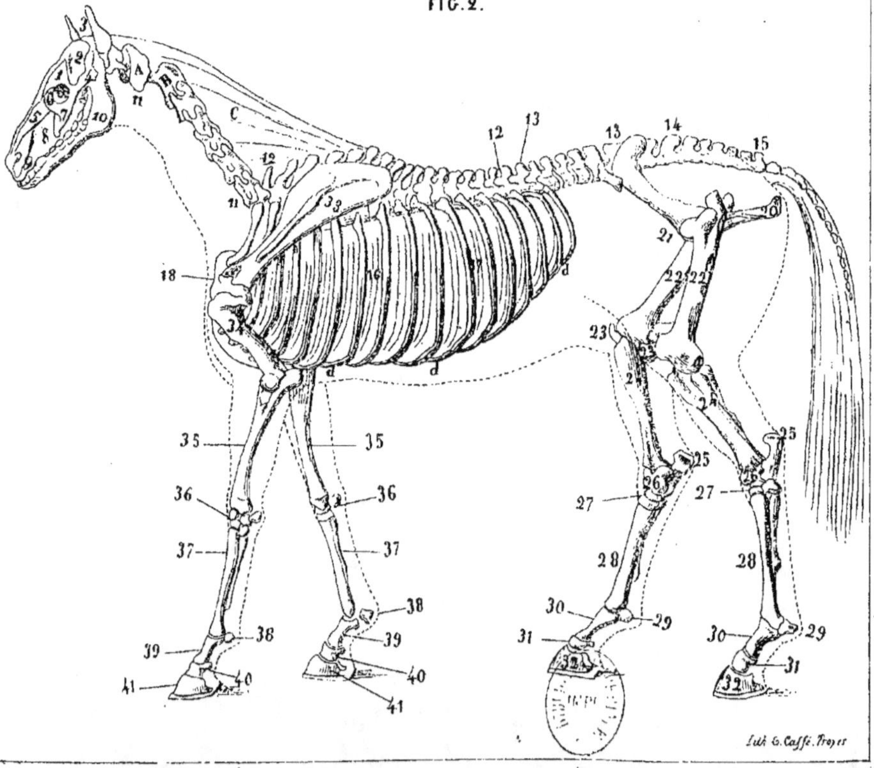

Lith. G. Caffé. Troyes

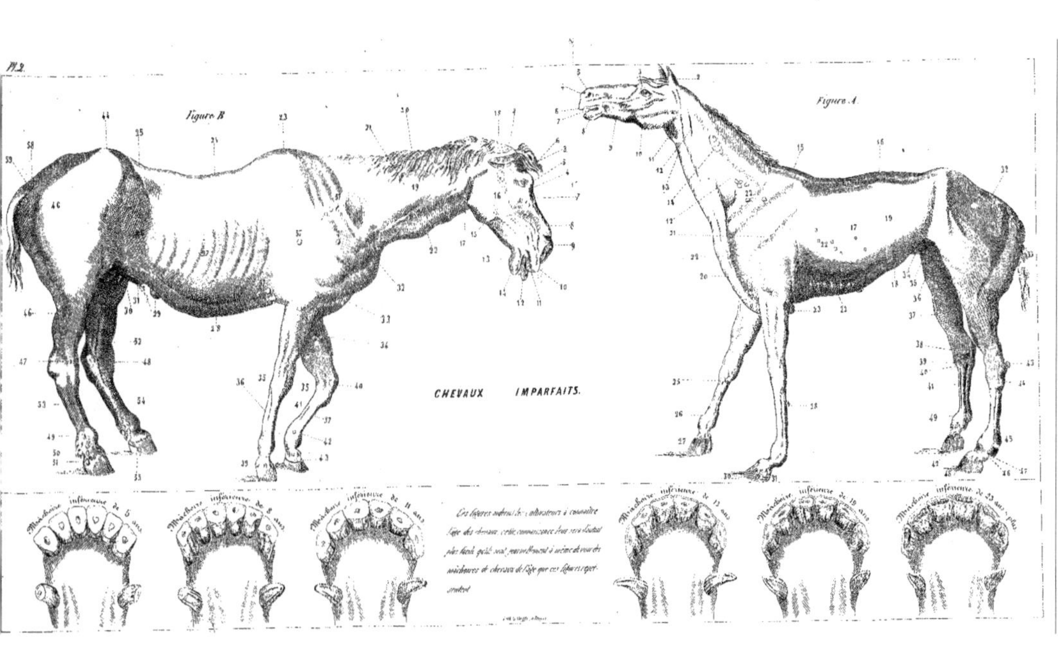

Pl. 2.
Figure B
Figure A
CHEVAUX IMPARFAITS.
Machoire inférieure de 5 ans
Machoire inférieure de 8 ans
Machoire inférieure de 11 ans
Machoire inférieure de 13 ans
Machoire inférieure de 19 ans
Machoire inférieure de 25 ans et plus
Ces figures serviront de collaborateurs à connaître l'âge des chevaux; cette connaissance vous sera d'autant plus facile qu'il vous sera merveilleusement à même de vous des machoires de chevaux de l'âge que ces figures représentent.

Différentes formes de Fers.

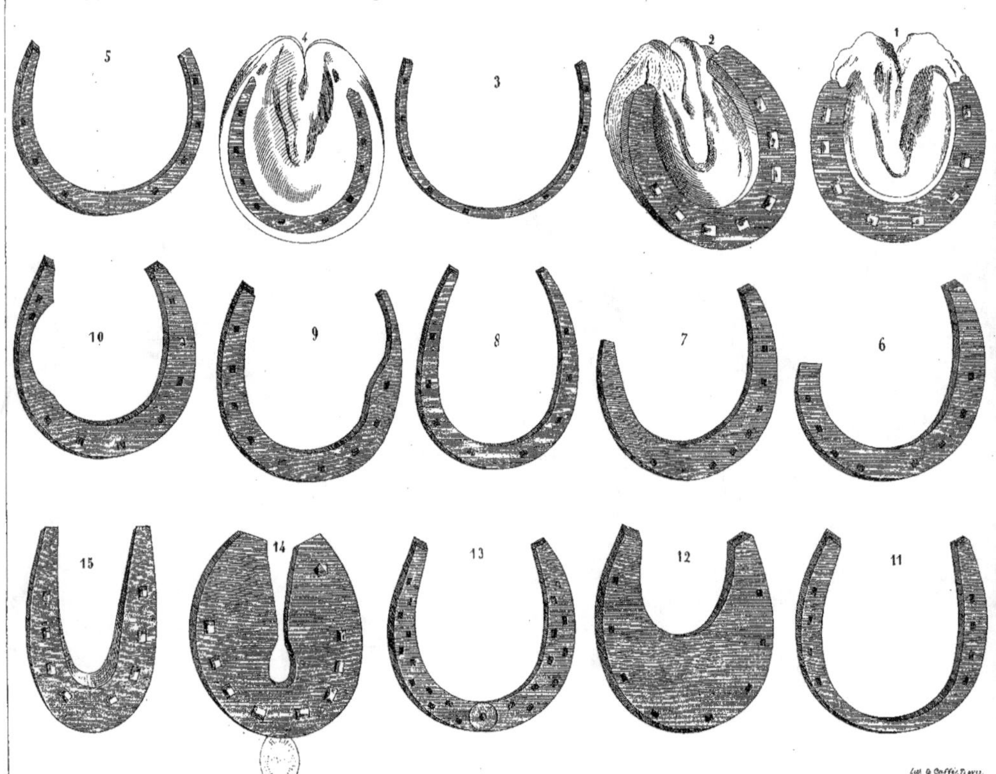

Lith. G. Caffe. T. 1911.

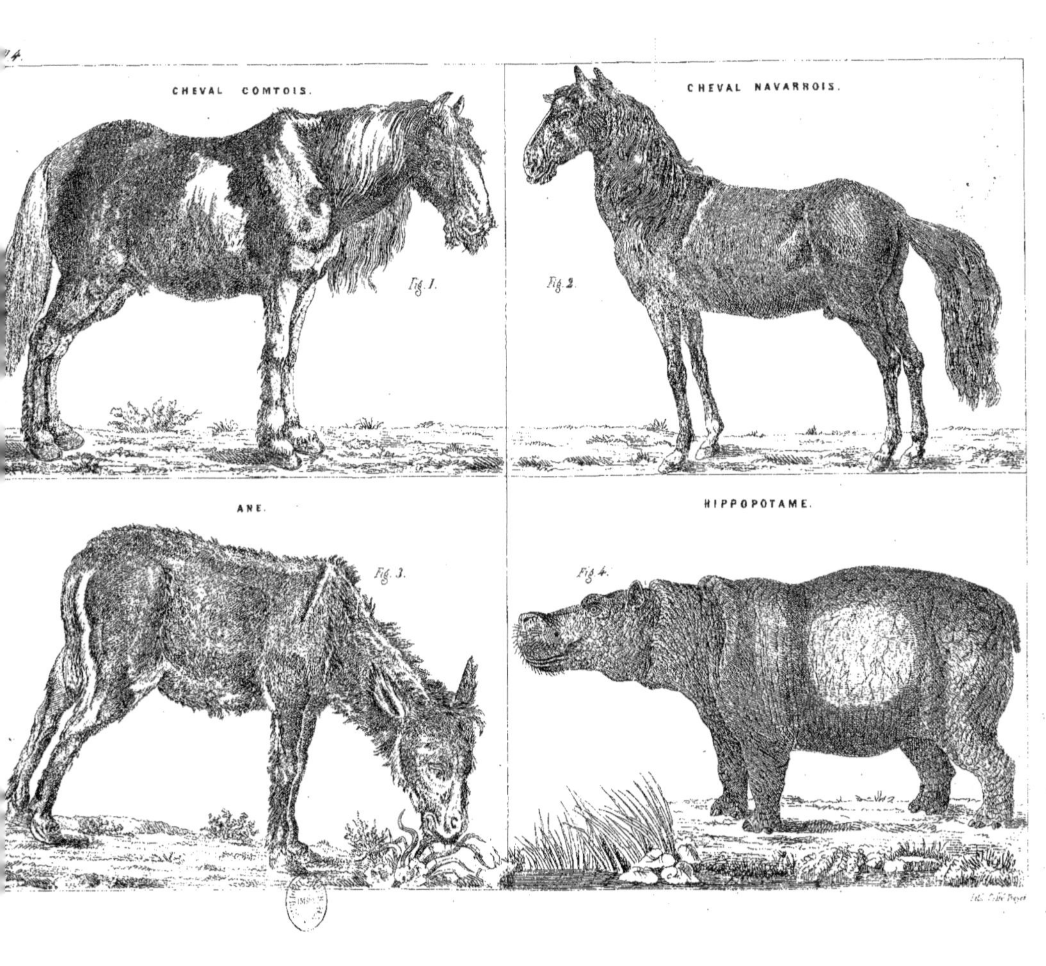

CHEVAL COMTOIS.
Fig. 1.
CHEVAL NAVARROIS.
Fig. 2.
ANE.
Fig. 3.
HIPPOPOTAME.
Fig. 4.